高等学校"十一五"规划教材

机械设计制造及其自动化系列

THE MACHINING TECHNOLOGY FOR THE SPECIAL MATERIALS IN ASTRONAUTICS

航天用特殊材料加工技术

韩荣第　金远强　编著

哈尔滨工业大学出版社

内容提要

本书主要介绍航天用特殊材料的发展趋势与分类、切削加工性及切削加工特点、适用的刀具材料及机械加工新技术新工艺,重点介绍高强度与超高强度钢、淬硬钢、不锈钢、高温合金、钛合金、蜂窝夹层材料、工程陶瓷、石英、蓝宝石、(金属基、陶瓷基、树脂基)复合材料等的制备及其加工技术。

本书内容新颖,资料丰富,数据全面,图文并茂,语言精练,理论联系实际。

本书既可作为普通高等工科学校航空宇航制造工程专业的本科生与研究生的教材,也可作为相关专业工程技术人员的参考书。

Abstract

This book presents the development trend and sorts of the special materials used in astronautics and aeronautics fields. It shows the machinability of these materials and the characteristics in machining. It also shows the proper material for cutting tools, and the new machining technology and processes.

This book focuses on the preparation and machining technology for the special materials, including high strength and ultra-high strength steel, hardened steel, stainless steel, superalloy, titanium alloy, honeycomb sandwich material, engineering ceramics, quartz, sapphire, the metal matrix composites, the ceramic matrix composites and the polymer matrix composites.

This book includes up-to-date information, abundance of data and concise diction. Furthermore, there are a great amount of figures in the book.

This book is intended for use as a textbook for senior-level or graduate-level students majoring in astronautics and aeronautics manufacturing engineering in the universities. It can also be served as a valuable reference for engineers in the related fields.

图书在版编目(CIP)数据

航天用特殊材料加工技术/韩荣第,金远强编著.—哈尔滨:哈尔滨工业大学出版社,2007.7
 ISBN 978-7-5603-2285-8

Ⅰ.航… Ⅱ.①韩…②金… Ⅲ.航天材料-加工 Ⅳ.V25

中国版本图书馆 CIP 数据核字(2007)第 092178 号

责任编辑	许雅莹
封面设计	卞秉利
出版发行	哈尔滨工业大学出版社
社 址	哈尔滨市南岗区复华四道街10号 邮编150006
传 真	0451-86414749
网 址	http://hitpress.hit.edu.cn
印 刷	肇东市粮食印刷厂
开 本	787 mm×1 092 mm 1/16 印张14.5 字数336千字
版 次	2007年7月第1版 2007年7月第1次印刷
书 号	ISBN 978-7-5603-2285-8
印 数	1~4 000册
定 价	26.00元

(如因印装质量问题影响阅读,我社负责调换)

高等学校"十一五"规划教材
机械设计制造及其自动化系列

编写委员会名单

(按姓氏笔画排序)

主　任	姚英学
副主任	尤　波　　巩亚东　　高殿荣　　薛　开　　戴文跃
编　委	王守城　　巩云鹏　　宋宝玉　　张　慧　　张庆春
	郑　午　　赵丽杰　　郭艳玲　　谢伟东　　韩晓娟

编审委员会名单

(按姓氏笔画排序)

主　任	蔡鹤皋
副主任	邓宗全　　宋玉泉　　孟庆鑫　　闻邦椿
编　委	孔祥东　　卢泽生　　李庆芬　　李庆领　　李志仁
	李洪仁　　李剑峰　　李振佳　　赵　继　　董　申
	谢里阳

总　　序

自1999年教育部对普通高校本科专业设置目录调整以来,各高校都对机械设计制造及其自动化专业进行了较大规模的调整和整合,制定了新的培养方案和课程体系。目前,专业合并后的培养方案、教学计划和教材已经执行和使用了几个循环,收到了一定的效果,但也暴露出一些问题。由于合并的专业多,而合并前的各专业又有各自的优势和特色,在课程体系、教学内容安排上存在比较明显的"拼盘"现象;在教学计划、办学特色和课程体系等方面存在一些不太完善的地方;在具体课程的教学大纲和课程内容设置上,还存在比较多的问题,如课程内容衔接不当、部分核心知识点遗漏、不少教学内容或知识点多次重复、知识点的设计难易程度还存在不当之处、学时分配不尽合理、实验安排还有不适当的地方等。这些问题都集中反映在教材上,专业调整后的教材建设尚缺乏全面系统的规划和设计。

针对上述问题,哈尔滨工业大学机电工程学院从"机械设计制造及其自动化"专业学生应具备的基本知识结构、素质和能力等方面入手,在校内反复研讨该专业的培养方案、教学计划、培养大纲、各系列课程应包含的主要知识点和系列教材建设等问题,并在此基础上,组织召开了由哈尔滨工业大学、吉林大学、东北大学等9所学校参加的机械设计制造及其自动化专业系列教材建设工作会议,联合建设专业教材,这是建设高水平专业教材的良好举措。因为通过共同研讨和合作,可以取长补短、发挥各自的优势和特色,促进教学水平的提高。

会议通过研讨该专业的办学定位、培养要求、教学内容的体系设置、关键知识点、知识内容的衔接等问题,进一步明确了设计、制造、自动化三大主线课程教学内容的设置,通过合并一些课程,可避免主要知识点的重复和遗漏,有利于加强课程设置上的系统性、明确自动化在本专业中的地位、深化自动化系列课程内涵,有利于完善学生的知识结构、加强学生的能力培养,为该系列教材的编写奠定了良好的基础。

本着"总结已有、通向未来、打造品牌、力争走向世界"的工作思路,在汇聚多所学校优势和特色、认真总结经验、仔细研讨的基础上形成了这套教材。参加编写的主编、副主编都是这几所学校在本领域的知名教授,他们除了承担本科生教学外,还承担研究生教学和大量的科研工作,有着丰富的教学和科研经历,同时有编写教材的经验;参编人员也都是各学校近年来在教学第一线工作的骨干教师。这是一支高水平的教材编写队伍。

这套教材有机整合了该专业教学内容和知识点的安排,并应用近年来该专业领域的科研成果来改造和更新教学内容、提高教材和教学水平,具有系列化、模块化、现代化的特点,反映了机械工程领域国内外的新发展和新成果,内容新颖、信息量大、系统性强。我深信:这套教材的出版,对于推动机械工程领域的教学改革、提高人才培养质量必将起到重要推动作用。

蔡鹤皋
哈尔滨工业大学教授
中国工程院院士
丁亥年八月于哈工大

前　言

随着科学技术的发展,对工程结构材料性能的要求越来越高,特别是航空宇航工业由于工作环境的特殊,非常需要采用一些具有特殊性能的新型结构材料,如高强度与超高强度钢、淬硬钢、不锈钢、高温合金、钛合金、蜂窝夹层材料、硬脆非金属材料(工程陶瓷、石英与蓝宝石)以及各种复合材料等,这些结构材料均属难加工新材料。为适应航空宇航制造工程学科发展的需要,我们在总结多年科研成果和教学经验的基础上,特编著了《航天用特殊材料加工技术》一书。

全书共分7章。第1章绪论,重点介绍飞行器机身与发动机及载人航天系统用特殊材料、材料的切削加工性与分类、材料的切削加工特点及改善切削加工性的途径;第2章介绍高强度与超高强度钢、淬硬钢、不锈钢等特种材料的性能、切削加工特点及途径;第3章介绍高温合金及其切削加工技术;第4章介绍钛合金及其切削加工技术;第5章介绍夹层结构材料成型加工技术;第6章介绍航天用硬脆非金属材料(工程陶瓷、石英和蓝宝石)及其加工技术;第7章介绍航天用各种复合材料(树脂基、金属基、陶瓷基等)的概念、性能特点、应用、成型制备方法及切削加工特点等。

本书内容丰富新颖、结构层次清晰、图文并茂、语言精炼准确、理论紧密联系实际,既可作为航空宇航制造工程专业学生和教师用书,又可作为相关专业学生及工程技术人员的参考书。编者深信,它一定能帮助读者解决生产中的实际问题。

全书由哈尔滨工业大学韩荣第教授和金远强副教授编著,其中第1~5章由韩荣第和韩滨及刘俊岩编著,第6~7章由金远强和杨立军编著,全书由韩荣第统稿、定稿。

由于时间和水平所限,书中难免有疏漏和不足,敬请谅解,并欢迎指正!

编　者
2007年5月

目 录

第1章 绪 论
1.1 航空宇航用特殊材料 …………………………………………………………… 1
1.2 被加工材料的切削加工性 ………………………………………………………… 7
1.3 航天特殊材料的分类及切削加工特点 ………………………………………… 19
1.4 改善材料切削加工性的途径 …………………………………………………… 21
复习思考题 …………………………………………………………………………… 42

第2章 航天用特种钢及其加工技术
2.1 高强度钢与超高强度钢 ………………………………………………………… 44
2.2 淬硬钢 …………………………………………………………………………… 56
2.3 不锈钢 …………………………………………………………………………… 63
复习思考题 …………………………………………………………………………… 83

第3章 航天用高温合金及其加工技术
3.1 概述 ……………………………………………………………………………… 84
3.2 高温合金的切削加工特点 ……………………………………………………… 88
3.3 高温合金的车削加工 …………………………………………………………… 90
3.4 高温合金的铣削加工 …………………………………………………………… 96
3.5 高温合金的钻削加工 …………………………………………………………… 99
3.6 高温合金的铰孔 ………………………………………………………………… 102
3.7 高温合金攻螺纹 ………………………………………………………………… 103
3.8 高温合金的拉削 ………………………………………………………………… 104
复习思考题 …………………………………………………………………………… 107

第4章 航天用钛合金及其加工技术
4.1 概述 ……………………………………………………………………………… 108
4.2 钛合金的切削加工特点 ………………………………………………………… 109
4.3 钛合金的车削加工 ……………………………………………………………… 114
4.4 钛合金的铣削加工 ……………………………………………………………… 118
4.5 钛合金的钻削加工 ……………………………………………………………… 124
4.6 钛合金攻螺纹 …………………………………………………………………… 128
复习思考题 …………………………………………………………………………… 131

第5章 航天夹层结构材料成型加工技术
5.1 概述 ……………………………………………………………………………… 132
5.2 夹层结构制造技术 ……………………………………………………………… 133

5.3 夹层结构的机械加工 ……………………………………………………………… 136
复习思考题 …………………………………………………………………………… 136

第6章 航天用硬脆非金属材料及其加工技术

6.1 工程陶瓷材料及其加工技术 ……………………………………………………… 137
6.2 石英材料及其加工技术 …………………………………………………………… 163
6.3 蓝宝石材料及其加工技术 ………………………………………………………… 170
复习思考题 …………………………………………………………………………… 177

第7章 航天复合材料及其成型与加工技术

7.1 概述 ………………………………………………………………………………… 178
7.2 树脂基复合材料及其成型与加工技术 …………………………………………… 183
7.3 金属基复合材料及其成型与加工技术 …………………………………………… 194
7.4 陶瓷基复合材料及其成型与加工技术 …………………………………………… 209
7.5 碳/碳复合材料及其成型与加工技术 ……………………………………………… 216
复习思考题 …………………………………………………………………………… 221
参考文献 ………………………………………………………………………………… 222

第1章 绪论

1.1 航空宇航用特殊材料

航空宇航新材料是新型航空航天器和先进导弹实现高性能、高可靠性和低成本的基础和保证,航空航天技术发达的国家十分重视航空宇航新材料的开发和应用,并投入了大量的研究经费。如,1991年美国"国防部关键技术计划"列举的21项关键技术中,与航空宇航材料及其制造技术有关的有52项,约占1991年财政年度"国防关键技术计划"总经费的26.5%。1993年美国NASA等10个单位根据美国"先进材料和加工计划(AMPP)"获得的复合材料、金属材料、聚合物等7种先进材料及其加工技术的研究经费总额达14.42亿美元,其中复合材料与金属材料约占该总经费的50%。这些均为航空宇航新材料的发展创造了条件,同时也反映了先进复合材料在美国航空宇航新材料研究中的重要地位。

另外,航天飞机(NASP)和综合高性能涡轮发动机(IHPTET)等的开发和研制也推动了航空宇航新材料的发展。如美国20世纪80年代末为实现NASP计划制定的为期3年的"材料和结构阶段计划(MASAP)"投资1.36亿美元,其中用于新材料及其加工技术开发的经费超过7 800万美元,有力地促进了Ti-Al金属间化合物等5种新材料的开发利用。

1.1.1 飞行器机身用结构材料

1. 铝合金

据预测,21世纪飞行器机身结构材料仍以铝合金为主,但必须在保证使用可靠性和良好工艺性的前提下减轻质量。有效办法就在于提高铝合金的强度、降低其密度。用锂(Li)对铝(Al)合金化成Al-Li合金,密度可降低10%~20%,刚度提高15%~20%。美国宇航局估测,2005年航空航天器结构中,Al-Li合金取代65%~75%的常规铝合金用量。Al-Li合金已用于制作大力神运载火箭的液氧贮箱、管道、有效载荷转接器,F16战斗机后隔框,"三角翼"火箭推进剂贮箱,航天飞机超轻贮箱及战略导弹弹头壳体等。

Al-Li合金的韧性比铝合金有明显提高,且板材的各向异性及超塑性成形技术均已获得突破。如英国EAP战斗机用超塑性成形Al-Li合金做起落架,质量减轻20%,成本节约45%以上。超高强度铝合金($\sigma_b = 650 \sim 700$ MPa)及高强超塑性铝合金也已用于美国T-39飞机机身隔框和英国EAP战斗机起落架舱门。

2. 超高强度钢

在现代飞机结构中,钢材用量约稳定在5%~10%,在某些飞机如超音速歼击机上,钢材仍是一种特定用途材料。

飞机所用钢材为超高强度钢,其$\sigma_b = 600 \sim 1\,850$ MPa,甚至要达到1 950 MPa,断裂韧性$K_{IC} = (77.5 \sim 91) \text{MPa} \cdot \text{m}^{1/2}$。

在活性腐蚀介质作用下使用的机身承力结构件,特别是在全天候条件下工作的承力结构件中广泛使用高强度耐蚀钢,其中马氏体类型的低碳弥散强化耐蚀钢和过渡类型的奥氏体-马氏体钢最有发展前景,在液氢和氢气介质中工作的无碳耐蚀钢可作为装备氢燃料发动机飞机的结构件材料。

3. 钛合金

提高钛合金在机身零件中使用比例的潜力巨大。据预测,钛合金在客机机身中的使用比例可达 20%,在军用机机身中可提高到 50%。

但目前 TC4 的工作温度仅为 482 ℃左右,最高的 α 型钛合金也只有 580 ℃左右。进一步提高工作温度将受到蠕变强度和抗氧化能力的限制。其解决办法,一是采用快速凝固/粉末冶金技术得到了一种高纯度、高致密性的钛合金,760 ℃时的强度与室温时相同;二是发展高强度高韧性 β 型钛合金。这种 β 型钛合金已被 NASA 定为复合材料 SiC/Ti 的基体材料,用来制作 NASP 的机身和机翼壁板。另外,具有更高热强性、热稳定性和使用寿命的"近α"型热强钛合金也将研制开发。

4. 金属基复合材料(metal matrix composite, MMC)

因为 MMC 具有较高的比强度、比刚度、低膨胀系数,在太空环境中不放气、抗辐射,能在较高温度(400~800 ℃)下工作,故它是 21 世纪空间站、卫星和战术导弹等的理想结构材料。

增强相材料可采用石墨纤维、B 纤维、SiC 纤维及 SiC 颗粒(SiC_p)、SiC 晶须(SiC_w),基体材料可采用铝合金、钛合金及 TiAl 金属间化合物。

铝复合材料 $SiC_p/2124$ 的 σ_b 达 738 MPa,$SiC_p/7001$ 的弹性模量 E 达 138 GPa,$SiC_w/7075$(体积分数为 27%)制作的弹翼比弥散强化不锈钢制作的质量至少减轻 50%。

铝基层状复合材料作机身的蒙皮材料,质量将减轻 10%~15%。

SiC 纤维增强 TiAl 金属间化合物基复合材料已被 NASA 确定为 NASP 的 X-30 试验机用壁板的备选材料。

5. 聚合物基复合材料(polymer matrix composite, PMC)

由于复合材料 PMC 具有质轻、高强度、高刚度及性能可设计等特点,故它是航天领域用量最大、应用最广的结构材料,质量可比金属减轻 20%~60%。C(石墨)/环氧、Kevlar/环氧在先进战略导弹(如侏儒、MX、三叉戟-Ⅰ、Ⅱ)和航天器(航天飞机、卫星、太空站)上获得了广泛应用。如三叉戟-Ⅱ的第 1、2 级固体火箭发动机壳体就采用了石墨/环氧复合材料。

PMC 的发展有以下特点。

(1)由小型简单的次承力构件发展到大型复杂承力构件

如 2 500 mm×22 400 mm×42 mm(直径×长度×壁厚)的 MX 导弹发射筒、三叉戟导弹仪器舱、DC-XA 液氧箱及卫星支架等。

(2)向较高耐温方向发展

如石墨/聚酰亚胺(VCAP-75)复合材料的最高使用温度可达 316 ℃,日本已将它作为"希望号"航天飞机的主结构材料;美国正在研制耐 427 ℃的有机复合材料。

(3)由热固性向热塑性方向发展

如热塑性树脂基复合材料已用于福克-50 飞机的 Gr/PEEK(聚醚醚酮)主起落架舱、机翼蒙皮和机翼翼盒等。

(4) 由单一承载向结构/隐身、结构/透波、结构/抗核/抗激光等多功能一体化方向发展

结构/隐身复合材料已用于 B-2、F-117、EAF 等飞机和"战斧"巡航导弹,它是用 C 纤维或 C 纤维与 Kevlar 纤维、C 纤维与玻璃纤维等混杂纤维增强的 PMC。美国正在研制结构/抗激光/抗核的 Gr/PEEK 复合材料。

6. C/C 复合材料

C/C 复合材料具有较高的比强度和比刚度、良好的耐烧蚀性能和抗热震性能,它是优异的烧蚀防热材料和热结构材料,也是当前先进复合材料的研究开发重点。

战略导弹弹头在再入大气层时,整个弹头表面将处于气动热环境中,故弹头防热及烧蚀防热材料的选用一直是战略导弹的关键问题。

目前美国采用三向编织 C/C,有的还采用钨丝增强。俄罗斯还采用了四向编织 C/C。

这种多向编织高密度 C/C 已用作火箭发动机喷管的防热和结构一体化材料,C/C 全喷管已代替了传统的多段、多层、多种材料的积木式喷管,使喷管质量减轻 30%~80%,而且简化了结构,提高了可靠性。

7. 蜂窝夹层结构材料

常见的蜂窝夹层结构材料具有轻质高强、结构刚度大、透波性好及制造较方便等特点。

常用的有玻璃钢蜂窝夹层结构,主要用于小型中速靶标无人机机体的机翼;碳纤维蒙扦与铝蜂窝夹层结构,主要用于 FY-3 卫星推进舱和服务舱的承力筒;碳纤维增强环氧树脂基复合材料层压板蒙皮、梁、肋和玻璃纤维增强环氧树脂基复合材料层压板尾缘条及 NOMES 蜂窝芯制作的飞机方向舵,还有运载火箭卫星整流罩,也采用碳/环氧蒙皮与铝蜂窝夹芯结构等(详见第 5 章)。

1.1.2 发动机用热强材料

1. 高温合金

高温合金是航空航天发动机的关键材料。应用最多的是 Inconel718 等 Ni 基高温合金,其使用温度已接近极限,用改变合金成分来提高使用温度已非常困难。现正通过新工艺途径由普通铸造高温合金发展为定向凝固高温合金及单晶高温合金,并向弥散强化高温合金和纤维增强高温合金方向发展。

美国航天飞机的高压氧化剂泵的涡轮叶片就使用了定向凝固高温合金铸件。单晶高温合金已用作发动机的中压涡轮叶片,使涡轮发动机热端部件的耐热温度至少提高了 42 ℃,用氧化物弥散强化的机械合金化高温合金制作的微晶叶片,涡轮入口温度可提高到 1 540~1 650 ℃,发动机的推重比可提高 30%~50%。各类高温材料的工作温度如图 1.1 所示。

用铼(Re)合金化的热强镍(Ni)基高温合金具有更高的工作温度和持久强度,可使涡轮入口温度提高到 2 000~2 100 K(1 727~1 827 ℃),冷却空气耗量减少 30%~50%,耗量相同时叶片使用寿命延长 1~3 倍。

2. 金属间化合物

金属间化合物 $Ti_3Al(\alpha_2)$、$TiAl(\gamma)$ 具有质轻、刚度高、高温下保持高强度等特点,故被认为是未来高性能航天飞机(NASP)理想的高温结构材料。

它们的使用温度可分别为 816 ℃ 和 982 ℃,密度仅为 Ni 基高温合金的 50%。预计能满

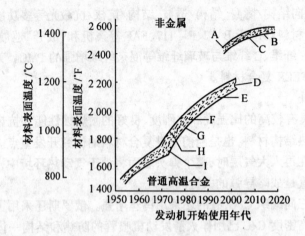

图 1.1　各类高温材料的工作温度

A—陶瓷；B—C/C；C—陶瓷基复合材料；D—金属间化合物；E—纤维增强高温合金；F—快速凝固高温合金；G—氧化物弥散强化高温合金；H—单晶高温合金；I—定向凝固高温合金

足 NASP 中温（300～1 000 ℃）结构的使用要求，可制造机身和机翼壁板。Ti_3Al 已制成高压压气机机匣、涡轮支承环、燃烧室喷管密封片等。

3. C/C 热结构材料

C/C（碳/碳复合材料）有良好的抗氧化性能，是现有复合材料中工作温度最高的材料。主要用于载人再入航天飞机的热结构、面板结构和发动机喷管烧蚀防热结构。

由于航天飞机的需要，早在 20 世纪 70 年代就已开展了 C/C 热结构材料的研究，并制成了航天飞机的鼻锥帽和机翼前缘。美国通用电气公司（GE）又用 C/C 制造了低压涡轮部分的涡轮及叶片，运转温度 1 649 ℃，比一般涡轮高出 555 ℃，且不用水冷却。这为发动机部件在高温高速（≥6M，M 为音速）条件下正常工作，为新一代巡航导弹发动机的研制铺平了道路。

4. 陶瓷基复合材料（ceramic matrix composite，CMC）

CMC 已用于"使神号"航天飞机的小翼、方向舵和襟翼材料，主要有 2D – SiC/SiC、2D – C/SiC 复合材料。前者的体积分数约为 40%，既有良好的抗蚀性又有优良的抗氧化性能；后者的体积分数为 45%，1 700 ℃时仍保持高强度、高韧性及优异的抗热震性能。

法国 SEP 公司还制造了阿里安 – 4 的第 3 级液氢/液氧推力室 C/SiC 复合材料的整体喷管，比金属喷管的质量减轻 66.6%。该公司还在 HM7 发动机上使用 C/SiC 喷管，其入口温度高于 1 800 ℃，工作时间达 900 s。

美国也正在开发能耐 1 538 ℃的陶瓷纤维。

1.1.3　载人航天系统用新材料

先进载人航天系统主要包括重复使用天地往返运输系统、空间站系统、大型运载火箭以及制导、导航、控制系统、测控通信系统、发射与返回场及宇航员系统等。选用的新材料包括结构与防热材料、热控材料、密封材料、推进剂材料、电子与光学和磁性材料、电源和储能材料及特殊功能材料等。

1. 结构与防热材料

结构材料是各类载人航天器天地往返运输系统、空间站和大型运载火箭必不可少的重要材料,防热材料则是重复使用载人航天器的关键材料。对于先进航天器,结构和防热均采用一体化设计,所用材料应具有结构和防热一体化功能。结构与防热材料按材料类型分为新型结构与防热金属材料、新型结构与防热非金属材料及新型结构与防热复合材料。

(1) 新型结构与防热金属材料

① 高性能铝合金

主要用于空间站的密封主结构、大型运载火箭贮箱、航天飞机的轨道舱和外储箱及航天飞机的机身结构等。

要求铝合金具有高强度、大塑性、优良的耐蚀性和中等加工成形性能。如美国的 2124、2219、2224、7175 及前苏联的 A164、1163、B95 等牌号。

② 铝锂合金

具有高比刚度和比强度及良好的抗疲劳性能,耐热性能优于树脂基复合材料,是未来载人航天飞机的理想结构材料,主要用于储箱和蒙皮结构。如美国的 Al-Cu-Li(-Zr)系(2090、2091)、Al-Cu-Mg-Li 系(8090、8091)、Alithalite2090、Weldalite049 和 IN905XL。

③ 高温合金

具有良好的热强性、抗氧化性和耐蚀性,主要用于运载火箭发动机的喷管、涡轮泵等高温部件以及先进载人航天器较高温区的防热零部件。主要牌号有 Inconel718、Inconel625、Rene41、Waspaloy 等 Ni 基高温合金和 Hayness188、Hayness525 等 Co 基高温合金。

④ 新型钛合金

具有使用温度高、良好的高温和超低温强度、良好的焊接性能和耐蚀性能,主要用于航天飞机 NASP 机体结构、先进载人航天器较低温区的防热结构和发动机外壳等。有 Ti-100、Ti-6242、Timetal 或 β21S、β-C 和 Ti-15V-3Cr-3Sn-3Al 等。

⑤ 金属间化合物

具有高强度、高熔点且强度随温度升高而提高的特点,主要用于发动机等高温部件和火箭与飞机的机翼结构,包括 TiAl、Ti_3Al、Ni_3Al、Ti_3Al-Nb、Fe_3Al 和 FeAl 等。

(2) 新型结构与防热非金属材料

① 陶瓷防热材料

先进的陶瓷防热材料具有隔热性好、质量轻和使用温度高等特点,主要用于先进载人航天器较高温区和较低温区的防热。新型刚性陶瓷材料主要有高温特性材料(HTP)、氧化铝增强热屏蔽材料(AETB)和韧化整体纤维隔热材料(TUFI)等。柔性防热材料有柔性外部隔热材料(FEI)、复合柔性隔热毡(CFBI)、可改制先进隔热毡(TABI)和先进柔性隔热毡(AFRSI)。

② 陶瓷结构材料

具有强度高、相对质量轻和耐高温、耐腐蚀性好等特点,主要用于整流罩和发动机结构。主要有熔凝硅、Al_2O_3、Y_2O、SiC、Si_3N_4 和 ZrO_2 等。

(3) 新型结构与防热复合材料

① 树脂基复合材料

主要特点是质量轻、强度与刚度高、阻尼大,用于先进载人航天器、空间站和固体发动机的结构件,主要有石墨/环氧、硼/环氧、石墨/聚酰亚胺和聚醚醚酮等。

②金属基复合材料（MMC）

具有高比强度和比刚度、低膨胀系数、良好的导电性和导热性、不吸气、抗辐射、抗激光及制造性能好等特点。用于先进载人航天器的起落架等机身辅助结构及惯性器件和仪表结构等。主要有 SiC/Al、Al_2O_3/Al、SiC/Ti、SiC/TiAl、石墨/铜。

③陶瓷基复合材料

具有使用温度高、抗氧化性能好、质量轻、强度和刚度高等特点，可用于航天飞机的机头锥、机翼前缘热结构和盖板结构。主要有 C/SiC、SiC/SiC、Zr_2B/SiC、Hf/SiC，其中硼化物增强陶瓷基复合材料是抗氧化性最好的高温材料，耐热温度可达 2 200 ℃以上。

④C/C 复合材料

具有良好的抗氧化性能，是现有复合材料中工作温度最高的。主要用于载人再入航天器的热结构、面板结构和发动机喷管、烧蚀防热结构。主要有增强 C/C（RCC）和先进 C/C（ACC），有 2D、3D、4D、5D、6D、7D 和更高维数的 C/C 复合材料。

⑤混杂复合材料

具有吸波、零膨胀、防声纳等特殊性能，主要用于天线及导弹头锥等。主要有金属与非金属复合材料，如芳纶纤维增强树脂/铝（ARALL）和玻璃纤维增强树脂/铝等。

2. 热控材料

载人航天器要求热控材料具有质量轻、成本低、施工安装容易、长期工作稳定性好等特点。包括热控涂层材料、隔热材料及导热填充材料等。

3. 密封材料

要求密封材料能经受住超高温、超低温、高压、微重力和腐蚀等严酷环境考验。主要用于航天器推进系统、液压系统和气动系统中的管路、阀门和箱体等部件的静动密封结构及防热系统部件的密封，如壳体、机翼端头、升降副翼和防热材料等。包括金属密封材料、非金属密封材料与复合材料密封材料等。

4. 推进剂材料（略）

5. 电子材料与光学及磁性材料（略）

6. 电源与储能材料（略）

7. 特殊功能材料

(1) 形状记忆材料

形状记忆材料是具有形状记忆效应的合金和非金属材料（如聚合物），可用于先进载人航天器的管接头、紧固件、天线、温控装置以及开关、作动器、机器人部件、传感器阀门、膨胀密封件等。包括 Ni–Ti 基、Cu 基和 Fe 基形状记忆合金。

(2) 梯度功能材料

梯度功能材料（FGM）又称倾斜或渐变功能材料。由于材料的成分、浓度沿厚度方向连续变化而使功能呈连续变化，从而可避免界面反应和热应力剥离。航天飞机均可采用梯度功能材料，并已制成航天飞机机体表面使用的板材和机头锥使用的半圆型材模型。还可用于火箭发动机燃烧室壁、高性能电子器件和新型光学或存储元件。材料可为金属、陶瓷及塑料、复合材料等的巧妙梯度复合，因而是一种基于全新材料设计概念而成的新型材料。

(3) 智能材料

智能材料是一种具有"智能"功能的新概念设计材料，又称灵巧材料。实际上是一个具有传感、处理与执行功能的智能材料系统和结构,既包括在材料(如复合材料)中埋入传感和致动系统(如光纤、磁致/电致伸缩材料、压电晶体、形状记忆合金和电流变体)而构成的"智能结构",也包括具有微观结构传感器、致动器和处理器的"智能材料"。如将光纤阵列/处理系统嵌入复合材料制成的飞机"智能蒙皮"中,可对机翼和构架进行实时监测与诊断,甚至将来可自动改变翼形以满足气动要求、优化飞行参数;智能结构中可研制大型空间的可展开结构、伸展机构、观测平台和光学干涉仪等大型"精确结构",将光纤埋入复合材料中又可制成雷达天线的智能桁架结构;此外还能用于机器人装置。总之,智能材料在未来先进载人航天系统中会有广阔的应用前景。

8. 超细微粒材料

超细微粒材料又称纳米材料,即尺寸为纳米级的固体颗粒。可为金属及其合金、陶瓷和高分子等,通过控制材料的微观结构可调制材料的特性,由于材料颗粒变小使其物理、化学性能发生重大变化。可用于光选择吸收材料、太阳电池、热交换器、磁记录器、传感器、远红外材料、极低温材料或用来研制新材料,是先进载人航天系统中最有前途的新型材料之一。

1.2 被加工材料的切削加工性

随着航空、航天、核能、兵器、化工、电子工业及现代机械工业的发展,对产品零部件材料的性能提出了各种各样新的和特殊的要求。有的要求在高温、高应力状态下工作,有的要求耐腐蚀、耐磨损,有的要求能绝缘,有的则需要有高导电率。故在现代工程材料中出现了许多难加工材料,如高强度与超高强度钢、高锰钢、不锈钢、高温合金、钛合金、冷硬铸铁、合金耐磨铸铁及淬硬钢等;还有许多非金属材料,如石材、陶瓷、工程塑料和复合材料等,这些材料均较难或难于切削加工,其原因在地它们具有 1)高硬度;2)高强度;3)大塑性和大韧性;4)小塑性和高脆性;5)低导热性;6)有微观硬质点或硬质夹杂物;7)化学性能过于活泼等特性。被加工材料的这些特性常使切削过程中的切削力增大,切削温度升高,刀具使用寿命缩短,有时还会使加工表面质量恶化,切屑难以控制及处理,最终将使生产效率和加工质量下降。

研究被加工材料的切削加工性,掌握其规律,寻求技术措施,是当前切削加工技术中的重要课题。

1.2.1 材料切削加工性的含义

材料的切削加工性(Machinability)是指对某种材料进行切削加工的难易程度。一般只考虑材料本身性能(如物理力学性能等)对切削加工的影响,而没有考虑由材料转变为零件过程中其他因素,如零件的技术条件和加工条件的影响,故此定义有其局限性。

例如,毛坯质量对零件的加工性影响很大,形状不规整且带有硬皮的铸件、锻件常给加工带来困难。

同种材料制造但结构、尺寸不同的零件,其加工性有很大差异。如特大或特小零件、弱刚性零件或形状特别复杂零件都较难加工。

尺寸精度和表面质量要求高的零件也较难加工。

用切削性能较差的刀具加工高硬度或高强度材料显得很困难,甚至根本不能加工,如改换切削性能好的刀具却能顺利加工。

在普通机床上使用通用夹具,加工某一零件非常困难,如改用专用机床和专用夹具加工就不困难了。

采用新型极压切削液可改善切削加工性,选用合理切削用量也可使切削加工变得顺利。

由此可见,在研究材料切削加工性的同时,还应当有针对性地研究零件的切削加工性。二者结合起来,对生产则有更大的指导意义。

生产批量对切削加工性也有影响。在相同条件下加工同一种材料制作的零件,批量小时比较容易;批量大时对生产效率有高的要求,加工难度就加大。

因此说切削加工性是相对的,某种材料的切削加工性总是相对另一种材料而言。一般在讨论切削加工性时习惯以中碳45钢(正火)为基准。如说高强度钢较难加工,就是相对于45钢而言的。另外,切削加工性与刀具的切削性能关系最密切,不能脱离刀具的具体情况孤立地讨论或研究被加工材料(或零件)的切削加工性。因此,在研究被加工材料(或零件)的切削加工性时必须与刀具的切削性能结合起来。

1.2.2 切削加工性的衡量指标

比较材料的切削加工性时应当有量的概念,不同情况可用不同参数作指标来衡量切削加工性。有时只用一项主要指标衡量切削加工性,有时则可兼用几项指标。

1. 以刀具使用寿命 T 或一定使用寿命下的切削速度 v_c 衡量

在相同切削条件下加工不同材料,刀具使用寿命较长或一定使用寿命下切削速度较高的那种材料加工性较好;反之,T 较短或 v_c 较低的材料加工性较差。例如,用 YT15 车刀加工 45 钢时的 $T = 60$ min,加工 30CrMnSiA 钢时的 $T = 20$ min,可见 30CrMnSiA 钢的切削加工性不如 45 钢好。

实际上经常用某种材料的 v_c 与基准材料的 $(v_c)_j$ 的比值,作为该种材料的相对加工性 K_v,即

$$K_v = v_c/(v_c)_j$$

表 1.1 给出了几种金属材料的相对加工性,以 45 钢为基准,刀具使用寿命 T 取为 60 min。$K_v > 1$ 时加工性优于 45 钢,$K_v < 1$ 时加工性不如 45 钢。

表 1.1 几种金属材料的相对加工性 K_v

被加工材料	$K_v = v_{c60}/v_{c60}(45)$
铜、铝合金	≥3
45 钢(正火)	1
2Cr13(调质)	0.65 ~ 1
45Cr(调质)	0.5 ~ 0.65
钛合金	0.15 ~ 0.5

T、v_c 或 K_v 是最常用的切削加工性衡量指标。刀具使用寿命不仅可用加工时间表示,也可用加工零件数或进给(走刀)长度来表示。

此外,还可用切削路程 l_m、金属切除量 V(或金属切除率 Q)作为衡量切削加工性的指标,见式(1.1) ~ (1.3)。

$$l_m = v_c T \tag{1.1}$$

$$V = 1\,000 l_m a_p f \tag{1.2}$$

$$Q = V/T = 1\,000 v_c a_p f \tag{1.3}$$

式中　v_c——切削速度,m/min;该速度下的刀具使用寿命为 T,min;

　　　a_p——切削深度(或背吃刀量),mm;

　　　f——进给量,mm/r。

凡 l_m、V、Q 值大者,切削加工性好;反之切削加工性差。

从刀具磨损曲线(见图1.2)或 $T - v_c$ 曲线(见图1.3)中,可以直观地看出不同材料切削加工性的优劣。图1.2和图1.3分别为用YG798加工3种奥氏体不锈钢的刀具磨损曲线和 $T - v_c$ 关系。不难看出,0Cr12Ni12Mo + S 易切不锈钢的切削加工性好,0Cr12Ni12Mo 次之,0Cr18Ni9 差。

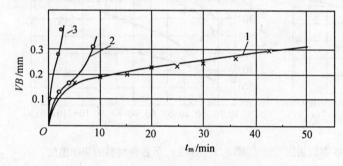

图1.2　切削不锈钢时刀具磨损曲线
1—0Cr12Ni12Mo + S,2—0Cr12Ni12Mo,3—0Cr18Ni9;
$v_c = 180$ m/min, $a_p = 0.5$ mm, $f = 0.39$ mm/r; $\gamma_o = 20°$, $\alpha_o = 6°$,
$\lambda_s = -5°30'$, $\kappa_r = 90°$;干切

2. 以切削力和切削温度衡量

在相同切削条件下,凡切削力大、切削温度高的材料较难加工,即切削加工性差;反之切削加工性好。表1.2为几种高强度钢与45钢的切削力对比。高强度调质钢的切削力比45钢高出20% ~ 30%,高锰钢的切削力比45钢高出60%。图1.4和图1.5为不同切削速度下各种材料的切削温度对比,可看出:调质45钢的切削温度高于正火的,淬火的又高于调质的。T10A(退火)的切削温度高于45钢(正火);灰铸铁HT200的切削温度低于45钢;不锈钢1Cr18Ni9Ti的切削温度高于45钢很多;高温合金GH2131的切削温度更高。

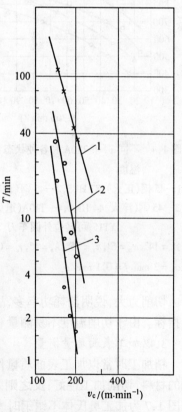

图1.3　切削不锈钢的 $T - v_c$ 关系
$VB = 0.3$ mm,其余条件同图1.2
1—$v_c \cdot T^{0.31} = 587$;2—$v_c \cdot T^{0.18} = 269$;
3—$v_c \cdot T^{0.14} = 208$

表 1.2　几种高强度钢与 45 钢的切削力对比

材料牌号	热处理状态	硬度 HRC	单位切削力比值	备 注
45	正火	18~20	1	刀具几何参数
60	正火	23	1.06~1.1	$\gamma_o = 5°$
				$\alpha_o = 8°$
38CrNi3MoVA	调质	32~34	1.15~1.2	$\kappa_r = 45°$
30CrMnSiA	调质	35~40	1.2	$\lambda_s = -5°$
	调质	42~47	1.25	$r_\varepsilon = 0.5$ mm
35CrMnSiA	调质	44~49	1.30	45 钢的单位切削力
ZGMn13	水韧	170~207 HBS	1.60	$\kappa_c = 2\,270$ MPa(调质)

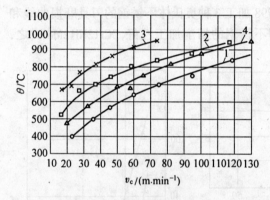

图 1.4　不同 v_c 下 T10A 和各种状态 45 钢的切削温度

1—45 钢(正火)187 HBS,2—45 钢(调质)229 HBS,
3—45 钢(淬火)44 HRC,4—T10A(退火)189 HBS;
YT15,可转位外圆车刀
$\gamma_o = 14°, \alpha_o = 6°, \kappa_r = 75°, \lambda_s = 6°, r_\varepsilon = 0.2$ mm;
$a_p = 3$ mm, $f = 0.1$ mm/r

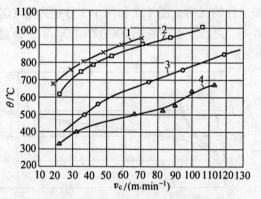

图 1.5　不同 v_c 下各种材料的切削温度

1—GH2131,2—1Cr18Ni9Ti,3—45 钢(正火),
4—HT200;
YT15 – 45 钢;YG8 – GH2131;1Cr18Ni9Ti;HT200
$\gamma_o = 14°, \alpha_o = 6°, \kappa_r = 75°, \lambda_s = 6°, r_\varepsilon = 0.2$ mm;
$a_p = 3$ mm, $f = 0.1$ mm/r

切削力大,说明消耗功率多,故粗加工时,可用切削力或切削功率作为切削加工性的衡量指标。由于切削温度不易测量和标定,故用得较少。

3. 以加工表面质量衡量

精加工时常以加工表面质量作为切削加工性的衡量指标。凡容易获得好的加工表面质量的材料,切削加工性好;反之则差。加工表面质量包括表面粗糙度和残余应力等。图 1.6 和图 1.7 为加工奥氏体不锈钢时表面粗糙度 Ra 值的比较曲线。此情况下,1Cr18Ni9Ti 的切削加工性好,0Cr12Ni12Mo + S 次之,0Cr12Ni12Mo 差。

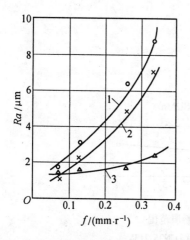 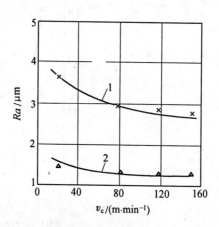

图1.6 车削奥氏体不锈钢的 $Ra-f$ 曲线
1—0Cr12Ni12Mo,2—0Cr12Ni12Mo+S,3—1Cr18Ni9Ti;
$v_c=60$ m/min; $a_p=0.5$ mm

图1.7 车削奥氏体不锈钢时的 $Ra-v_c$ 曲线
1—0Cr12Ni12Mo+S,2—1Cr18Ni9Ti;
$a_p=0.5$ mm; $f=0.15$ mm/r

图1.8为车削3种奥氏不锈钢表面残余应力的比较。可见,用残余应力大小来衡量时,0Cr12Ni12Mo+S的切削加工性较好,另两种钢较差。

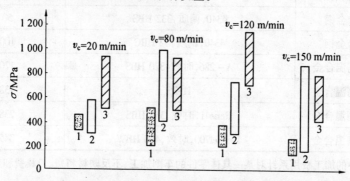

图1.8 车削奥氏体不锈钢表面残余应力的比较
1—0Cr12Ni12Mo+S;2—0Cr12Ni12Mo;3—1Cr18Ni9Ti

4. 以切屑控制或断屑难易衡量

在数控机床、加工中心或现代制造系统FMS中,高速切削塑性材料时常以切屑控制或断屑难易作为切削加工性衡量指标。凡切屑容易控制或容易断屑的材料,切削加工性好;反之则差。

图1.9为相同条件下车削45钢与高强度钢60Si2Mn(调质39~42 HRC, $\sigma_b=1.18$ GPa)的断屑范围。60Si2Mn的断屑范围窄于45钢,故其切削加工性差。

以上是常用的切削加工性衡量指标。国外还有用零件的加工费用或加工工时作为切削加工综合指标的,生产中有其实用价值。美国切削加工性数据中心编制的《切削数据手册》中介绍了各种金属材料零件的加工费用和加工工时对比,如表1.3及表1.4所示。显然,凡加工费用低、加工工时短的材料和零件,其切削加工性好;反之则差。

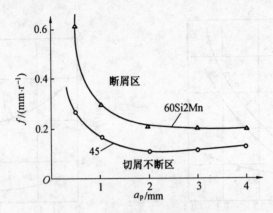

图 1.9 车削两种钢的断屑范围
$v_c = 100$ m/min;$\kappa_r = 90°$;刀片:CN25 213V

表 1.3 各种金属材料零件的加工费用对比

材料种类	牌号	加工费用/美元
铝合金	7075—T6	10
普通碳素钢	1020,111 HBS	25
低合金钢	4340,调质,332 HBS	50
低合金钢	4340,调质,52 HRC	100
铁基高温合金	A-286,时效,320 HBS	120
钴基高温合金	HS25	138
镍基高温合金	Rene41,时效,350 HBS	238
镍基高温合金	Inconel700,时效,400 HBW	345

注:表中的加工费用系针对某一具体零件的车削加工,不反映材料费、刀具费和热处理费。

表 1.4 各种金属材料零件的加工工时对比

材料种类	牌号	加工工时对比	
		高速钢	硬质合金
合金钢	4340,调质,300 HBS	1.0	1.0
	4340,调质,500 HBW	3.3	3.3
	4340,退火,210 HBS	0.8	0.8
高强度钢	H11,调质,350HBS	1.7	2.0
奥氏体不锈钢	302,304,317,321,退火,180 HBS	0.8	0.9
钛合金	Ti-6A1-4V,退火,310 HBS	1.7	2.0
镍基高温合金	Inconel718,270 HBS	5.0	5.0
铝合金	7075-T6,75 HBS	0.12	0.3

1.2.3 影响切削加工性的因素分析

1. 被加工材料物理力学性能的影响

(1) 硬度与强度

钢的硬度和抗拉强度值有如下近似关系:低碳钢 $\sigma_b \approx 3.6$ HBS;中、高碳钢 $\sigma_b \approx 3.4$ HBS;调质合金钢 $\sigma_b \approx 3.25$ HBS。一般金属材料的硬度或强度越高,切削力越大,切削温度越高,刀具磨损越快,故其切削加工性越差。例如,高强度钢比一般钢难加工,冷硬铸铁比灰铸铁难加工。有些材料的室温强度并不高,但高温下强度降低不多,加工性较差。例如合金结构钢 20CrMo 室温下的 σ_b 比 45 钢低 65 MPa,而 600 ℃时 σ_b 反比 45 钢高 180 MPa,故 20CrMo 的加工性比 45 钢差。

但并非材料的硬度越低越好加工。有些金属,如低碳钢、纯铁、纯铜等硬度虽低,但塑性很大,也不好加工。硬度适中(如 160~200HBS)的钢好加工。此外,适当提高材料的硬度,有利于获得较好的加工表面质量。

以上所说的硬度是指材料的宏观硬度,并未考虑局部微观硬度。金属组织中常有细微的硬质夹杂物,如 SiO_2、Al_2O_3、TiC 等,它们的显微硬度高,如有一定数量,会使刀具产生严重的磨料磨损,从而降低材料的切削加工性。

在切削加工中,由于切削层材料剧烈的塑性变形而产生加工硬化。加工硬化后材料的硬度比原始硬度提高很多,易使刀具发生磨损。故加工硬化现象越严重,刀具使用寿命越低,即材料的切削加工性越差。

(2) 塑性

材料塑性以伸长率或断面收缩率来表示。一般塑性越大越难加工。因为塑性大的材料,加工变形和硬化都较严重,与刀具表面的粘着现象也较严重,不易断屑,不易获得好的加工表面质量。此外,切屑与前刀面的接触长度也将加大,使摩擦力增大。如不锈钢 1Cr18Ni9Ti 的硬度与 45 钢相近,但其塑性很大($\delta \approx 40\%$),故加工难度比 45 钢大很多。

(3) 韧性

韧性以冲击值表示。材料的韧性越大,切削消耗的能量越多,切削力和切削温度越高,越不易断屑,故切削加工性差。有些合金结构钢不仅强度高于碳素结构钢,冲击值也较高,故较难加工。

(4) 导热性

被加工材料的导热系数越大,由切屑带走的热量越多,越利于降低切削区温度,故切削加工性较好。如 45 钢的导热系数为 50.2 W/(m·℃),而奥氏体不锈钢和高温合金的导热系数仅为 45 钢的 1/3~1/4,这是切削加工性比 45 钢差的重要原因之一。铜、铝及其合金的导热系数很大,约为 45 钢的 2~8 倍,这是它们切削加工性好的重要原因之一。

(5) 其他物理力学性能

其他物理力学性能对切削加工性也有一定影响。如线膨胀系数大的材料,加工时热胀冷缩,工件尺寸变化很大,故精度不易控制。弹性模量小的材料,在加工表面形成过程中弹性恢复大,易与刀具后刀面发生强烈摩擦。

前苏联人曾提出计算碳素结构钢相对加工性的公式,即

$$K_v = (k/k_j)^{0.5}(\sigma_{bj}/\sigma_b)^{1.8}[(1+\delta_j)/(1+\delta)]^{1.8} \tag{1.4}$$

式中 σ_{bj}、δ_j、k_j——依次是 45 钢的抗拉强度、伸长率和导热系数；

σ_b、δ、k——依次是待切材料的抗拉强度、伸长率和导热系数。

该公式反映了 σ_b、δ、k 等因素对切削加工性的综合影响。但影响切削加工性的因素多而复杂，故计算出的 K_v 仍不够精确，只可作定性或半定量分析之用。

(6)化学性能

某些材料的化学性能也在一定程度上影响切削加工性。如切削镁合金时，粉末状的碎屑易与氧化合发生燃烧；切削钛合金时，高温下易从大气中吸收氧或氮，形成硬而脆的化合物，使切屑成短碎片，切削力和切削热都集中在切削刃附近，从而加速刀具磨损。

2.被加工材料化学成分的影响

前面已述，物理力学性能对材料的切削加工性影响很大，但物理力学性能是由材料的化学成分决定的。

(1)对钢的影响

①碳

碳的质量分数小于 0.15% 的低碳钢，塑性和韧性很大；碳的质量分数大于 0.5% 的高碳钢，强度和硬度又较高，这两种情况的切削加工性都降低。碳的质量分数为 0.35%～0.45% 的中碳钢，切削加工性较好。这是对一般正火或热轧状态下的碳素钢而言，对于加入合金元素并经过不同热处理的钢有着更为复杂的情况。

②锰

增加含锰量，钢的硬度与强度提高，韧性下降。当钢中碳的质量分数小于 0.2%，锰的质量分数在 1.5% 以下时，可改善切削加工性。当碳或锰的质量分数大于 1.5% 时加工性变差。一般锰的质量分数在 0.7%～1.0% 时加工性较好。

③硅

硅能在铁素体中固溶，故能提高钢的硬度。当硅的质量分数小于 1% 时，钢在提高硬度的同时塑性下降很少，对切削加工性略有不利。此外，钢中含硅后导热系数有所下降。当在钢中形成硬质夹杂物 SiO_2 时，使刀具磨损加剧。

④铬

铬能在铁素体中固溶，又能形成碳化物。当铬的质量分数小于 0.5% 时，对切削加工性的影响很小。含铬量进一步增多，则钢的硬度或强度提高，切削加工性有所下降。

⑤镍

镍能在铁素体中固溶，使钢的强度和韧性均有所提高，但导热系数降低，使切削加工性变差。当镍的质量分数大于 8% 后形成了奥氏体钢，加工硬化严重，切削加工性就更差了。

⑥钼

钼能形成碳化物，能提高钢的硬度，降低塑性。钼的质量分数为 0.15%～0.4% 时，切削加工性略有改善；其质量分数大于 0.5% 后，切削加工性降低。

⑦钒

钒能形成碳化物，并能使钢的组织细密，提高硬度，降低塑性。当含钒量增多后使切削加工性变差，含量减少时对切削加工性还略有好处。

⑧铅

铅在钢中不固溶,而呈单相微粒均匀分布,从而破坏了铁素体的连续性,且有润滑作用,故能减轻刀具磨损,使切屑容易折断,从而有效地改善切削加工性。

⑨硫

硫能与钢中的锰化合成非金属夹杂物 MnS,呈微粒均匀分布,MnS 的塑性好,且有润滑作用。由于它破坏了铁素体的连续性而降低了钢的塑性,故能减小钢的切削变形,提高加工表面质量,改善断屑,减小刀具磨损,从而使切削加工性得到显著提高。

⑩磷

磷存在于铁素体的固溶体内,钢中含磷量增加,使强度与硬度提高,塑性与韧性降低。当磷的质量分数达到 0.25% 时,强度与硬度略有提高,伸长率降低不多,但冲击值显著下降,使钢变脆。故磷的质量分数控制在 0.15% 以下时,可通过"加工脆性"而使钢的切削加工性改善。当磷的质量分数大于 0.2% 时,由于脆性过大又使切削加工性变差。

⑪氧

钢中含有微量的氧能与其他合金元素化合成硬质夹杂物,如 SiO_2、Al_2O_3、TiO_2 等,对刀具有强烈地擦伤作用,使刀具磨损加剧,从而降低了切削加工性。

⑫氮

氮在钢中会形成硬而脆的氮化物,使切削加工性变差。

各种元素的质量分数小于 2% 时,对钢的切削加工性的影响如图 1.10 所示。

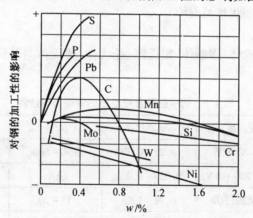

图 1.10 各种元素对结构钢切削加工性的影响
+ 表示改善,- 表示变差

美国人提出了碳的质量分数为 0.25%～1.0% 时各种钢材(热轧或退火状态)相对加工性的计算公式,即

$$K_v = 1.57 - 0.666C - 0.151Mn - 0.111Si - 0.102Ni - 0.058Cr - 0.056Mo \tag{1.5}$$

式(1.5)中的数字代表各种元素的质量分数。用此式仅能粗略估算一种热处理状态下钢的相对加工性,显然也是不够精确的。

(2)对铸铁的影响

碳的质量分数大于 2% 的铁碳合金称为铸铁,铸铁中除碳外还含有较多的硅、锰、硫、磷等杂质。为了满足性能上的要求,有时还加入钼、铬、镍、铜、铝等元素制成合金铸铁。

铸铁的组织和性能在很大程度上受碳元素存在形态的影响。碳可能以碳化物(Fe_3C)形态出现,也可能呈游离石墨状态,或二者同时存在。

灰铸铁是 Fe_3C 和其他碳化物与片状石墨的混合体。它的硬度虽与中碳钢相近,但 σ_b、δ、a_k 均甚小,即脆性很大,故切削力小,仅为 45 钢的 60% 左右。灰铸铁中的碳化物硬度很高,对刀具有擦伤作用;切屑呈崩碎状,应力与切削热都集中在刀刃上。因此刀具磨损率并不低,只能采用低于钢的切削速度。

石墨很软,具有润滑作用。铸铁中游离石墨越多越容易切削。因此铸铁中含有硅、铝、镍、铜、钛等促进石墨化的元素,能提高切削加工性;含有铬、钒、锰、钴、硫、磷等阻碍石墨化的元素,会降低切削加工性。

在各种合金铸铁中,以 $\sigma_b \approx 180$ MPa、$\sigma_{bc} \approx 360$ MPa、190HBS 的灰铸铁为基准,前苏联人曾提出计算其相对加工性的公式,即

$$K_v = \left(\frac{0.8}{C_e}\right)^{1.3} \left(\frac{700}{\sigma_{bc}}\right)^{1.35} \tag{1.6}$$

式中 σ_{bc}——铸铁的抗压强度;

         C_e——合金元素的折合当量。

$$C_e = C_c + 0.75Mo + 0.25Mn + 0.33P + 1.66Cr - 0.1Ni \tag{1.7}$$

式中 C_c——化合碳含量。

用此式可粗略估算灰铸铁的切削加工性。

3. 热处理状态与金相组织的影响

(1) 钢

钢的金相组织有铁素体、渗碳体、索氏体、托氏体、奥氏体与马氏体等,其物理力学性能见表 1.5。

表 1.5   钢中各种金相组织的物理力学性能

金相组织	硬 度	σ_b/GPa	δ/%	$k/[W \cdot (m \cdot ℃)^{-1}]$
铁素体	60~80 HBS	0.25~0.29	30~50	77.03
渗碳体	700~800 HBW	0.029~0.034	极小	7.12
珠光体	160~260 HBS	0.78~1.28	15~20	50.24
索氏体	250~320 HBS	0.69~1.37	10~20	—
托氏体	400~500 HBW	1.37~1.57	5~10	
奥氏体	170~220 HBS	0.83~1.03	40~50	
马氏体	520~760 HBW	1.72~2.06	2.8	

① 铁素体

碳溶解于 $\alpha - Fe$ 中所形成的固溶体称为铁素体。铁素体中溶解碳的质量分数很少,在 723 ℃时溶解量最高,约为 0.02%。铁素体中还可以含有硅、锰、磷等元素。由于铁素体含碳很少,故其性能接近于纯铁,是一种很软而且很韧的组织。在切削铁素体时,虽然刀具不易被擦伤,但与刀面粘结(冷焊)现象严重,使刀具产生粘结磨损;又容易产生积屑瘤,使加工表面质量恶化。故铁素体的切削加工性并不好,可通过热处理(如正火)或冷作硬化变形,提

高其硬度,降低其韧性,使切削加工性得到改善。

②渗碳体

碳与铁互相作用形成的化合物 Fe_3C 称为渗碳体。渗碳体中碳的质量分数为 6.67%,其晶体结构很复杂,硬度很高,塑性极低,强度也很低。如钢中渗碳体含量较多,刀具被擦伤和磨损很严重,切削加工性变差。可通过球化退火,使网状、片状的渗碳体变为小而圆的球形组织混在软基体中,使切削变得容易,从而改善钢的切削加工性。

③珠光体

由铁素体与渗碳体组成的共析物称为珠光体。它是由一种固溶体中同时析出的另两种晶体所组成的机械混合物。珠光体组织是由铁素体层片和渗碳体层片交替组成。在几乎不含杂质的铁碳合金中,碳的质量分数为 0.8% 时可以得到全部珠光体组织。在含有硅、锰等元素的钢中,含碳量较低时也能得到全部珠光体。通过热处理(如退火、调质),可将层片状珠光体转变为球状珠光体。后者的强度比前者降低,塑性比前者增高。由于珠光体的硬度、强度和塑性都较适中,钢中珠光体与铁素体数量相近时切削加工性良好。

④索氏体和托氏体

索氏体和托氏体也是铁素体与渗碳体的混合物,不过比珠光体要细得多。钢经正火或淬火后在 450~600 ℃下进行回火,均可得到索氏体组织;淬硬钢在 300~450 ℃下进行回火,可得到托氏体。索氏体是细珠光体组织,硬度和强度进一步提高,塑性进一步降低。这两种组织中,渗碳体高度弥散,塑性较低,精加工时可得到良好的加工表面质量;但其硬度较高,必须适当降低切削速度。

⑤马氏体

碳在 $\alpha-Fe$ 中的过饱和固溶体称马氏体,它是奥氏体组织以极快的速度冷却时形成的。若将淬火马氏体在低温(100~250 ℃)下进行回火,使细小的碳化物沿马氏体晶格析出,并附在马氏体晶格上,这种马氏体称为回火马氏体。马氏体的特点是呈针状分布,各针叶之间互成 60°或 120°,具有很高的硬度和抗拉强度,但塑性和韧性很小。

马氏体切削加工性很差。具有马氏体组织的淬火钢用普通刀具切削比较困难,一般采用磨削。

⑥奥氏体

碳在 $\gamma-Fe$ 中的固溶体称为奥氏体。在合金钢的奥氏体中除含碳外,也含有铬、钼、钨等元素。对于一般碳素钢,奥氏体只有在高温下才是稳定的。当钢中含有较高含碳量和较多合金元素(如镍、铬、锰)时,奥氏体组织可在常温下保存下来,即奥氏体钢。

奥氏体钢的硬度并不高,但塑性和韧性很大,切削变形、加工硬化以及与刀面之间的粘结都很严重,因此切削加工性较差。

上述内容可用图 1.11 表示,可直观地看出切削加工性的衡量指标和刀具切削性能及影响因素间的关系。

(2)铸铁

在铸铁类中,除最常用的灰铸铁外,随着化学成分和热处理方法的变更,还可形成球墨铸铁、可锻铸铁及冷硬铸铁等,它们的切削加工性有很大差异。

在铁水浇注前加入少量的镁或铈等金属,凝固后大部分石墨呈球状,这就是球墨铸铁。白口铁经过高温长时间的石墨化退火,得到团絮状石墨,此为可锻铸铁。与灰铸铁相比,球

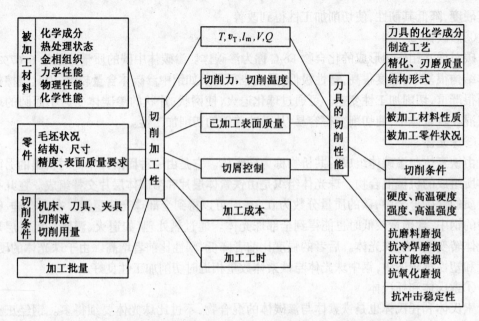

图 1.11 切削加工性的衡量指标和刀具切削性能及影响因素间的关系

墨铸铁和可锻铸铁的抗拉强度和伸长率显著提高,但仍低于钢,它们的切削加工性比灰铸铁和钢都要好。

轧钢机上所用的轧辊,需在表面上进行激冷处理形成白口铁,以便提高轧辊表面的硬度和耐磨性。其表层硬度可达 52～55 HRC,切削加工性很差。

钻探中用的泥浆泵,材料是合金耐磨铸铁,含有很高的合金成分,硬度很高。如合金铸铁 Cr15Mo3 的硬度可达 62 HRC,是目前最难切削加工的金属材料之一。

1.2.4 材料切削加工性的综合分析

如前所述,影响被加工材料切削加工性的因素有材料的物理力学性能、化学成分及热处理状态等。化学成分和热处理状态的变化最终表现为物理力学性能的改变,而材料的物理力学性能一般是有数据可查的。因此,用物理力学性能判别材料的加工性最为简捷方便。下面将介绍用物理力学性能综合分析材料切削加工性的方法,并判别各种金属材料的切削加工性。

影响材料切削加工性的物理力学性能主要有硬度、抗拉强度、伸长率、冲击韧性和导热系数。根据其数值的大小可将它们分成 10～12 级,用以判别切削加工的难易程度,如表 1.6 所示。

【例 1】 45 钢(正火)的硬度为 229 HBS,抗拉强度 σ_b 为 0.598 GPa,伸长率 δ 为 16%,冲击韧性 a_k 为 0.49 MJ/m^2,导热系数 k 为 50.2 W/(m·℃)。查表 1.6 得到 45 钢的切削加工性等级为 4·3·2·2·4。各项性能均属于"易切削"和"较易切削",所以它的切削加工性良好。

【例 2】 奥氏体不锈钢 1Cr18Ni9Ti(水淬,时效)的硬度为 229 HBS,抗拉强度 σ_b 为 0.642 GPa,伸长率 δ 为 55%,冲击韧性 a_k 为 2.45 MJ/m^2,导热系数 k 为 16.3 W/(m·℃)。查表 1.6 得到不锈钢 1Cr18Ni9Ti 的切削加工性等级为 4·3·8·8·8。1Cr18Ni9Ti 的硬度、强度

虽与45钢属同一等级,但其伸长率和冲击韧性都很大,导热系数只是45钢的1/3,因此它的切削加工性属于"难切削"级别。

这种根据物理力学性能对被加工材料的切削加工性进行综合分析和数字编码的方法也有不够完善之处。如没有考虑被加工材料的高温强度和硬度、微观组织的硬度、金相组织、化学性能对切削加工性的影响等。因此,对于某些材料特别是难加工材料的切削加工性还不能做充分地反映。但此法的优点在于能比较全面地评估各种材料的切削加工性,便于考虑切削加工中可能出现的问题,并能根据综合分析结果统筹兼顾地提出相应的加工措施;由于进行了编码,便于输入计算机,从而建立专家系统,实现人工智能选择刀具、切削用量和切削条件。可以期望,在现代计算机集成制造系统 CIMS 中,该法经过不断地完善与提高,将会起到更大的作用。

表1.6 被加工材料切削加工性分级表

切削加工性		易 切 削			较 易 切 削	
等级代号		0	1	2	3	4
硬度	HBS	≤50	50~100	100~150	150~200	200~250
	HRC					14~24.8
抗拉强度 σ_b/GPa		≤0.196	0.196~0.44	0.44~0.598	0.598~0.785	0.785~0.981
伸长率 δ/%		≤10	10~15	15~20	20~25	25~30
冲击韧性 a_k/(MJ·m^{-2})		≤0.196	0.196~0.392	0.392~0.598	0.598~0.785	0.785~0.981
导热系数 k/[W·(m·℃)$^{-1}$]		419~293	293~167	167~83.7	83.7~62.8	62.8~41.9
切削加工性		较 难 切 削			难 切 削		
等级代号		5	6	7	8	9	9$_a$	9$_b$
硬度	HBS	250~300	300~350	350~400	400~480	480~635	>635	
	HRC	24.8~32.3	32.3~38.1	38.1~43	43~50	50~60	>60	
抗拉强度 σ_b/GPa		0.981~1.18	1.18~1.37	1.37~1.57	1.57~1.77	1.77~1.96	1.96~2.45	>2.45
伸长率 δ/%		30~35	35~40	40~50	50~60	60~100	>100	
冲击韧性 a_k/(MJ·m^{-2})		0.981~1.37	1.37~1.77	1.77~1.96	1.96~2.45	2.45~2.94	2.94~3.92	
导热系数 k/[W·(m·℃)$^{-1}$]		41.9~33.5	33.5~25.1	25.1~16.7	16.7~8.37	<8.37		

1.3 航天用特殊材料分类及切削加工特点

航天用特殊材料多属难加工材料,难加工材料是指难以进行切削加工的材料,即切削加工性差的材料。从表1.6可看出,等级代号5级以上的材料均属难加工材料。从材料的物理力学性能看,硬度高于 250 HBS、强度 $\sigma_b > 0.98$ GPa、伸长率 $\delta > 30\%$、冲击韧性 $a_k > 0.98$ MJ/m^2、导热系数 $k < 41.9$ W/(m·℃)者均属难加工材料之列。航空宇航工业中使用的工程材料品种繁多,性能各异。对某种材料来说,并非性能指标都超过上述数值,因而必须根据具体情况作具体分析。

1.3.1 航天用特殊材料的分类

航天用特殊材料品种繁多,分类方法各异,按材料种类或物理力学性能来分类是常见的方法。

1. 按材料种类分

(1) 高强度钢与超高强度钢
(2) 淬硬钢
(3) 不锈钢
(4) 高温合金
(5) 钛合金
(6) 工程陶瓷
(7) 复合材料

2. 按材料物理力学性能分

(1) 高硬度与脆性大材料

淬硬钢、工程陶瓷、复合材料等属此类。

(2) 高强度材料

包括高强度钢与超高强度钢。

(3) 加工硬化严重材料

如不锈钢、高温合金及钛合金等。

(4) 化学活性大材料

如钛合金。

(5) 导热性差材料

如不锈钢、高温合金、钛合金及 Ni-Ti 形状记忆合金等。

(6) 高熔点材料

熔点高于 1 700 ℃的钨、钼、钽、铌、锆及其合金均属此类。

此外,也可根据切削加工特点来分类,如切削力大的材料、切削温度高的材料、刀具使用寿命短的材料、加工表面粗糙度大的材料、切屑难于处理的材料等。

1.3.2 航天用特殊材料的切削加工特点

表1.7 给出了航天用特殊材料的切削加工特点及与材料特性的关系。

表1.7 航天用特殊材料切削加工特点及与材料特性关系

材料特性	加工特点
高硬度材料	刀具使用寿命短
含硬质点材料	
加工硬化严重材料	切削力大
高强度材料	
导热性能差材料	切削温度高
与刀具亲和性大材料	加工表面质量差
高塑性韧性材料	切屑处理困难

不难看出其切削加工特点如下。

1. 刀具使用寿命短

凡是硬度高或含有磨料性质的硬质点多或加工硬化严重的材料,刀具磨损强度大(单位时间内磨损量大)、刀具使用寿命短,还有的材料导热系数小或与刀具材料易亲和、粘结,也会造成切削温度高,刀具磨损严重,刀具使用寿命缩短。

2. 切削力大

凡是硬度或强度高,塑性和韧性大,加工硬化严重,亲和力大的材料,功率消耗多,切削力大。

3. 切削温度高

凡是加工硬化严重,强度高,塑性和韧性大,亲和力大或导热系数小的材料,由于切削力和切削功率大,生成热量多,而散热性能又差,故切削温度高。

4. 加工表面粗糙,不易达到精度要求

加工硬化严重,亲和力大,塑性和韧性大的材料,其加工表面粗糙度值大,表面质量和精度均不易达到要求。

5. 切屑难于处理

强度高、塑性和韧性大的材料,切屑连绵不断、难于处理。

材料的上述切削加工特点除与本身性能特点关系密切外,切削条件不同也对它们有影响,即切削条件(刀具材料、刀具几何参数、切削用量、切削液、机床、夹具及工艺系统刚度等)和加工方式也对切削加工的难易有影响。表1.8给出了不同加工方式对切削加工难易程度的影响。

表1.8 加工方式对切削加工难易程度的影响

车削	刨削	钻削	铣削	车螺纹	镗削	深孔钻	齿轮加工	攻螺纹	拉削

容易 ←——————————————→ 困难

不难看出,自由容屑加工方式(如车削)的切削加工较容易,封闭容屑加工方式(如拉削)的切削加工困难,半封闭容屑加工方式(钻、铣、镗等)的居中。

1.4 改善材料切削加工性的途径

改善材料切削加工性一般有两个途径,一个是采取适当的热处理方法或改变材料的化学成分,改善材料本身的切削加工性;另一个是创造有利的加工条件,使加工得以顺利进行,例如选用性能良好的刀具材料和切削液,合理选择刀具结构、几何参数和切削用量等。如果考虑到被加工工件的加工性,还应简化零件的结构和制订合理的技术条件。此外,还将重点介绍先进刀具材料、特殊的冷却润滑技术及现代机械加工新技术(高速与超高速切削、硬态切削、干式切削、振动切削、加热辅助切削、带磁切削及低温切削等)。

1.4.1 改善材料本身的切削加工性

在采用热处理方法和改变化学成分时，必须保证零件的使用要求。有时会存在矛盾，加工部门应与冶金部门及设计部门密切配合，既要改善切削加工性，又能保证材料的力学性能和零件的使用要求。

1. 采取适当的热处理方法

在被加工材料化学成分已定的情况下，经过不同的热处理工艺，可得到不同的金相组织。如前所述，材料的物理力学性能及其加工性将有很大差别。应当采用适当的热处理方法，并合理安排热处理工序。

如低碳钢的塑性很大，加工性较差。可进行冷拔或正火以减小塑性，提高硬度，使切削加工性得到改善。马氏体不锈钢也经常进行调质处理，以减小塑性，减小加工表面粗糙度值，使其较容易加工。

热轧状态的中碳钢，其组织常不均匀，有时表面硬化严重。经过正火可使其组织均匀，改善切削加工性。必要时，中碳钢工件也可退火后进行加工。

高碳钢和工具钢工件一般最后加工工序为淬火后磨削。如淬火前切削，由于硬度偏高，且有较多的网状、片状渗碳体组织，切削加工较难。若经过球化退火，则可降低硬度，并得到球状渗碳体，从而改善其切削加工性。

高强度钢在退火、正火状态下，切削加工并不太困难，粗加工多在此时进行。经过调质处理，高强度钢的硬度、强度大为提高，变得难加工，此时可进行精加工或半精加工。

2. 改变材料的化学成分

在保证材料物理力学性能的前提下，在钢中适当添加一些元素，如 S、Pb、Ca 等，加工性可得到显著改善，这样的钢叫"易切钢"。易切钢的良好加工性主要表现为刀具使用寿命长，切削力小，容易断屑，加工表面质量好。在大批量生产的产品上采用易切钢，可节省大量加工费用。

易切钢的添加元素几乎都不能与钢基体固溶，而以金属或非金属夹杂物的形态分布，从而改变了钢的内部结构与加工时的变形情况，使加工性得到改善。按添加元素可把易切钢分为以下几种。

(1) 硫系及硫复合系易切钢。硫复合系有 S+Pb，S+P，S+Pb+P 等。

(2) 铅系及铅复合系易切钢。

(3) 钙系及钙复合系易切钢。钙复合系 Ca+S+Pb 等。

(4) 其他易切钢，如添加硒、碲等。

近年来我国发展了许多易切碳素结构钢、易切合金结构钢、易切不锈钢、易切轴承钢等新钢种，在汽车、机床、手表及轴承等制造部门发挥了很大作用。由前述及的试验数据可知，含硫不锈钢 0Cr12Ni12Mo+S 有很好的切削加工性。

1.4.2 合理选用刀具材料

在古代，"刀"和"火"是两项最伟大的发明，它们的发明和应用是人类登上历史舞台的重要标志。工具材料的改进曾推动人类社会文化和物质文明的发展，例如，在人类历史中曾有过旧石器时代、新石器时代、青铜器时代和铁器时代等。

刀具材料的切削性能对切削加工技术水平影响很大。切削难加工材料,必须尽可能采用高性能的刀具材料。由于难加工材料种类繁多,性质迥异,在选用刀具材料时,必须注意刀具材料与被加工材料在物理力学性能和化学性能之间的合理匹配。20世纪是刀具材料大发展的历史时期,各类新品种、新牌号的刀具材料不断涌现,给难加工材料的切削加工创造了有利条件。目前,高速钢和硬质合金仍然是难加工材料切削中用得最多的两种刀具材料。高速钢刀具材料的切削性能(耐磨性、耐热性等)不如硬质合金,生产效率较低,但是它的可加工性好,可用以制造各种刀具,包括钻头、拉刀、齿轮刀具及螺纹刀具等复杂刀具,故在难加工材料加工中,高速钢刀具用量约占一半,硬质合金刀具为其余一半,陶瓷刀具及超硬刀具(立方氮化硼、金刚石)在局部范围得到了应用。

1. 高性能高速钢

若使用普通高速钢加工难加工材料,如 W18Cr4V、W6Mo5Cr4V2 等,切削性能常嫌不足,因此推荐使用高性能高速钢。高性能高速钢是在普通高速钢基础上,通过调整基本化学成分添加其他合金元素,使其常温和高温力学性能得到显著提高。表1.9列出了国内外有代表性的高性能高速钢的化学成分和力学性能。

(1) 高碳高速钢

在 W18Cr4V 基础上碳的质量分数增加 0.2% 形成 95W18Cr4V。根据化学平衡碳理论,可在淬火加热时增加高速钢奥氏体中的含碳量,加强回火时的弥散硬化作用,从而提高常温和高温硬度。与 W18Cr4V 相比,95W18Cr4V 的耐磨性和刀具使用寿命都有所提高,二者的刃磨性能相当。此钢种的切削性能虽不及高钴、高钒高速钢,但价格便宜,切削刃可以磨得很锋利,故有应用价值。同样,还有 100W6Mo5Cr4V2(CM2)高碳高速钢。

(2) 高钴高速钢

在高速钢中加钴,可以促进回火时从马氏体中析出钨、钼碳化物,提高弥散硬化效果,并提高热稳定性,故能提高常温、高温硬度及耐磨性。增加含钴量还可以改善钢的导热性,减小刀具与工件间的摩擦系数。M42 是美国的代表性钢种,其综合性能甚为优越。瑞典的 HSP-15 也属此类钢种,但其钒的质量分数为 3%,刃磨性不如 M42,含钴量高,价格昂贵,不适合中国国情。我国已研制成功低钴含硅高速钢 Co5Si,性能优越,价格低于 M42 和 HSP-15,其钒的质量分数亦达 3%,刃磨性亦较差,故不宜制造刃形复杂刀具。

(3) 高钒高速钢

高钒高速钢(如 B201、B211、B212)的钒的质量分数为 3.8%~5.2%,同时增加含碳量形成 VC,使高速钢得到高的硬度和耐磨性,耐热性也好。但高钒高速钢的刃磨性差,导热性也不好,冲击韧性较低,故不宜用于复杂刀具。在高钒高速钢中也可加适当的钴,成为高钒含钴高速钢。我国研制的高钒高速钢 V3N 价格便宜,切削性能也好,惟刃磨性较差。后来又研制出低钴含氮高速钢 Co3N,这种钢的切削性能很好,刃磨性能亦佳,但价格高于 V3N。

(4) 含铝高速钢

含铝高速是我国的独创。我国研制出了无钴、价廉的含铝高性能高速钢 501,其中铝的质量分数为 1%。铝能提高钨、钼在钢中的溶解度产生固溶强化,故常温与高温硬度和耐磨性均得以提高。它的强度和韧性都较高,切削性能与 M42 相当。501 中钒的质量分数为 2%,刃磨性能稍逊于 M42。5F6 也是铝的质量分数为 1% 的高性能高速钢,B201、B211、B212 中也含铝。501 在国内得到广泛应用,国外也有应用,其他含铝高速钢的应用不如 501 广泛。

表 1.9 高性能高速钢的化学成分和力学性能

高速钢牌号	化学成分的质量分数/%									常温硬度 HRC	高温硬度 600℃ (HRC)	抗弯强度 σ_{bb}/GPa	冲击韧性 α_k /(MJ·m^{-2})
	C	W	Mo	Cr	V	Co	Mn	Si	Al	其他				
95W18Cr4V	0.90~1.00	17.5~19.0	≤0.30	3.80~4.40	1.00~1.40		≤0.40	≤0.40			67~68	52	3.00	0.17~0.22
W6Mo5Cr4V2Al(501)	1.05~1.20	5.50~6.75	4.50~5.50	3.80~4.40	1.75~2.20		≤0.40	≤0.60	0.80~1.20		68~69	54~55	3.50~3.80	0.20
W12Mo3Cr4V3N(V3N)	1.10~1.25	11.0~12.5	2.50~3.50	3.50~4.10	2.50~3.10					N 0.04~0.10	67~70	55	2.00~3.50	0.15~0.4
W12Mo3Cr4V3Co5Si (Co5Si)	1.20~1.35	11.5~13.0	2.80~3.40	3.80~4.40	2.80~3.40	4.70~5.10	≤0.40	0.80~1.20			69~70	54	2.40~2.70	0.11
W10Mo4Cr4V3Al(5F6)	1.30~1.45	9.00~10.50	3.50~4.50	3.80~4.50	2.70~3.20		≤0.50	≤0.50	0.70~1.20		68~69	54	3.07	0.20
W6Mo6Cr4V5SiNbAl (B201)	1.55~1.65	5.00~6.00	5.00~6.00	3.80~4.40	4.20~5.20		≤0.40	1.00~1.40	0.30~0.70	Nb 0.20~0.50	66~68	51	3.60	0.27
W6Mo5Cr4V5Co5SiNbAl (B211)	1.60~1.90	6.00	5.50	4.00	5.00	3.00		1.00~1.40	1.20	Nb 0.35				
W18Cr4V4SiNbAl(B212)	1.48~1.58	17.5~18.5		3.80~4.40	3.80~4.40		≤0.40	1.00~1.40	1.00~1.60	Nb 0.10~0.20	67~69	51	2.30~2.50	0.11~0.22
110W1.5Mo9.5Cr4VCo8 (M42)	1.05~1.15	1.00~2.00	9.00~10.0	3.80~4.40	0.80~1.50	7.50~8.50		≤0.40			67~69	55	2.70~3.80	0.23~0.30
W9Mo3Cr4V3Co10 (HSP-15)	1.20~1.30	8.50~10.0	2.90~3.50	3.80~4.40	2.80~3.40	9.00~10.0					67~69	56	2.35	0.15

在切削难加工材料时,应当合理选用不同牌号的高性能高速钢。如加工高强度钢、奥氏体不锈钢、高温合金和钛合金等,如选上述各种高性能高速钢,并无明显与化学性能之间的匹配问题,主要应考虑高速钢的力学性能和刃磨性能。粗加工或断续切削条件下,应选用抗弯强度与冲击韧性较高的高性能高速钢;精加工时,主要考虑耐磨性。工艺系统刚性差时应与粗加工时选用同样牌号的高速钢;反之,与精加工时相同。对刃形复杂刀具,应选用刃磨性能较好的低钒高钴或低钒含铝高速钢;对刃形简单刀具,方可选用刃磨性能稍差的高钒高速钢。

2. 粉末冶金高速钢

上述各种高性能高速钢都是用熔炼方法制造的。它们是经过冶炼、铸锭和锻轧等工艺制成的。熔炼高速钢的严重问题是碳化物偏析、硬而脆的碳化物在高速钢中分布不均匀,且晶粒粗大(可达几十个微米),对高速钢刀具的耐磨性、韧性及切削性能产生不利影响。

粉末冶金高速钢则是将高频感应炉熔炼出的钢液,用高压气体(氩气或氮气)喷射使之雾化,再急冷而得到细小均匀的结晶组织(粉末)。该过程亦可用高压水喷射雾化形成粉末,再将所得到的粉末在高温($\approx 1\,100$ ℃)、高压(≈ 100 MPa)下压制成刀坯,或先制成钢坯再经过锻造、轧制成刀具形状。

粉末冶金高速钢没有碳化物偏析的缺陷,不论刀具的截面尺寸有多大,碳化物分布均为1级,碳化物晶粒尺寸在 $2\sim 3\ \mu m$ 以下,因此,粉末冶金高速钢的抗弯强度和冲击韧性都得以提高,一般比熔炼高速钢高出0.5倍或近1倍。它适用于制造承受冲击载荷的刀具,如铣刀、插齿刀、刨刀及小截面、薄刃刀具。在化学成分相同情况下,与熔炼高速钢相比,粉末冶金高速钢的常温硬度能提高 $1\sim 1.5$ HRC,高温硬度($550\sim 600$ ℃)提高 $0.5\sim 1$ HRC,故粉末冶金高速钢刀具的使用寿命较长。由于碳化物细小均匀,粉末冶金高速钢的刃磨性能较好,当钒的质量分数为5%时的刃磨性能相当于钒的质量分数为2%的熔炼高速钢的刃磨性能,故粉末冶金高速钢中允许适当提高含钒量,且便于制造刃形复杂刀具。粉末冶金高速钢的热处理变形亦较小。

20世纪70年代初,国外已有粉末冶金高速钢刀具商品。30多年来,试验研究很多,但生产中应用尚不到高速钢刀具总量的5%。我国自70年代中期以来,亦对粉末冶金高速钢进行了研制,如冶金工业部钢铁研究总院有粉末冶金高速钢 FW12Cr4V5Co5(牌号为 FT15)和 FW10Mo5Cr4V2Co12(FR71),北京工具研究所有水雾化的粉末冶金高速钢 W18Cr4V(GF1)、W6Mo5Cr4V2(GF2)和 W10.5Mo5Cr4V3Co9(GF3),上海材料研究所有粉末冶金高速钢 W18Cr4V(PT1)和 W12Mo3Cr4V3N(PVN)。这些材料的力学性能和切削性能俱佳,在加工高强度钢、高温合金、钛合金和其他难加工材料中充分发挥了优越性,但是,国内粉末冶金高速钢刀具的推广与应用仍不多。

3. 高速钢涂层与 PVD 技术

为了提高高速钢刀具的切削性能,可以用20世纪70年代出现的物理气相沉积方法,即PVD(Physical Vapor Deposition)技术,在500 ℃以下往高速钢基体表面涂复耐磨材料薄层。广泛应用的是 TiN 涂层,涂层厚度 $3\sim 5\ \mu m$,TiN 的硬度 $1\,800\sim 2\,000$ HV,密度 5.44 g/cm^3,导热系数 29.31 W/m·℃,线膨胀系数 $(9.31\sim 9.39)\times 10^{-6}$/℃,呈金黄色。目前工业发达国家 TiN 涂层高速钢刀具的使用率已占高速钢刀具的 $50\%\sim 70\%$,复杂刀具的使用率已超过 90%,因为涂层后表面有耐磨层,耐磨性提高了,与被加工材料间的摩擦系数减小了,但不降低基体材料的韧性。与未涂层高速钢刀具相比,切削力可减小5%~10%;因有热屏蔽作用,切削部分基体的平均切削温度也相应降低;加工表面粗糙度也有减小;刀具使用寿命显著提高。如高速钢涂层钻头与未涂层相比,使用寿命可提高3倍;刃磨掉钻头后刀面的涂层,螺旋沟涂层仍保留,使用寿命可提高2倍;第2次刃磨后,使用寿命仍有一定程度提高。对刃磨前刀面的复杂刀具(涂层的齿轮滚刀与插齿刀),使用寿命也有延长效果。但TiN涂层的耐氧化性能不理想,使用温度达500 ℃时涂层出现明显的氧化烧蚀,且硬度也显得不足。

TiC涂层硬度高于TiN,与基体结合强度也高于TiN,多用作多层涂层时的底层。

PVD涂层可进行单(层)涂层、双(层)涂层、三层涂层甚至多元涂层,如TiCN、TiAlN、TiCNO等为多元涂层。

TiCN、TiAlN等多元涂层的开发,使得涂层性能上了一个新台阶。TiCN涂层的硬度可达4 000 HV,可减小涂层内应力,提高韧性,增加涂层厚度,减少崩刃,显著提高刀具使用寿命。

TiAlN涂层的化学稳定性好,抗氧化磨损。加工不锈钢、Ti合金、Ni基高温合金可比TiN涂层提高刀具使用寿命3~4倍。如TiAlN涂层中Al浓度较高,切削时涂层表面会生成非晶态Al_2O_3硬质惰性保护膜,非常适合高速切削。掺氧的TiCNO具有更高的维氏硬度和化学稳定性,可产生$TiC+Al_2O_3$复合涂层的效果。表1.10给出了PVD涂层的性能参数。

表1.10 PVD涂层的性能参数

性能参数	涂层种类						
	TiN	TiCN	ZrN	CrN	TiAlN	AlTiN	TiZrN
颜色	金黄色	紫红色	黄白色	白色	兰紫色	兰紫色	青铜色
硬度 HV	2 800	4 000	3 000	2 400	2 800	4 400	3 600
稳定性/℃	566	399	593	704	815	899	538
摩擦系数 μ	0.5	0.4	0.55	0.5	0.6	0.4	0.55
厚度/μm	2~5	2~5	2~5	2~6	3~6	3~6	2~5

目前,PVD涂层技术不仅提高了与刀具基体材料的结合强度,涂层成分已由第1代的TiN发展到了第2、第3代的TiC、TiCN、Al_2O_3、ZrN、CrN、MoS_2、WS_2、TiAlN、TiAlCN、CN_x以及TiN/AlN、AlTiN/Si_3N_4等多元复合超薄纳米第4代涂层。TiN/AlN是日本住友公司研制成功的,每层只有2.5 nm,共计2 000层的铣刀涂层。德国PLATIT公司的AlTiN/Si_3N_4纳米新涂层,是将3 nm的AlTiN晶粒嵌镶在只有1 nm的非晶态Si_3N_4基体上,硬度达4 500 HV,摩擦系数为0.45,使用温度可达1 100 ℃。

MoS_2或WS_2为软质减摩涂层,可涂覆在刃沟部分称为自润滑涂层,而切削刃部分则涂硬耐磨层TiAlN,这种涂层的组合则称为组合涂层。

PVD涂层可用于各种高速钢刀具,如车刀、铣刀、钻头、铰刀、丝锥、拉刀、齿轮滚刀及插齿刀等,但国内应用还不广泛。

随着高速与超高速切削时代的到来,高速钢刀具应用比例会大幅度下降,硬质合金及陶瓷刀具的应用比例上升已成必然,因此工业发达国家自20世纪90年代初就开始致力于硬质合金刀具PVD涂层技术的研究。

我国 PVD 涂层技术研究始于 20 世纪 80 年代初,80 年代中期研制成功中小型空心阴极离子镀膜机及高速钢刀具 TiN 涂层技术。几乎同时国内各大工具厂也引进了国外(美、日、德、瑞士)大型 PVD 涂层设备,但均以 TiN 涂层为主,所用 PVD 方法不同,主要有电弧发生等离子体气相沉积、等离子枪发射电子束离子镀法、中空阴极枪发射电子束离子镀法及 e 形枪发射电子束离子镀法。各法各具特色和优缺点。近年磁控溅射技术、高电离化溅射技术及高电离化脉冲技术发展很快,使涂层性能和质量提高到了新的高度。

4. 新型硬质合金

切削高硬度材料,如淬硬钢或硬度更高的材料,高速钢刀具是难以胜任的。高速钢刀具切削一般黑色金属,因受到耐热性的限制,其切削速度(25~30 m/min)与生产效率尚处于较低水平。硬质合金刀具材料的问世,使切削生产效率出现了一个飞跃。

德国是世界上首先生产硬质合金的国家,1923 年用粉末冶金法研制成功钨钴类硬质合金(WC+Co),1931 年又制成钨钛钴类硬质合金(WC+TiC+Co)。到 20 世纪 30 年代后期,美国、日本、英国、瑞典均能生产硬质合金。第二次世界大战期间硬质合金刀具得到了较广泛应用。战后 60 年来,硬质合金作为刀具、模具和耐磨材料得到了突飞猛进的发展,品种繁多,质量不断提高。在刀具方面,硬质合金已成为与高速钢并驾齐驱的最主要刀具材料。与高速钢相比,硬质合金的种类和牌号更多,因此对它的合理选择和应用必须给予足够的重视。

硬质合金是高硬度、难熔金属化合物粉末(WC、TiC 等),用钴(Co)或镍(Ni)等金属作粘结剂经压坯、烧结而成的粉末冶金制品。其中的碳化物是硬度更高更耐高温的,硬质合金能承受更高切削温度,允许采用更高切削速度。但由于性脆,可加工性差,故主要适用于车刀和端铣刀,近年来已扩展到镶齿和整体的钻头、铰刀、立铣刀、三面刃铣刀和螺纹、齿轮刀具等。WC、TiC 的常温硬度分别为 1 780 HV 和 3 200 HV,熔点分别为 2 900 ℃ 和 3 200 ℃,这些特性对切削难加工材料非常有用。

我国在 20 世纪 50 年代初期引进了前苏联技术,建设了株洲硬质合金厂,后来又建成了自贡硬质合金厂。当时,作为刀具材料的产品比较单调,只有切钢的钨钛钴系列——YT5、YT14、YT15、YT30 和切铸铁与有色金属的钨钴系列——YG8、YG6、YG3。随着科技事业的发展,各种难加工材料不断涌现并得到广泛应用,这些普通牌号硬质合金作为刀具切削各种难加工材料已不能满足要求,于是采用新技术研制生产了许多新型硬质合金。第一是采用高纯度原料,如采用杂质含量低的钨精矿及高纯度的三氧化钨等;第二是采用先进工艺,如以真空烧结代替氢气烧结,以石蜡工艺代替橡胶工艺,以喷雾或真空干燥工艺代替蒸汽干燥工艺;第三是改变硬质合金化学组分;第四是调整硬质合金结构;第五是采用表面涂层技术。

新型硬质合金可分为以下 4 类。

(1)添加碳化钽(TaC)、碳化铌(NbC)的硬质合金

硬质合金中添加 TaC、NbC 后,能够有效地提高常温硬度、高温硬度和高温强度,细化晶粒,提高抗扩散和抗氧化磨损能力,提高耐磨性,还能增强抗塑性变形能力,因此,切削性能得以改善。此类合金又分为以下两大类。

①WC+Ta(Nb)C+Co 类。即在 YG 类基础上加入了 TaC、NbC,如株洲硬质合金厂研制的 YG6A 和 YG8N(见表 1.11)。

表 1.11　添加 TaC、NbC 硬质合金的性能

类别	牌号	原牌号	HRA($\geqslant$)	σ_{bb}/GPa ($\geqslant$)	ρ/(g·cm^{-3})	相当于 ISO
WC + Co + Ta(Nb)C	YG6A	YA6	91.5	1.40	14.6 ~ 15.0	K10
	YG8N	YG8N	89.5	1.50	14.5 ~ 14.9	K20 ~ K30
通用类	YW1	YW1	91.5	1.20	12.6 ~ 13.5	M10
	YW2	YW2	90.5	1.35	12.4 ~ 13.5	M20
	YW3	YW3	92.0	1.30	12.7 ~ 13.3	M10 ~ M20
	YM10	YW4	92.0	1.25	12.0 ~ 12.5	M10,P10
铣削类	YS30	YTM30	91.0	1.80	12.45	P25 ~ P30
	YS25	YTS25	91.0	2.00	12.8 ~ 13.2	P25
	YDS15	YGM	92.0	1.70	12.8 ~ 13.1	K10 ~ K20
	YT798	YT798	91.0	1.47	11.8 ~ 12.5	P20 ~ P25,M20
高 TiC 添加 Ta(Nb)C 类	YT30 + TaC	YT30 + TaC				P01
	YT715	YT715	91.5	1.18	11.0 ~ 12.0	P10 ~ P20
	YT712	YT712	91.5	1.27	11.5 ~ 12.0	P10 ~ P20,M10

②WC + TiC + Ta(Nb)C + Co 类。即在 YT 类基础上加入了 TaC、NbCo,此类品种繁多,可分为 3 类。(Ⅰ)通用类:TiC 的质量分数为 4% ~ 10%,TaC、NbC 的质量分数为 4% ~ 8%,Co 的质量分数为 6% ~ 8%,综合性能较好,适用范围宽,既可加工钢,又可以加工铸铁和有色金属,但其单项性能指标并不比 YT、YG 类强,YW1、YW2、YW3 等牌号就属此类(见表 1.11)。(Ⅱ)铣削牌号类:TiC 质量分数一般小于 10%,TaC 的质量分数高达 10% ~ 14%,Co 的质量分数达 10%,主要用于铣刀。添加较多 TaC 后,能有效地提高抗机械冲击和抗热裂的性能,配以较高的含 Co 量,抗弯强度提高。株洲硬质合金厂的 YS30、YS25、YDS15 及自贡硬质合金厂的 YT798 属于此类(见表 1.11)。(Ⅲ)高碳化钛添加 TaC、NbC 类:TiC 的质量分数一般在 10% 以上直至 30%(个别低于 10%),添加 TaC、NbC 的质量分数约 5% 以下,可以替代 YT 类,耐磨性能显著提高。株洲硬质合金厂的 YT30 + TaC 和自贡硬质合金厂的 YT712、YT715 等都属于这类。北方工具厂为适应加工高强度钢的需要,与北京理工大学共同研制了 YD03,YD05F,YD10,YD15,YD25 等 6 个牌号(见表 1.12)。应该指出,YD 系列与其他厂家有重叠,容易混淆,选用时应注意。

表 1.12　北方工具厂的 YD 系列硬质合金[高 TiC 添加 Ta(Nb)C]

牌号	HRA($\geqslant$)	σ_{bb}/GPa($\geqslant$)	ρ/(g·cm^{-3})	相当于 ISO
YD03	93	0.90	9.6 ~ 10.0	P01
YD05F	93	0.90	10.2 ~ 10.7	P05 ~ P01
YD05	92	1.00	10.3 ~ 10.7	P05
YD10	91.5	1.15	11.1 ~ 11.5	P10
YD15	90.5	1.25	11.3 ~ 12.1	P20
YD25	90	1.40	12.5 ~ 13.1	P25

除添加 TaC、NbC 外,有些还添加了 Cr_3C_2、VC 和 W 粉、Nb 粉等。Cr_3C_2 和 VC 的加入,可

以抑制晶粒长大,W 粉和 Nb 粉则可强化粘结相。

(2)细晶粒与超细晶粒硬质合金

晶粒细化后,可以提高硬质合金的硬度与耐磨性,适当增加 Co 含量还可提高硬质合金的抗弯强度。矿用或钻探用硬质合金为粗晶粒,平均晶粒尺寸为 4~5 μm;YT15、YG6 等均为中晶粒,平均晶粒尺寸为 2~3 μm;细晶粒平均晶粒尺为 1~2 μm,亚微细晶粒为 0.5~1 μm,超细晶粒则为 0.5 μm,日本等国很重视此类硬质合金的研制。我国在 20 世纪 60 年代就有了细晶粒牌号,如 YG3X、YG6X 等,70 年代末期开始研制亚微细晶粒硬质合金。株洲硬质合金厂的亚微细晶粒牌号有 YS2T、YM051、YM052、YM053 及 YD15 等,自贡硬质合金厂的 YG643、YG600、YG610、YG640 等也都是亚微细晶粒牌号(见表 1.13)。

细晶粒和亚微细晶粒结构多用于 WC + Co 类硬质合金(K 类合金)。近年来 M 类和 P 类硬质合金也向晶粒细化方向发展。20 世纪 80 年代,各国都已研制出超细晶粒硬质合金。

表 1.13 细晶粒和亚微细晶粒硬质合金

类别	牌号	原用牌号	HRA(≥)	σ_{bb}/GPa(≥)	ρ/(g·cm³)	相当于 ISO
细晶粒	YG3X	YG3X	91.5	1.10	15.0~15.3	K01
	YG6X	YG6X	91	1.40	14.6~15.0	K10
亚微细晶粒	YM051	YH1	92.5	1.65	14.2~14.5	K10
	YM052	YH2	92.5	1.60	13.9~14.2	K05~K10
	YM053	YH3	92.5	1.60	13.9~14.2	K05~K10
	YD15	YGRM	91.5	1.80	14.9~15.2	K10,M10
	YS2T	YG10HT	91.5	2.20	14.4~14.6	K30,M30
	YG643	YG643	93.0	1.47	13.6~13.8	K05~K10,M10
	YG640	YG640	90.5	1.76	13.0~13.5	K30~K40
	YG600	YG600	93.5	0.98	14.6~14.9	K01~K05
	YG610	YG610	93.0	1.18	14.4~14.9	K01~K10
	YG813	YG813	91.0	1.57	14.1	K10~K20,M20

(3)TiC 基和 Ti(CN)基硬质合金

不论是 YT 类与 YG 类,或在其基础上添加了 TaC、NbC 的新型硬质合金,都属于 WC 基。因为它们当中的 WC 是主要成分,质量分数达 65%~97%,并以 Co 为粘结剂。TiC 基硬质合金是后发展起来的,其主要成分为 TiC,质量分数占 60%~80% 以上,少含 WC 或不含 WC,以 Ni 或 Mo 作粘结剂。与 WC 基相比,TiC 基的密度小,硬度较高,对钢的摩擦系数较小,抗粘结磨损与抗扩散磨损能力较强,具有更好的耐磨性,但韧性和抗塑性变形能力稍弱。我国的代表性牌号是 YN05、YN10(株洲硬质合金厂研制),用以切削正火和调质状态下的钢,性能优于 WC 基的 YT30、YT15。北方工具厂也曾研制出 TiC 基产品 YN01 和 YN15。

近年,我国开发了 Ti(CN)基硬质合金,即在 TiN 基的成分中加入了氮化物,具有与 TiC 基相同的特性,但韧性与抗塑性变形能力高于 TiC 基,应用范围比 TiC 基稍宽,也很有发展前景。

此类硬质合金的牌号与性能见表1.14，这只是株洲厂和北方厂的牌号。自贡硬质合金厂也研制生产了Ti(CN)基合金，牌号为NT1、NT2、NT3、NT4、NT5及NT6。

表1.14 TiC基与Ti(CN)基硬质合金的牌号与性能

类别	牌号	HRA(HV)(≥)	σ_{bb}/GPa(≥)	ρ/(g·cm^{-3})	相当于ISO
TiC基	YN05	93 HRA	0.90	5.9	P01
	YN10	92 HRA	1.10	6.3	P05
	YN01	93 HRA	0.80	5.3~5.9	P01
	YN15	90.5 HRA	1.25	7.1~7.5	P15
Ti(CN)基	YN05	93.0 HRA	1.10	5.9	P01~P05
	YN10	92.5 HRA	1.35	6.2	P10
	YN20	91.5 HRA	1.50	6.5	P10~P20
	YN30	90.5 HRA	1.60	6.5	P20~P30
	YN310	1 650~1 900 HV	0.85	6.25~6.65	P01~P10
	YN315	1 500~1 750 HV	1.10	6.75~7.15	P05~P10
	YN320	1 650~1 800 HV	1.20	6.90~7.30	P10~P20
	YN325	1 650~1 800 HV	1.15	7.00~7.40	P05~P15

(4)添加稀土元素的硬质合金

在K类和P类中添加少量的铈(Se)、钇(Y)等稀土元素，可以有效地提高硬质合金的韧性与抗弯强度，耐磨性也得到一定提高。这是因为稀土元素强化了硬质相和粘结相，并改善了碳化物固溶体对粘结相的润湿性。这类硬质合金最适用于粗加工，也可用于半精加工。不仅作刀具的硬质合金可以添加稀土元素，矿山工具、模具、顶锤用硬质合金中添加稀土元素也很有发展前景。研制稀土元素硬质合金方面我国在世界上处于领先地位，牌号有YG8R、YG6R、YG11R、YW1R、YW2R、YT14R、YT15R、YS25R等。

4. 涂层硬质合金与CVD及PVD技术

通过化学气相沉积(Chemical Vapor Deposition, CVD)技术，在硬质合金刀片表面上涂覆更耐磨的TiC或TiN、HfN、Al_2O_3等薄层，即为涂层硬质合金，这是现代硬质合金技术的重要进展。1969年，德国克虏伯公司和瑞典山特维克公司研制的TiC涂层硬质合金刀片就投入了市场。1970年后，美国、日本和其他国家也都开始生产这种刀片。30多年来，涂层技术有了很大发展。

硬质合金涂层最常用的方法是高温化学气相沉积法(简称HT–CVD法)，它是在常压或负压的沉积系统中，将纯净的H_2、CH_4、N_2、$TiCl_3$、CO_2等气体或蒸气，按沉积物的成分，将其中有关气体按一定配比均匀混合，依次通到一定温度(1 000~1 050 ℃)的硬质合金刀片表面，其表面就沉积了TiC、TiN、Ti(CN)、Al_2O_3或它们的复合涂层。反应方程式为

$$TiCl_4 + CH_4 + H_2 \longrightarrow TiC + 4HCl + H_2$$

$$TiCl_4 + \frac{1}{2}N_2 + 2H_2 \longrightarrow TiN + 4HCl$$

$$TiCl_4 + CH_4 + \frac{1}{2}N_2 + H_2 \longrightarrow Ti(CN) + 4HCl + H_2$$

$$2AlCl_3 + 3CO_2 + 3H_2 \longrightarrow Al_2O_3 + 3CO + 6HCl$$

20世纪80年代中后期,美国85%的硬质合金刀具都采用了涂层,其中的99%为CVD涂层,90年代中期,CVD涂层刀具仍占硬质合金涂层刀具的80%以上。

但CVD技术有先天性不足。工艺处理温度高(1 000～1 050 ℃),易造成硬质合金基体的抗弯强度降低;涂层膜常呈拉应力状态,易产生裂纹;CVD工艺排放的废气废液污染环境。因此90年代中期以后,高温化学气相沉积技术HT-CVD受到了一定制约。80年代Kruppwidia公司开发了低温等离子化学气相沉积技术P-CVD,虽然工艺处理温度下降到450～650 ℃,至今应用并不十分广泛。90年代中期后研制成功的中温化学气温沉积技术MT-CVD找到了生成TiCN的新工艺(700～800 ℃),可生成致密纤维状结晶态涂层(8～10 μm),有很高的耐磨性、韧性和抗热震性。

涂层硬质合金刀片一般均制成可转位式,用机械夹固方法装夹在刀杆或刀体上使用,有以下优点。

①由于表面涂层具有很高的硬度和耐磨性,故与未涂层硬质合金相比,涂层硬质合金允许采用更高的切削速度,从而提高了生产效率;或在同样切削速度下可大幅度提高刀具使用寿命。

②由于涂层材料与被加工材料之间的摩擦系数较小,故与未涂层刀片相比,涂层刀片的切削力有一定减小。

③涂层刀片的加工表面质量较好。

④涂层刀片的综合性能好,故有较好通用性,一种涂层牌号刀片的适用范围较宽。

经过涂层的基体刀片的韧性和抗弯强度不可避免地会有所下降,加上涂层材料的化学性能等原因,故涂层硬质合金刀片仍有一定的适用范围。可用于各种碳素结构钢、合金结构钢(包括正火和调质状态)、易切钢、工具钢、马氏体与铁素体不锈钢和灰铸铁的精加工、半精加工及较轻负荷的粗加工。涂层刀片最适合于连续车削,但在切削深度变化不大的仿形车削、冲击力不大的断续车削及某些铣削工序也可采用。近年在切断、车螺纹中也有使用。但是,TiC和TiN涂层刀片不适于下述加工:高温合金、钛合金、奥氏体不锈钢、有色金属(铜、镍、铝、锌等纯金属及其合金)的加工;沉重的粗加工、表面有严重夹砂和硬皮铸件的加工。

国内对CVD涂层技术的研究始于20世纪70年代初,80年代中期与当时国际水平相当。90年代末期开始MT-CVD研究,2001年已达到同期的国际水平。国内低温P-CVD主要用于模具涂层,刀具领域应用不多。

株洲硬质合金厂1983年从瑞士Berenex公司引进了HT-CVD涂层炉和精磨及刃口钝化等配套设备,生产了CN系列和CA系列涂层硬质合金刀片,基体刀片采用国产牌号(见表1.15)。用从瑞典Sandvik公司引进的技术设备生产了YB系列涂层硬质合金刀片,基体为专用材料(见表1.16),其中的YB120、YB320为铣刀片牌号,其余用于车刀。

表 1.15 株洲硬质合金厂的 CN 与 CA 系列涂层刀片

涂层刀片牌号	基体刀片牌号	相当于 ISO	涂层材料
CN15	YW1	P01～P15	TiC/Ti(CN)/TiN
CN25	YW2	P15～P25	TiC/Ti(CN)/TiN
CN35	YT5	P25～P25	TiC/Ti(CN)/TiN
CN16	YG6	K10～K20	TiC/Ti(CN)/TiN
CN26	YG8	K20～K30	TiC/Ti(CN)/TiN
CA15	YG6	K10～K15	TiC/Al_2O_3
CA25	YG8	K20～K30	TiC/Al_2O_3

表 1.16 株洲硬质合金厂 YB 系列涂层刀片

涂层刀片牌号	相应 Sandvik 牌号	相当于 ISO	涂层材料
YB135(YB11)	GC135	P25～P40,M15～M30	TiC
YB115(YB21)	GC315	M15～M20,K05～K25	TiC
YB125(YB02)	GC1025	P10～P40,K05～K20	TiC
YB215(YB01)	GC015	P05～P35,M10～M25,K05～K20	TiC/Al_2O_3
YB415(YB03)	GC415	P05～P30,M05～M25,K05～K20	TiC/Al_2O_3/TiN
YB435	GC435	P15～P40,M10～M30,K05～K25	TiC/Al_2O_3/TiN
YB425	GC425	P25～P35	TiC/TiN
YB120	GC120	P10～P25	TiC/Ti(CN)/TiN
YB320	GC320	K10～K20	TiC/Al_2O_3

近年,自贡硬质合金厂引进美国涂层设备,生产了 ZC 系列的涂层硬质合金刀片(见表 1.17)。

表 1.17 自贡硬质合金厂 ZC 系列涂层刀片

涂层刀片牌号	基材牌号	相当于 ISO	涂层材料
ZC01	T1	P10～P20,K05～K20	TiC/TiN
ZC02	T1	P05～P20,M10～M20,K05～K20	TiC/Al_2O_3
ZC03	T2	P10～P35,K10～K25	TiC/TiN
ZC04			NfN
ZC05	T1	P05～P25,M05～M20	TiC
ZC06	T1	P10～P25,K10～K20	TiN
ZC07	T2	P20～P35,M10～M25	TiC
ZC08	T2	P20～P35,K15～K30	TiN

株洲、自贡硬质合金厂在引进国外设备与技术后,又分别建立了未涂层的 P 类、M 类、K 类硬质合金新系列,见表 1.18 和表 1.19,其中均添加了 TaC 与 NbC。

表 1.18 株洲硬质合金厂未涂层硬质合金新系列

类别	牌号	相应的 Sandvik 牌号	HV($\geqslant$)	σ_{bb}/GPa($\geqslant$)	ρ/(g·cm^{-3})	相当于 ISO
P 类	YC10	S1P	1 550	1.65	10.3	P10
	YC20.1	S2	1 500	1.75	11.7	P20
	YC25S①	SMA	1 530 ~ 1 700	1.60	11.3 ~ 11.6	P25
	YC30	S4	1 480	1.85	11.4	P30
	YC40	S6	1 400	2.20	13.1	P40
	YC50	R4	1 150 ~ 1 300	1.96	14.1 ~ 14.4	P45
K 类	YD10.1	H10	1 750	1.70	14.9	K05 ~ K10
	YD10.2	H1P	1 850	1.70	12.9	K01 ~ K20
	YD20	H20	1 500	1.90	14.8	K20 ~ K25
	YL10.1	H13A	1 550	1.90	14.9	K15 ~ K25
	YL10.2	H10F	1 600	2.20	14.5	K25 ~ K35
	YL05.1	H7F	1 450	1.45	14.7 ~ 15.0	K05 ~ K15
铣削牌号类	SD15	HM	1 680	1.60	12.9	K15 ~ K25
	SC25	SMA	1 550	2.00	11.4	P15 ~ P40
	SC30	SM30	1 530	2.00	12.9	P20 ~ P40

注:①YC25S 亦属于铣削牌号。

表 1.19 自贡硬质合金厂未涂层硬质合金新系列

类别	牌号	HRA($\geqslant$)	σ_{bb}/GPa($\geqslant$)	ρ/(g·cm^{-3})	相当于 ISO
Ti(CN)基	ZP01	92.8	1.37	6.11	P05 ~ P10
P 类	ZP10	92.0	1.55	11.95	P10 ~ P15
	ZP10 – 1	92.0	1.65	11.17	P10 ~ P15
	ZP20	91.5	1.60	11.47	P15 ~ P20
	ZP30	91.0	1.85	12.60	P20 ~ P35
	ZP35	90.9	2.10	12.72	P30 ~ P40
M 类	ZM10 – 1	91.5	1.50	13.21	M10 ~ M15
	ZM15	91.5	1.80	13.80	M10 ~ M20
	ZM30	90.5	2.00	13.56	M25 ~ M30
K 类	ZK10	91.4	1.70	14.92	K05 ~ K15
	ZK10 – 1	91.5	1.50	14.87	K05 ~ K15
	ZK20	90.5	1.80	14.95	K10 ~ K20
	ZK30	90.0	2.00	14.80	K20 ~ K30
	ZK40	89.0	2.20	14.65	K30 ~ K40

株洲、自贡硬质合金厂还有适合于加工淬硬钢的牌号 YT05、YG726 及加工热喷涂材料的 YD05(YC09),见表 1.20,YG726 亦可加工冷硬铸铁,它们都是细晶粒,添加了 TaC、NbC 与其他成分,并采用了特殊工艺。

表 1.20 加工淬硬钢及热喷涂材料的专用硬质合金

牌号	HRA($\geqslant$)	σ_{bb}/GPa($\geqslant$)	ρ/(g·cm^{-3})	相当于 ISO
YT05	92.5	1.10	12.5~12.9	P05
YG726	92.0	1.37	13.6~14.5	K05~K10,M20
YD05(YC09)	92.0	1.70	12.8~13.1	K10~K20

国内新型硬质合金的类别和牌号已如上述。应该说资料和数据尚非完整,还有少数牌号未能列入。正确选用新型硬质合金牌号不是一件容易的事,最主要的是要考虑刀具与工件材料二者间的物理力学及化学性能的匹配,其次还要考虑加工条件。基本选用原则如下,供参考。

①凡加工碳素结构钢、合金结构钢、工具钢、易切钢、马氏体和铁素体不锈钢,在退火、正火、热轧、调质状态下,均应根据加工条件,选用不同牌号的 YT 类硬质合金。如用添加 Ta(Nb)C 和细晶粒的 P 类代替一般的 YT 类,会取得良好效果。

②凡加工灰铸铁、球墨铸铁、有色金属及其合金,均应根据加工条件,选用不同牌号的 YG 类硬质合金。如用添加 Ta(Nb)C 和细晶粒的 K 类代替一般的 YG 类,会取得良好效果。

③M 类硬质合金的综合性能较好,加工钢、铸铁及有色金属时都可选用。

④高硬度材料或硬脆材料,如冷硬铸铁、合金耐磨铸铁及石材、铸石、玻璃与陶瓷等,加工时均出短屑,应选用 YG 类硬质合金,采用新型 K 类效果更佳。加工淬硬钢时刀－屑接触长度短,加工特点不同于未淬硬钢,反而接近于短切屑的脆性材料,故宜选用 K 类硬质合金。K 类中的 WC 含量多,弹性模量大(TiC 的弹性模量低于 WC 甚多),这是用以切削高硬铸铁和淬硬钢的主要依据。P 类中含有 TiC,TiC 的硬度高、耐磨性好、抗扩散磨损能力强,这是用以切削长切屑钢材(刀－屑接触长度大)的主要依据。YG726、YG600、YG610、YG643 及 YT05、YM052、YM053 等牌号均适合于加工冷硬铸铁与淬硬钢。加工热喷涂材料的推荐牌号是 YD05(YC09)、YG600、YG610、YM051 等。

⑤经过水韧处理的高锰钢(如 ZGMn13),原始硬度并不高,但加工硬化严重,应采用 M 类或 K 类硬质合金。

⑥各种高温合金、钛合金、奥氏体不锈钢中均含 Ti,故应选用不含 TiC 的 K 类硬质合金。

⑦TiC 基和 Ti(CN)基硬质合金属于 P 类,主要用于未淬硬钢的精加工和半精加工,不宜淬硬钢加工和重切削,也不能加工含 Ti 的材料。

⑧涂层硬质合金主要用于各种钢和铸铁的精加工、半精加工和较轻负荷的粗加工,由于涂层材料经常是 TiC、TiN 和 Ti(CN),故也不宜加工高温合金、钛合金、奥氏体不锈钢等含 Ti 的材料。一般,涂层硬质合金不宜加工淬硬钢和冷硬铸铁。

随着研制技术的进展,硬质合金刀具材料的性能和质量将进一步提高。预计在不远的将来,硬质合金用量将大大超过高速钢而在难加工材料的切削加工中占有更重要的位置。

由于 PVD 工艺与 CVD 工艺相比,其优点体现在三方面,一是工艺处理温度低,对硬质合金刀具材料的抗弯强度几乎无影响;二是薄膜内部呈压应力,更适合于硬质合金精密复杂刀具的涂层;三是 PVD 工艺对环境几乎无污染。

因此,工业发达国家从 20 世纪 90 年代开始了硬质合金刀具 PVD 涂层技术的研究,90 年代中期已取得突破性进展,现已能对硬质合金的铣刀、钻头、铰刀、丝锥、可转位车铣刀片、异型刀具进行 PVD 涂层。

5. 陶瓷

硬质合金已成为最广泛应用的刀具材料之一,其主要成分为碳化物,常用硬质合金的硬度为 89~93 HRA,抗弯强度为 0.9~1.6 GPa。继硬质合金之后,人们又研制和使用陶瓷作为刀具材料,陶瓷的主要成分是氧化物和氮化物。早在古代,陶瓷在人类生活已得到广泛应用,但是作为刀具材料,还是 20 世纪 20 年代才开始。当时陶瓷的硬度尚可,但抗弯强度太低,难以真正付诸应用。经过半个多世纪的努力,人们改进了陶瓷制造技术,近年来陶瓷材料的硬度已达 91~95 HRA,抗弯强度已达 0.7~0.95 GPa。陶瓷的高温性能与化学稳定性均优于硬质合金,但断裂韧性和制造工艺性则逊于硬质合金,这是陶瓷刀具材料虽已得到应用但范围受到很大限制的主要原因。

目前,陶瓷刀片的制造主要用热压法(hot pressured,HP),即将粉末状原料在高温(1 500~1 800 ℃)高压(15~30 MPa)下压制成饼,然后切割成刀片。另一种方法是冷压法(cold pressured,CP),即将原料粉末在常温下压制成坯,经烧结成为刀片。热压法制品质量好,故是目前陶瓷刀片的主要制造方法。

按其化学成分,陶瓷刀具材料可分为氧化铝系、氮化硅系、复合氮化硅 - 氧化铝(Sialon)系 3 大类。

(1) 氧化铝系陶瓷

最早是纯氧化铝陶瓷,其成分几乎全是 Al_2O_3,只是添加了很少量(质量分数为 0.1%~0.5%)的 MgO 或 Cr_2O_3、TiO_2 等,经冷压制成刀片。这种陶瓷刀片的硬度为 91~93 HRA,但抗弯强度很低,仅为 0.40 GPa 左右,难以推广使用。

后来,采用氧化铝 - 碳化物复合陶瓷,即以 Al_2O_3 为基,加入 TiC、WC、TiB_2、SiC、TaC 等成分,经热压成复合陶瓷。其中以 Al_2O_3 - TiC 复合陶瓷用得最多,加入 TiC 的质量分数为 30%~50%;有的还在 Al_2O_3 - TiC 中再添加少量的 Mo、Ni、Co、W、Cr 等金属。Al_2O_3 - TiC 复合陶瓷的硬度达 93~95 HRA,抗弯强度达 0.7~0.95 GPa,添加金属后抗弯强度有所提高,但硬度下降。

氧化铝也可与氧化锆组合成为 Al_2O_3 - ZrO_2 复合陶瓷。与 Al_2O_3 - TiC 复合陶瓷相比,Al_2O_3 - ZrO_2 的硬度稍低(91~92 HRA),抗弯强度仅为 0.7 GPa,但断裂韧性提高,其应用不如 Al_2O_3 - TiC 广泛。还有 Al_2O_3 - Zr 复合陶瓷,硬度达 93.2 HRA,抗弯强度达 0.8 GPa。此外,还有 Al_2O_3 - TiC - ZrO_2 与 Al_2O_3 - TiB_2 复合陶瓷。

(2) 氮化硅系陶瓷

纯氮化硅陶瓷或仅添加少量其他成分的氮化硅陶瓷用得很少。Si_3N_4 - TiC - Co 复合陶瓷性能较好,韧性和抗弯强度高于 Al_2O_3 系陶瓷,但硬度下降,导热系数高于 Al_2O_3 系陶瓷。生产中 Si_3N_4 - TiC - Co 及 Al_2O_3 - TiC 复合陶瓷用得均较广泛。

(3) 复合氮化硅 - 氧化铝(Sialon)系陶瓷

Si_3N_4 - TiC - Y_2O_3 复合陶瓷叫赛龙(Sialon)陶瓷,是近些年研制成功的一种新型复合陶瓷。例如，美国 Kennametal 公司牌号 KY3000 的 Sialon，其成分 Si_3N_4 的质量分数为 77%，Al_2O_3 的质量分数为 13%，Y_2O_3 的质量分数为 10%，硬度达 1 800 HV，抗弯强度达 1.2 GPa，韧性高于其他陶瓷。美国 Greeleaf 公司研制的 Gem4B 和瑞典 Sandvik 公司研制的 CC680 都属 Sialon 陶瓷系列。

不同种类的陶瓷刀具材料有不同的应用范围。氧化铝系陶瓷主要用于加工各种铸铁（灰铸铁、球墨铸铁、可锻铸铁、高合金耐磨铸铁等）和各种钢（碳素结构钢、合金结构钢、高强度钢、高锰钢、淬硬钢等），也可加工铜合金、石墨、工程塑料和复合材料，但不宜加工铝合金、钛合金，这是由于其化学性能不适合。

氮化硅系陶瓷不能用来加工长切屑钢料（如正火、热轧或调质状态），其余加工范围与氧化铝系陶瓷相近。

Sialon 陶瓷主要用于加工铸铁（含冷硬铸铁）与高温合金，但不宜加工钢料。

目前，陶瓷刀具材料主要应用于车削、镗削和铣削等工序。近年也有制成金属陶瓷整体立铣刀、齿轮滚刀的报导。

表 1.21 列出了国内外陶瓷刀片的牌号与成分及主要性能。

近年，在 Al_2O_3 或 Si_3N_4 基体中加入一定比例的 SiC 晶须，提高了陶瓷材料的韧性，形成"晶须增韧陶瓷"。在表 1.21 中也列出了"晶须增韧陶瓷"。

表 1.21　国内外陶瓷刀片的牌号与成分及主要性能

牌号	成分	压制方法	HRA	σ_{bb}/GPa	生产单位
SG4	$Al_2O_3 - (W,Ti)C$	热压	94.7~95.3	0.79	山东工业大学
LT35	$Al_2O_3 - TiC$(加金属)	热压	93.5~94.5	0.88	
LT55	$Al_2O_3 - TiC$(加金属)	热压	93.7~94.8	0.98	
AG2	$Al_2O_3 - TiC$(加金属)	热压	93.5~95	0.79	冷水江陶瓷工具厂
AT6	$Al_2O_3 - TiC$(加金属)	热压	93.5~94.5	0.88~0.93	济南冶金科研所
HDM1	Si_3N_4 基	热压	92.5	0.93	北京海德曼无机非金属材料公司
HDM2	Si_3N_4 基，SiC 晶须	热压	93	0.98	
HDM3	Si_3N_4 基	热压	92.5	0.83	
HDM4	Al_2O_3 基	热压	93	0.80	
FD-01,02,03	Si_3N_4 基	热压	—	—	北京方大高技术陶瓷公司
FD-11,12	Al_2O_3 基	热压	—	—	
P1	Al_2O_3	冷压			成都工具研究所
P2	$Al_2O_3 + ZrO_2$	冷压	HR15N≥96.5	0.40~0.50	
T2	$Al_2O_3 + TiC + ZrO_2$	热压	HR15N≥96.5	0.70~0.80	
N5	Si_3N_4 基	热压	HR15N≥90~100	0.90~1.00	

续表 1.21

牌号	成分	压制方法	HRA	σ_{bb}/GPa	生产单位
CC650	Al_2O_3 – Ti(CN)	热压	HR15N≥97~98	0.65~0.80	瑞典 Sandvik 公司
CC680	Si_3N_4 – Al_2O_3 – Y_2O_3	热压	—	—	瑞典 Sandvik 公司 (Sialon)
KY3000	Si_3N_4 – Al_2O_3 – Y_2O_3	热压			美国 Kennametal 公司(Sialon)
CC670	Al_2O_3,SiC 晶须	热压	94.0~94.5		瑞典 Sandvik 公司
KY2500	Al_2O_3,SiC 晶须	热压	93.5~94.0		美国 Kennametal 公司
JX–1	Al_2O_3,SiC 晶须	热压	94.0~95.0	0.70	山东工业大学

陶瓷刀具材料的原料丰富而价廉,在改进成型技术与提高韧性的情况下,必将得到更广泛地应用,预计陶瓷将取代部分硬质合金,逐步成为最主要的刀具材料之一。

6. 超硬刀具材料

超硬刀具材料是指立方氮化硼(cubic boron nitrogen, CBN)和金刚石,它们的硬度大大超过硬质合金与陶瓷,故称"超硬"。金刚石是自然界中最硬的物质,立方氮化硼则仅次于金刚石。

天然金刚石(JT)作为刀具和磨料应用较早,但人造聚晶金刚石(JR)和立方氮化硼研制成功并用作刀具材料,还是 20 世纪 60 年代以后的事。

除天然金刚石外,人造金刚石刀具有以下几种应用形式。

(1)以石墨为原料,加入催化剂,用六面顶或两面顶压机,经高温(≈1 300 ℃)、高压(5~10 GPa)制成单晶 JR 细粉,这种细粉可用作磨料。用 JR 细粉加入粘结剂,再经过一次高温(1 600~1 700 ℃)、高压(约 7 GPa),即可压制成聚晶金刚石刀片(国外也称烧结金刚石)。这种刀片的最大直径可达 15~20 mm,可整体或剖成小块使用。

(2)以 K 类硬质合金刀片为基底,其上铺设一层厚约 0.5~1 mm 的 JR 细粉,经高温、高压可制成聚晶金刚石复合片。这种复合片造价较低,在刀具与其他工具中已得到广泛应用。

(3)在硬质合金基体上,用 CVD 等方法涂覆一层厚约 10~25 μm 的薄膜,成为金刚石涂层刀片。

(4)先制成厚约 0.5 mm 的 JR"厚膜"经裁切成一定形状后,再焊在硬质合金刀片上成为金刚石厚膜刀片。

立方氮化硼刀片的制造方法与金刚石类似。以六方氮化硼(HBN)为原料,加催化剂,用上述同样的压机,在高温(1 300~1 900 ℃)、高压(5~10 GPa)下,制成 CBN 单晶细粉。再用 CBN 单晶细粉,加粘结剂,在高温(1 800~2 000 ℃)、高压(8 GPa)下再压制一次,即可制成 CBN 聚晶刀片。也可以用与金刚石复合片同样的制造方法,制成 CBN 复合刀片。

超硬刀具材料的力学、物理与化学性能如下。

天然金刚石硬度高达 10 000 HV,人造金刚石约为 8 000~9 000 HV;而立方氮化硼则为 6 000~7 000 HV。它们的晶体结构均为面心立方,耐磨性极强。

天然金刚石结晶属各向异性,不同晶面上的硬度、强度和耐磨性差别很大,因此在对它进行刃磨及使用时,必须选择适当的方向,即定向,而定向是不易掌握的技术。人造聚晶金刚石和立方氮化硼则属各向同性,刃磨和使用时不需定向,它们的强度和韧性均显著高于天然金刚石。

JR 和 CBN 的密度均为 3.5 g/cm³ 左右,与 Al_2O_3 和 Si_3N_4 的密度相近。

JB 和 CBN 的导热性能很好。JR 的导热系数约为 2 000 W/(m·℃),CBN 约为 1 300 W/(m·℃),为导热性最好的紫铜的 3.2~5 倍,是硬质合金导热系数的 20~40 倍。

线膨胀系数较小,JB 为 $(0.9 \sim 1.18) \times 10^{-6}$/℃,CBN 为 $(2.1 \sim 2.3) \times 10^{-6}$/℃,约为硬质合金线膨胀系数的 1/6~1/3。

弹性模量很大,JR 为 850~900 GPa,CBN 为 720 GPa,均大于硬质合金与陶瓷。

可以刃磨出非常锋利的切削刃,尤其是天然金刚石刀具经过仔细刃磨可得到小于微米级的切削刃钝圆半径。

在切削过程中,JR 和 CBN 刀具与工件材料之间的摩擦系数小,约为 0.1~0.3,只为硬质合金刀具的 1/2~1/5。

CBN 与铁族材料的惰性大,到 1 300 ℃时也不会起反应,对酸与碱都是稳定的。CBN 有很高的抗氧化能力,近 1 000 ℃时表面氧化形成氧化硼,即

$$4BN + 3O_2 \longrightarrow 2B_2O_3 + 2N_2$$

而 B_2O_3 薄膜可起保护层作用,防止进一步氧化,直到高于 1 370 ℃,B_2O_3 才分解,即

$$B_2O_3 \longrightarrow B_2O + O_2 \longrightarrow BO_2 + BO$$

但在 800 ℃以上时,CBN 会与水起化学反应,故使用 CBN 时不能用水基切削液。

$$BN + 3H_2O \longrightarrow H_3BO_3 + NH_3$$

在很高的温度下,立方氮化硼 CBN 也能逆转为六方氮化硼 HBN。

金刚石与铁族元素易产生化学反应。约在 700 ℃以上,金刚石在 Fe 元素的催化作用下转变为石墨而失去硬度。金刚石中的 C 元素也易向铁族材料方面扩散,从而降低了切削刃强度。在 700~800 ℃温度下,它也能产生氧化反应,即

$$C + O \longrightarrow CO \quad CO + O \longrightarrow CO_2$$

但金刚石不受酸的侵蚀。

由于具有以上性质,金刚石刀具与立方氮化硼刀具的应用范围可归纳如下。

立方氮化硼刀具能加工各种钢与铸铁,特别能加工淬硬钢和高硬铸铁,生产效率显著高于其他刀具材料;但加工软钢效果不理想;能加工高温合金、钛合金、钝镍与热喷涂材料;还能加工玻璃、陶瓷与硬质合金等硬脆材料。

金刚石刀具最适合铜、铝合金的精加工与超精密加工以及高硅铝合金的加工;也能加工石材、陶瓷、玻璃、砂轮、塑料、碳纤维复合材料 CFRP 和玻璃纤维复合材料 GFRP 等以及掺磨料的硬橡胶等非金属材料;还能加工硬质合金。

由于金刚石、立方氮化硼的韧性和强度不足,故应用范围多限于上述材料的精加工。在加工方式方面,多用于车削、铣削及个别的钻削与铰削。超硬刀具材料的应用一定会进一步扩大。

生产实践表明,在难加工材料切削技术发展过程中,刀具材料始终是最积极最活跃的因

素。随着难加工材料应用不断扩大的需要,新型刀具材料的研制周期将越来越短,新品种、新牌号的推出将越来越快。在新刀具材料发展中,硬度、耐磨性与强度、韧性仍是难以兼顾的主要矛盾。涂层刀具与超硬材料复合片都能在一定程度上克服上述矛盾,因此极有发展前景。极有可能在 21 世纪中研制出人们所希望的既具有高速钢、硬质合金的强度和韧性,又具有超硬材料的硬度和耐磨性的新型刀具材料,氮化碳(CN_x)就是这样一种新型刀具材料。日本合成 CN_x 的硬度已达 6 380 HV,很有可能超过金刚石 10 000 HV。还有一项尚待突破的技术就是 CBN 涂层。难加工材料与刀具材料双方总是相互促进、交替发展的,这是推动切削技术不断进步的历史必然规律。

1.4.3 合理使用切削液

切削加工中经常使用切削液。切削液具有冷却和润滑作用,能够有效地降低切削区温度,改善刀具与切屑、与工件表面间的摩擦状态,从而减小刀具磨损并提高加工表面质量。切削液还应具有清洗作用,能将碎屑(如切铸铁)和粉屑(如磨削)冲洗走,还能防锈且性能稳定,不污染环境且对人体无害。

在难加工材料切削过程中,一般切削力大,切削温度较高,刀具磨损较快,故使用合适的切削液尤为必要。

当今的切削液基本分为 3 大类:切削油、乳化液与水基切削液。切削油的主要成分是矿物油;乳化液是用乳化油膏加水稀释而成,而乳化油膏则由矿物油、乳化剂及其他物质配成;水基切削液是以水为基加入其他成分构成的。以上 3 类切削液均需加入各种添加剂:为使切削液具有润滑作用,需加入油性添加剂或极压添加剂;为不使机床、工件、刀具发生锈蚀,需加入防锈添加剂;为使乳化液不易变质,需加入防霉添加剂;有时还需加入抗泡沫添加剂;乳化液中需加入乳化剂。

油性添加剂主要用于低温低压边界润滑状态的切削加工,使切削油很快渗入切削区,形成物理吸附膜,减小前刀面与切屑、后刀面与工件之间的摩擦。对于高温高压极压润滑状态,也就是切削大多数难加工材料时所发生的情况,必须添加极压添加剂,使刀具、工件表面生成化学吸附膜,防止金属表面直接接触,减小摩擦与磨损。

过去,极压添加剂多采用含硫、磷、氯等元素的活性物质,使用时在金属表面形成硫化铁、磷酸铁、氯化铁薄膜起到润滑作用。但含硫添加剂有气味,对某些金属(如有色金属)有腐蚀作用;含磷、氯添加剂有毒性,对环境有污染,故已被限制使用,渐趋淘汰。

国内外都在研制新型极压添加剂,并取得了很大进展。例如,有机硼酸脂作为一种新型的减摩、抗磨添加剂已得到了越来越广泛地应用,它的优点是无毒、合成容易、具有抗氧化性和无腐蚀性。

新型水基合成切削液的应用日趋广泛,有代替原用某些切削油和乳化液的趋势。合成切削液是由各种水溶性添加剂和水构成,在其成分中完全不含矿物油。其浓缩物可以是液态、膏状和固体粉剂,使用时用一定比例的水稀释后,形成透明或半透明稀释液。根据其性质和用途可分为 4 类:

Ⅰ类(普通型):适用于普通铸铁、钢件的粗磨和粗切;

Ⅱ类(防锈型):适用于防锈性要求高的精加工,工序间防锈期可达 3~7 d;

Ⅲ类(极压型):适用于各种机床重切削和强力磨削;

Ⅳ类(多效型):适用于各种金属(黑色金属、铜、铝等)的切削与磨削,包括精密切削。

国内外各厂家研制推出的合成切削液难以取得具体配方和资料。根据已发表的资料得知,由含氮硼酸酯与羧酸酯的复合酯和防锈添加剂、表面活性剂等配制成的水基合成切削液使用效果良好,具有优良的冷却和润滑作用,清洗作用亦佳,且不易变质,可防锈,透明性强,可用于各种切削、磨削加工,包括在普通机床和数控、自动化机床上使用。

在难加工材料切削加工中,合成切削液将发挥重要作用。

随着人们环境保护意识的增强及环保法规要求的日渐严格,切削液的负面影响愈加被人们所重视。

负面影响主要是指切削液对环境和人们健康的危害、切削液处理费用及对零件的腐蚀作用等,为此提出了生态无害的绿色切削技术。

绿色切削追求的目标是不使用切削液,但要达到这一目标还有很长的路要走,当前的任务如下。

①限制使用切削液中的有害添加剂,如亚硝酸盐及类似化合物、磷酸盐类化合物、氯化物、甲醇及类似化合物等。

②研制新型环保添加剂,如硼酸酯类添加剂、钼酸盐系缓蚀剂及新型防腐杀菌剂。

③使切削液向水基方面过渡、向低公害无公害方向发展,逐步推广集中冷却润滑系统并实现切削液质量管理的自动化。

④提高切削液的作用效果,减少切削液的用量,最小量润滑技术(minimal quantity of lubrication,MQL)就是其中之一。此项技术是将压缩空气与少量切削液混合汽化后再喷射至切削区,切削液用量很少,但效果明显,既提高了生产效率,又大大减少了环境污染。

如一台加工中心在传统加工中需用切削液 1 200 ~ 6 000 L/h,采用 MQL 后只需 0.03 ~ 0.1 L/h,仅为前者的几万分之一。

⑤可用冷风冷却、液氮冷却、水蒸气冷却及射流注液冷却等。

1.4.4 采用机械加工新技术新工艺

1. 采用高速与超高速切削技术

这一技术是基于图 1.22 的理论发展起来的。该理论认为在常规切削速度范围内(A区),切削温度 θ 是随切削速度 v_c 的提高而升高的,但当切削速度越过死区 v_e 再提高,切削温度 θ 反会下降。一般刀具材料是无法满足切削速度如此提高要求的,现代刀具材料(新型硬质合金、涂层刀具、陶瓷、超硬刀具材料等)则可以满足上述要求。正基于此,20 世纪 90 年代以后经过高速与超速切削的理论研究探索、应用研究探索、初步应用和较成熟应用 4 个阶段,终于研制成功了高速切削机床。

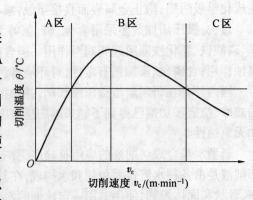

图 1.12 高速切削原理

高速切削的速度范围是很难统一给出的,但一般认为应是常规切削速度的 5 ~ 10 倍以上,而且不同加工方法、不同被加工材料,其切削速度范围是不同的。另外,随着高速与超高速机床设备与刀具等关键技术的不断发展,速度范围也是不断扩展的。至今一般认为:铝合金的切削速度应为 1 500～5 500 m/min,铸铁为 750～4 500 m/min,钢为 600～800 m/min;铝合金的进给速度应达 20～40 m/min。随着技术不断发展,铝合金实验室的切削速度已达 6 000 m/min 以上,进给加速度已达 3 g(1 g = 9.8 m/s^2)。有人预言,未来可达到音速或超音速。

高速与超高速切削有以下 4 个特点。
① 可提高生产效率。
② 可获得较高加工精度。
③ 能获得较好的加工表面完整性(表面粗糙度、加工硬化与残余应力)。
④ 消耗能量少、节省制造资源。

高速与超高速切削对机床也提出了以下 3 点新要求。
① 主轴要有高转速、大功率和大扭矩。
② 进给速度相应提高以保证每齿进给量基本保持不变。
③ 进给系统要有很大加速度,以保证缩短启动－变速－停车的过渡过程,实现平稳切削。

这种机床的主要特征是实现了主轴和进给的直接驱动,即采用了电主轴和直线电机技术。该机床是机电一体化的新产品,是 21 世纪的新型机床。

使用这种高速与超高速机床切削时,工件基本保持冷态,切削温度低。可以相信,很多难加工材料均可采用高速与超高速切削技术进行加工。

2. 采用振动切削与磨削技术

振动切削是一种脉冲切削,是在传统切削过程中给刀具(或工件)施以某种参数(频率 f_z、振幅 a)可控制的有规律的振动。这样在切削过程中,刀具与工件就产生了周期性地接触与离开,切削速度的大小和方向不断地发生变化,特别是加速度的出现,使得振动切削具有了很多特点,特别在难加工材料和难加工工序中收到了不同寻常的效果。

振动切削与传统切削相比有如下特点。
① 大大减小了切削力。在 1Cr18Ni9Ti 上低频振动钻孔可减小切削力 20%～30%,超声振动磨削可减小法向分力 60%～70%。
② 明显降低了切削温度。振动切削时由于刀－屑间的摩擦系数大大减小,切削热在极短时间内来不及传到切削区,加上冷却液作用得到了充分发挥,切削温度与室温差不多,切屑几乎不变色、不烫手。超声振动切削不锈钢时切削温度只有 40 ℃,振动磨削淬火钢(55 HRC)时,磨削温度可降低 50%。
③ 充分发挥了切削液作用。超声振动切削时会使切削液产生"空化"作用,一方面使切削液均匀乳化成均匀一致的乳化液微粒,另一方面使切削液微粒获得了很大能量,更容易进入切削区。
④ 可提高刀具使用寿命。
⑤ 可控制切屑的形状和大小,改善排屑情况。振动车削淬硬钢时能得到不变色、薄而光滑的带状屑,便于排出;振动钻深孔或小孔时,可避免切屑堵塞。
⑥ 大大提高了加工精度和加工表面质量。振动切削可大大提高尺寸精度、几何形精度

和相互位置精度,所得表面粗糙度值非常接近理论计算值,甚至可达到磨削以至研磨所达到的粗糙度值,几乎无加工硬化,残余应力为压应力。

⑦提高了加工表面的耐磨性和耐蚀性。

振动切削多为利用专门的振动装置来实现,可按频率分为低频($f_z < 200$ Hz)、高频($f_z > 16$ kHz)或超声振动切削,也可按振动方向分为主运动方向、进给方向和切深方向的振动切削。一般认为主运动方向的振动切削效果较好,应用较多。

3. 采用加热(辅助)切削与低温切削技术

加热(辅助)切削是把工件的整体或局部通过一定方式加热到一定温度后再进行切削的方法。其目的是通过加热来软化工件材料,使工件材料的硬度、强度有所降低、易于产生塑性变形,减小切削力,提高刀具使用寿命和生产效率,抑制积屑瘤和鳞刺的产生,改变切屑形态,减小振动和表面粗糙度值。

加热方法是实施加热切削的关键。20 世纪 60 年代以来,已摒弃了整体及火焰、感应加热等加热区过大、温度控制困难的加热方法,采用了电加热切削法(electric hot machining, EHM)。这种方法是在工件与刀具构成的回路中施加低电压、大电流使切削区加热,但不适于非导电材料。

还有等离子加热切削法(plasma arc aided machining, PAAM)及激光加热切削法。

随着难加工材料应用的日益增多,加热切削已成为高效加工的有效方法之一。

低温切削是指用液氮(-186 ℃)、液体二氧化碳(-76 ℃)及其他低温液体作切削液,使其冷却刀具或工件,同样也可提高生产效率和表面质量。

4. 采用带磁切削技术

带磁切削亦称磁化切削,是将刀具或工件或两者同时在磁化条件下进行切削的方法。既可将磁化线围绕于工件或刀具上使其通电磁化,也可直接使用经过磁化处理过的刀具进行切削。实践证明,此法对一些难加工材料有效。

5. 采用真空或惰性气体保护及绝缘切削技术

在真空中切削钛合金,可避免高温下钛合金与空气中的 O_2、N_2、H_2、CO、CO_2 等气体发生化学反应生成硬脆层。

在惰性气体保护下切削钛合金可收到良好效果,原因同真空中切削钛合金。

在钻削高温合金过程中,如用绝缘钻套使钻头与工件组成的回路不通,将大大减小钻头的热电磨损,提高钻头使用寿命。

此外还可采用带电刀盘与工件表面产生剧烈放电,使工件表层快速熔化爆离的电熔爆切削法,以解决难加工材料加工问题。

复习思考题

1. 试述飞行器机身用结构材料、发动机用热强材料及载人航天系统用新材料有哪些?其性能各有何特点?
2. 材料切削加工性是什么?为什么说它是相对的?
3. 衡量材料切削加工性的指标有哪些?
4. 试述影响材料切削加工性的因素有哪些?如何影响?
5. 航天用材料可如何分类?切削加工有何特点?切削加工方式对切削加工性有何影响?

6. 改善难加工材料切削加工性的途径有哪些?
7. 试述高性能高速钢有哪些? 如何选用?
8. 粉末冶金高速钢与熔炼高速钢相比性能上有哪些特点?
9. 高速钢涂层是什么概念? 涂层后有何优越性?
10. 新型硬质合金有哪些类型? 各有何特点? 各适宜何种材料的何种加工?
11. 硬质合金的涂层方法有哪些? 涂层硬质合金刀片有哪些优点?
12. 硬质合金刀具材料选择的基本原则有哪些?
13. 陶瓷刀具材料的种类、特点及各适合何种材料加工?
14. 金刚石与 CBN 的特点及常用刀具形式有哪些? 各适合何种材料切削加工? 为什么?
15. 切削液的作用与种类及发展方向是什么?
16. 在实现绿色切削方面有哪些进展? 我们当前的任务是什么?
17. 你知道有哪些机械加工新技术能解决难加工材料的切削加工难题?
18. 碰到新的难加工材料你如何考虑它的切削加工问题?

第 2 章 航天用特种钢及其加工技术

2.1 高强度钢与超高强度钢

2.1.1 概述

高强度钢与超高强度钢是具有一定合金含量的结构钢。它们的原始强度、硬度并不太高,但经调质处理可获得较高或很高的强度,硬度则为 35~50 HRC。用这类钢制作的零件,粗加工一般在调质前进行;而精加工、半精加工及部分粗加工则在调质后进行,此时的金相组织为索氏体或托氏体,加工难度较大。

高强度钢一般为低合金结构钢,合金元素总的质量分数不超过 6%,有 Cr 钢、Cr–Ni 钢、Cr–Si 钢、Cr–Mn 钢、Cr–Mo 钢、Cr–Mn–Si 钢、Cr–Ni–Mo 钢、Si–Mn 钢等。在调质处理(一般为淬火和中温回火)后,抗拉强度接近或超过 1 GPa。高强度钢可用于制造机器中的关键承载零件,如高负荷砂轮轴、高压鼓风机叶片、重要的齿轮与螺栓、发动机曲轴、连杆和花键轴等,火炮炮管和某些炮弹弹体也可用它们制造。常用高强度钢的热处理规范与力学性能列于表 2.1。

表 2.1 常用高强度钢的热处理规范与力学性能(参考 GB 3077—1988)

钢号	热处理					力学性能					
	淬火			回火							
	温度/℃		冷却剂	温度/℃	冷却剂	σ_b/MPa	σ_s/MPa	δ/%	Ψ/%	a_k/(J·cm^{-2})	HRC
	第一次淬火	第二次淬火									
40Cr	850		油	500	水或油	980	785	9	45	47	
50Cr	830		油	520	水或油	1 080	930	9	40	39	
40CrNi	820		油	500	水或油	980	785	10	45	55	
12Cr2Ni4	860	780	油	200	水或空气	1 080	835	10	50	71	
38CrSi	900		油	600	水或油	980	835	12	50	55	
20CrMnTi	880	870	油	200	水或空气	1 080	835	10	45	55	
30CrMnTi	880	850	油	200	水或油	1 470		9	40	47	
30CrMnSiA	880		油	520	水或油	1 080	885	10	45	39	
38CrNi3MoVA	890		油	590	水或油	1 100~1 140	1 040~1 060	14~15	44~53	70~90	38~42
40CrNiMo	850		油	575	水或油	1 030	910	17.5	60	140	33
60Si2MnA	900		油	580	空冷	1 200			44		39~42

注:GB 3077—1988 中未列出材料调质处理后的硬度。

超高强度钢中的合金元素含量较高,元素种类也较多。有合金元素总质量分数不超过

6%的低合金超高强度钢,也有合金元素含量更多的中合金和高合金超高强度钢。调质处理为淬火和中温回火,调质后的抗拉强度接近或超过1.5 GPa。超高强度钢用于制造机器中更关键的零件,如飞机的大梁、飞机发动机的曲轴和起落架等。某些火箭的壳体、火炮炮管和破甲弹弹体等也用超高强度钢制造。表2.2列出了常用超高强度钢的热处理规范与力学性能,如35CrMnSiA和40CrNi2Mo是传统的低合金超高强度钢;4Cr5MoVSi则属于中合金超高强度钢,回火时发生马氏体二次硬化从而得到高强度;00Ni18Co8Mo5TiAl及1Cr12Mn5Ni4Mo3Al等为高合金超高强度钢,它们含有高的Ni或Cr含量,经淬火后再进行时效处理(450~520 ℃,2~3 h),形成Ni_3Mo、Ni_3Ti、Fe_2Mo等金属间化合物,弥散分布在马氏体基体中,从而得到很高的强度并保持着良好的塑性与韧性。

表2.2 常用超高强度钢的热处理规范与力学性能

钢号	热处理	$\sigma_{0.2}$/MPa	σ_b/MPa	δ/%	Ψ/%	a_k /(J·cm^{-2})	$K_{IC}^{①}$ /(MPa·m$^{\frac{1}{2}}$)	HRC
35CrMnSiA	280~320 ℃等温淬火或880 ℃油淬,230 ℃回火	—	≥1 618	≥9	≥40	≥49	—	44~49
35Si2Mn2MoV	900 ℃油淬,250 ℃回火		≥1 667	≥9	≥40	≥49		
30CrMnSiNi2	870 ℃淬火,200 ℃回火	1 373~1 530	1 569~1 765	8~10	35~45	58.8~68.7	66.03	
37Si2Mn-CrNiMoV	920 ℃淬火,280 ℃回火	1 550~1 706	1 844~1 991	8~13	38~46	49~64.7	79.98	
40CrNi2Mo	850 ℃油淬,220 ℃回火	1 550~1 608	1 883~2 020	11~13	40~52	53.9~73.6	55~72	
	900 ℃油淬,413 ℃回火	≥1 236	≥1 510	≥12	≥35			
45CrNiMoVA	860 ℃油淬,460 ℃回火	≥1 324	≥1 471	≥7	≥35	≥39.2	—	
	860 ℃油淬,300 ℃回火	1 510~1 726	1 902~2 060	10~12	34~50	41.2~51.0	74~83	
4Cr5MoVSi	1 000~1 050 ℃淬火,520~560 ℃回火3次	1 550~1 618	1 765~1 961	12~13	38~42	51.0	33.79	
6Cr4Mo3Ni2WV	1 120 ℃淬火,560 ℃回火3次	—	2 452~2 648	3.5~6	14~25	22.6~35.3	25~40	
0Cr17Ni7Al	1 050 ℃(水、空气)+950 ℃10 min(空气)+(-73 ℃)冷处理8 h+510 ℃回火30~60 min(空气)	1 275	1 491	10	25~30	—	—	
0Cr15Ni7Mo2Al		1 471	1 638	13.5	25~30	25.5~34.3		

续表 2.2

钢号	热处理	$\sigma_{0.2}$/MPa	σ_b/MPa	δ/%	Ψ/%	a_k /(J·cm^{-2})	$K_{IC}^{①}$ /(MPa·m$^{\frac{1}{2}}$)	HRC
1Cr12Mn5Ni4-Mo3Al	1 050 ℃淬火,-73 ℃冷处理8 h 空冷,520 ℃时效2 h	1 151	1 667	13	40	—	—	
00Ni18Co8-Mo5TiAl	815 ℃固溶处理 1 h 空冷, 480 ℃时效 3 h,空冷	1 755	1 863	7~9	40	68.7~88.3	110~118	
00Cr5Ni12-Mo3TiAl		—	1 873	16	38~45	49~58.8		
36CrNi4MoVA	900 ℃淬火(空气)+880 ℃淬火(油)+600 ℃回火(空气)	128~132	136~140	10~14	40~52	34~36		43~46

注:①此为断裂韧性,是衡量高强度材料在裂纹存在情况下抵抗脆性断裂能力的性能指标。

2.1.2 高强度钢与超高强度钢的切削加工特点

高强度钢与超高强度钢切削加工难度大,主要表现为切削力大、切削温度高、刀具磨损快、刀具使用寿命低、生产效率低与断屑困难。

1. 切削力

传统的切削力理论公式为

$$F_c = \tau_s a_p f(1.4\Lambda_h + C)$$

式中 F_c——主切削力;

τ_s——被加工材料的屈服强度;

a_p——切削深度;

f——进给量;

Λ_h——变形系数;

C——与刀具前角有关的常数。

由于高强度钢与超高强度钢的强度高,即 τ_s 大,故主切削力 F_c 大。但这些钢的塑性较小,即 Λ_h 减小,因而 F_c 不能与 τ_s 成比例增大。

图 2.1 为 YD10 车削超高强度钢 35CrMnSiA、高强度钢 60Si2MnA 和 30CrMnSiA、45 钢和 60 钢时,主切削力 F_c 与切削深度 a_p、进给量 f 的关系曲线。可以看出,35CrMnSiA 的切削力最大,60Si2MnA 和 30CrMnSiA 次之,60 钢和 45 钢的切削力最小。

图 2.2 为 YD05 车削超高强度钢 36CrNi4MoVA、高强度钢 38CrNi3MoVA 及 45 钢的主切削力对比。可以看出,当改变切削速度 v_c 时,36CrNi4MoVA 的主切削力最大,38CrNi3MoVA 次之,45 钢的切削力最小。

根据大量切削试验,车削低合金高强度钢(调质)时,其主切削力比车削 45 钢(正火)约提高 25%~40%；车削低合金超高强度钢（调质），其主切削力比 45 钢（正火）约提高 30%~50%；车削中合金、高合金超高强度钢的主切削力则将提高 50%~80%。

2. 切削温度

高强度钢与超高强度钢的切削力与切削功率大，消耗能量及生成的切削热较多；同时，这些钢材的导热性较差，如 45 钢的导热系数为 50.2 W/(m·℃)，而 38CrNi3MoVA 和 35CrMnSiA 为 29.3 W/(m·℃)，仅为 45 钢的 60%；刀－屑接触长度又比 45 钢短。因此，切削区的温度较高。

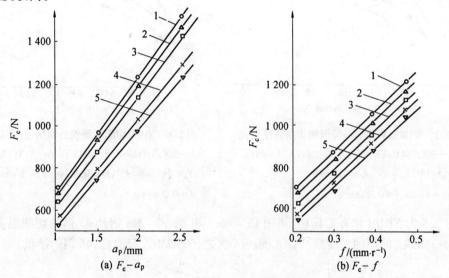

图 2.1 车削 5 种钢的主切削力

1—35CrMnSiA，2—60Si2MnA，3—30CrMnSiA，4—60，5—45；
YD10（北方工具厂）；
$\gamma_o = 2°, \kappa_r = 45°, r_\varepsilon = 0.8$ mm；
$v_c = 80$ m/min，(a) $f = 0.21$ mm/r，(b) $a_p = 1$ mm

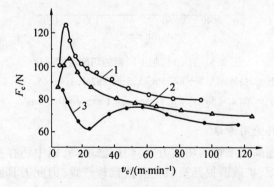

图 2.2 YD05 车削 3 种钢的主切削力

1—36CrNi4MoVA，2—38CrNi3MoVA，3—45；
$\gamma_o = -4°, \kappa_r = 45°, r_\varepsilon = 0.5$ mm；$a_p = 1.5$ mm，$f = 0.2$ mm/r

图2.3、图2.4分别为高速钢刀具(W18Cr4V)和硬质合金刀具(YD05)的车削超高强度钢36CrNi4MoVA、高强度钢38CrNi3MoVA及45钢时,在不同切削速度下切削温度的对比。可以看出,38CrNi3MoVA的切削温度约比45钢高出100 ℃,而36CrNi4MoVA又比38CrNi3MoVA高出100 ℃。

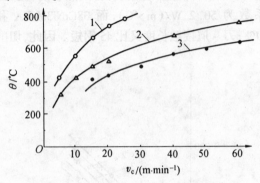

图2.3　W18Cr4V切削不同钢的切削温度对比
1—36CrNi4MoVA,2—38CrNi3MoVA,3—45;
$\gamma_o = 14°, \kappa_r = 45°, r_\varepsilon = 0.5$ mm;
$a_p = 1$ mm, $f = 0.2$ mm/r

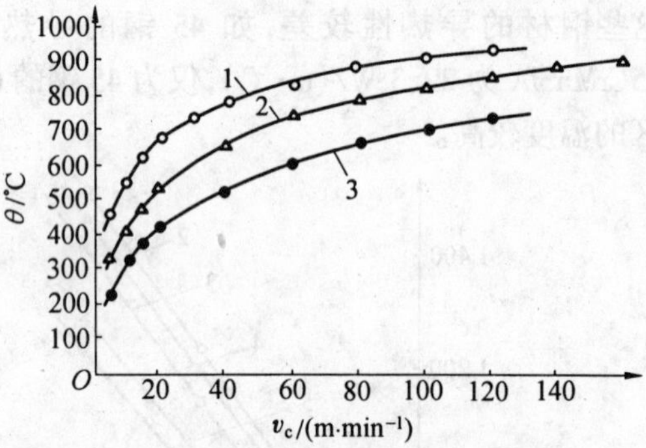

图2.4　YD05切削不同钢的切削温度对比
1—36CrNi4MoVA,2—38CrNi3MoVA,3—45;
$\gamma_o = 14°, \kappa_r = 45°, r_\varepsilon = 0.5$ mm; $a_p = 1$ mm;
$f = 0.2$ mm/r

图2.5为YD10(北方工具厂)切削Cr-Mn-Si钢、Si-Mn钢及45钢的切削温度对比,此时35CrMnSiA的切削温度最高,30CrMnSiA次之,60Si2MnA又次之,45钢的最低。

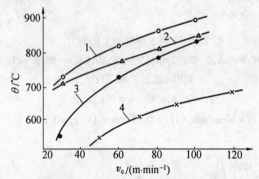

图2.5　YD10切削不同钢的切削温度对比
1—35CrMnSiA,2—30CrMnSiA,3—60Si2MnA,4—45;
$\gamma_o = 3°, \kappa_r = 38°, r_\varepsilon = 0.8$ mm; $a_p = 1$ mm, $f = 0.2$ mm/r

3. 刀具磨损与刀具使用寿命

由于高强度钢与超高强度钢的切削力大,切削温度高,钢中还存在一些硬质化合物,故刀具所承受的磨料磨损、扩散磨损乃至氧化磨损都较严重,因此刀具磨损较快,导致刀具使用寿命降低。

图2.6为YD10车削36CrNi4MoVA和38CrNi3MoVA时的$T - v_c$关系曲线,图2.7为Co5Si拉削这两种钢的刀具磨损曲线。可以看出切削超高强度钢36CrNi4MoVA时的刀具磨损比38CrNi3MoVA时要快,其刀具使用寿命也相应较低。

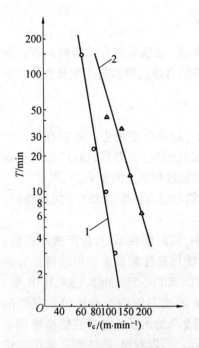

图 2.6 YD10 车削两种钢的 $T-v_c$ 关系
1—36CrNi4MoVA，2—38CrNi3MoVA；
$\gamma_o = -4°, \kappa_r = 45°, r_\varepsilon = 0.5$ mm；
$a_p = 1$ mm, $f = 0.2$ mm/r; $VB = 0.2$ mm

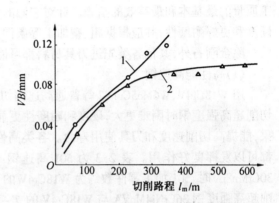

图 2.7 Co5Si 拉削两种钢的刀具磨损曲线
1—36CrNi4MoVA，2—38CrNi3MoVA；
$\gamma_o = 18°, \kappa_r = 90°; a_p = 6.2$ mm, $f_z = 0.025$ mm；
加硫化油

大量试验及实践表明，38CrNi3MoVA、30CrMnSiA、60Si2MnA 等高强度钢的相对加工性 $K_v \approx 0.5$；36CrNi4MoVA、35CrMnSiA 等超高强度钢的相对加工性 $K_v \approx 0.3$。

4. 断屑性能

切削过程中切屑应得到很好的控制，不能任其缠绕在工件或刀具上，划伤已加工表面，损坏刀具，甚至伤人。控制切屑最常用的方法之一就是在前面上预制出断(卷)屑槽，加大切削变形，促使切屑折断。断屑条件为：加大切削变形后的应变量大于或等于该材料的断裂应变。如被加工材料为强度较高的钢，断裂应变也较高，断屑肯定较难。图 2.8 为 P20 车削高强度钢 60Si2MnA 与 45 钢（正火）的断屑范围对比，可以看出，60Si2MnA 高强度钢的断屑范围较窄，故其断屑较难。在切削高强度钢与超高强度钢时，必须注意解决断屑问题。

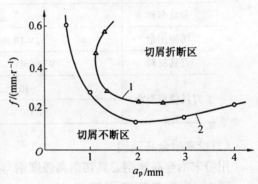

图 2.8 P20 车削两种钢的断屑范围对比
1—60Si2MnA，2—45 钢；
TNMG220415；$\kappa_r = 90°; v_c = 100$ m/min

2.1.3 切削高强度钢与超高强度钢的有效途径

要对高强度钢与超高强度钢进行高效和保质的切削加工,必须采取有效措施。首先采用先进合适的刀具材料,其次选用刀具的合理几何参数,并应合理选择切削用量及性能好的切削液。

1. 采用先进合适的刀具材料

采用切削性能先进的刀具材料,是提高切削高强度钢与超高强度钢生产效率和保证加工质量的最基本和最有效的措施。针对它们的强度与硬度高的特点,刀具材料应具有更高硬度和更好耐磨性,并应根据粗、精加工等条件提出相应的韧性和强度的要求。

除金刚石外,其他各类先进刀具材料都可能在高强度钢与超高强度钢加工中发挥作用。

(1) 高性能高速钢

用 W18Cr4V、W6Mo5Cr4V2 等普通高速钢切削高强度钢,其耐磨性不足,生产效率很低。切削超高强度钢时困难更大,硬度和耐磨性更显不适应。使用高性能高速钢可取得良好效果,能提高切削速度和刀具使用寿命。各类高性能高速钢如 501、Co5Si、M42、V3N、B201 等,都可以发挥良好作用。表 2.3 为 501 高速钢与 W18Cr4V 的镗刀使用寿命比较。在切削 30CrMnSiA 时,501 加工零件数约为 W18Cr4V 的 3.2 倍。图 2.9 给出了 4 种高性能高速钢车削超高强度钢 36CrNi4MoVA 与 W18Cr4V 的 $T-v_c$ 关系对比。可以看出,高性能高速钢的切削效果高出 W18Cr4V 很多,V3N 与 Co5Si 的效果尤为突出。

表 2.3 501 与 W18Cr4V 刀具使用寿命比较

工件材料	30CrMnSiA(42HRC)	
刀具名称	炮孔镗刀(ϕ18 mm)	
切削用量	$v_p = 18$ m/min, $a_p = 0.3$ mm, $f = 0.5$ mm/r	
刀具材料	W18Cr4V	W6Mo5Cr4V2Al(501)
刀具使用寿命	10 把刀具加工件数的平均数(件)	
	200	642

(2) 粉末冶金高速钢

用粉末冶金高速钢刀具切削高强度钢与超高强度钢也能取得显著效果。

图 2.10 为车削高强度钢 38CrNi3MoVA 的刀具磨损曲线。粉末冶金高速钢 GF3(W10.5Mo5Cr4V3Co9)的耐磨性明显优于 V3N 和 Co5Si,W18Cr4V 性能最差。

图 2.11 为用 GF3 和 Co5Si 制成的拉刀在 38CrNi3MoVA 上拉削膛线时的刀具磨损曲线,GF3 仍然领先。粉末冶金高速钢是拉削膛线最好的刀具材料。

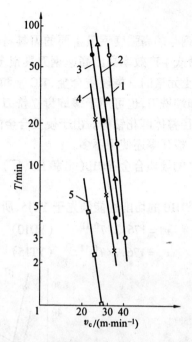

图 2.9 高性能高速钢的 $T - v_c$ 关系

36CrNi4MoVA；1—V3N，2—Co5Si，3—B201，4—M42，5—W18Cr4V；
$\gamma_o = 4°, \kappa_r = 45°, r_\varepsilon = 0.2$ mm；$a_p = 1$ mm, $f = 0.1$ mm；$VB = 0.2$ mm

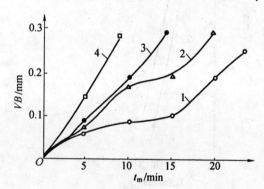

图 2.10 车削 38CrNi3MoVA 的刀具磨损曲线
1—GF3，2—V3N，3—Co5Si，4—W18Cr4V；
$\gamma_o = 8°, \kappa_r = 75°, r_\varepsilon = 1.5$ mm；$a_p = 2$ mm, $f = 0.15$ mm/r, $v_c = 20$ m/min

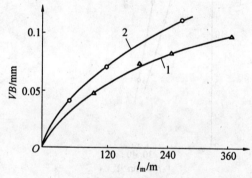

图 2.11 拉削 38CrNi3MoVA 的刀具磨损曲线
1—GF3，2—Co5Si；
$\gamma_o = 18°, \kappa_r = 90°; a_p = 6.2$ mm, $v_c = 12$ m/min, $f_z = 0.025$ mm；加硫化油

(3) 涂层高速钢

高速钢刀具涂覆 TiN 等耐磨层后，对切削高强度钢与超高强度钢能起到延长刀具使用寿命或提高切削速度的作用。图 2.12 为 W18Cr4V 车刀涂覆 TiN 前后的对比，W18Cr4V + TiN(涂层)的使用寿命显著提高。实践表明，高速钢制作的麻花钻、立铣刀、丝锥、齿轮滚刀、插齿刀等经过涂层，都有很好的切削效果。

(4)硬质合金

硬质合金是切削高强度钢与超高强度钢最主要的刀具材料。由于硬质合金的硬度高、耐磨性好,故其刀具使用寿命或生产效率高出高速钢刀具很多。但应尽可能采用新型硬质合金,如添加 Ta(Nb)C 或稀土元素的 P 类硬质合金、TiC 基和 Ti(CN)基硬质合金及 P 类涂层硬质合金,主要用于车刀和端铣刀,也可用于螺旋齿立铣刀、三面刃或两面刃铣刀、铰刀、锪钻、浅孔钻、深孔钻及小直径整体麻花钻等。由于硬质合金的韧性较低,加工性差,故有些刃形复杂刀具,如拉刀、丝锥、板牙等还使用不多。

图 2.13 为添加 Ta(Nb)C 的硬质合金 YD10(北京工具厂)与普通硬质合金 YT15 的效果对比。

可看出,虽同属 P10,但 YD10 的切削性能领先于 YT15,所得 $T-v_c$ 关系式分别为

$$v_c = 176.2/T^{0.11} \quad （YD10）$$
$$v_c = 176.7/T^{0.12} \quad （YT15）$$

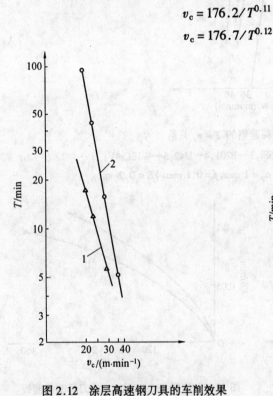 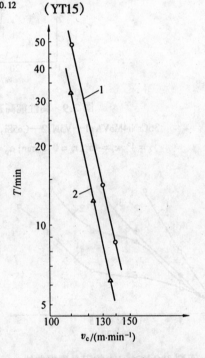

图 2.12 涂层高速钢刀具的车削效果
1—W18Cr4V,2—W18Cr4V+TiN(涂层);
38CrNi3MoVA;
$\gamma_o = 8°, \kappa_r = 45°; a_p = 1$ mm, $f = 0.2$ mm/r;
$VB = 0.5$ mm

图 2.13 两种硬质合金的 $T-v_c$ 关系
1—YD10,2—YT15;
60Si2MnA; $\gamma_o = 8°, \kappa_r = 45°, r_\varepsilon = 0.8$ mm;
$a_p = 1$ mm, $f = 0.2$ mm/r; $VB = 0.3$ mm

图 2.14、图 2.15 为 5 种硬质合金车刀的后刀面、前刀面磨损曲线。可看出,涂层硬质合金的耐磨性最好,TiC 基 YN05(P01)与添加 TaC 的 YT30(P01)次之,北方工具厂的添加 Ta(Nb)C 的 YD05(P05)又次之,普通硬质合金 YT15(P10)的耐磨性最差。

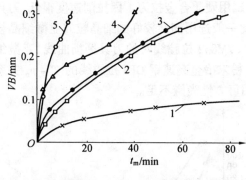 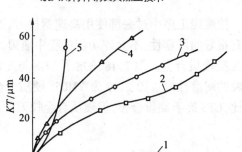

图 2.14 5种硬质合金刀具后刀面磨损值 VB 对比
1—YW1 + TiC(涂层),2—YN05,3—YT30 + TaC
4—YD05,5—YT15;60Si2MnA;
$\gamma_o = 4°, \kappa_r = 45°, r_\varepsilon = 0.8$ mm; $v_c = 115$ m/min,
$a_p = 0.5$ mm, $f = 0.2$ mm/r

图 2.15 5种硬质合金刀具前刀面磨损值 KT 对比条件与曲线标号同图 2.14

图 2.16 为添加稀土元素硬质合金 YT14R 与普通硬质合金 YT14 的刀具磨损曲线,YT14R 的耐磨性好于 YT14。

图 2.17 为相同基体(YW3)的单层、双层、三层涂层硬质合金与基体硬质合金的磨损曲线。因为 TiC 的线膨胀系数与基体最接近,故涂在最底层。TiN 虽不如 TiC 耐磨,但仍优于基体,且 TiN 与钢之间的摩擦系数较小,故置于最外层。Ti(C,N)居中,其性能居于 TiC 与 TiN 之间。表明,三层涂层硬质合金的切削性能最好,双层、单层次之。基体硬质合金 YW3 则与涂层者相差甚远。

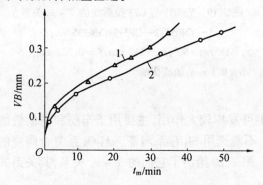 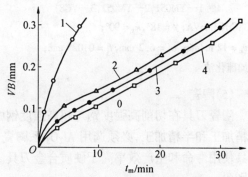

图 2.16 YT14R 与 YT14 的磨损曲线
1—YT14,2—YT14R;
38CrNi3MoVA; $\gamma_o = 5°, \kappa_r = 90°, r_\varepsilon = 0.8$ mm;
$v_c = 100$ m/min, $a_p = 1$ mm, $f = 0.2$ mm/r

图 2.17 不同层数涂层硬质合金的磨损曲线
1—YW3,2—YW3 + TiC(单涂层),3—YW3 + TiC/TiN(双涂层),4—YW3 + TiC/TiC,N/TiN;
60Si2MnA;
$\gamma_o = 4°, \kappa_r = 45°, r_\varepsilon = 0.8$ mm; $v_c = 150$ m/min,
$a_p = 0.5$ mm, $f = 0.2$ mm/r

添加 Ta(Nb)C 和添加稀土元素的硬质合金,在加工高强度钢与超高强度钢时,可根据粗精加工及加工条件的差异来选择硬质合金牌号。而 TiC 基、Ti(CN)基硬质合金主要用于精加工和半精加工,涂层硬质合金则可用于精加工、半精加工及负荷较轻的粗加工。

拉膛线工序中过去都使用高速钢拉刀,近年试用硬质合金拉刀。因拉削速度很低,刀具要有很好的可靠性,不允许切削过程中崩刃,因此一般选用韧性较好的细晶粒或亚微细晶粒的K类硬质合金。图2.18给出了YG8与YM051、YM052拉膛线时的刀具磨损曲线,亚微细晶粒的耐磨性好。图2.19为YM051硬质合金与粉末冶金高速钢GF3拉膛线的$T-v_c$关系对比,GF3逊于硬质合金,但硬质合金拉刀的使用可靠性尚嫌不足。

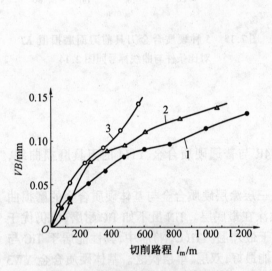
图2.18 拉膛线时的刀具磨损比较
1—YM051,2—YM052,3—YG8;
38CrNi3MoVA;$\gamma = 18°,\kappa_r = 90°$;
$v_c = 12$ m/min,$a_p = 6.2$ mm,$f_z = 0.025$ mm;
加硫化油

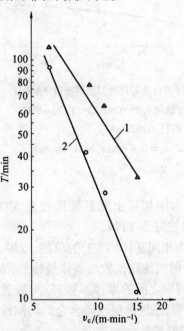
图2.19 YM051与GF3拉膛线的$T-v_c$关系
1—YM051,2—GF3;38CrNi3MoVA;
$\gamma_o = 18°,\kappa_r = 90°$,$a_p = 6.2$ mm,$f_z = 0.025$ mm;
$VB = 0.1$ mm;加硫化油

(5)陶瓷

陶瓷刀具在切削高强度钢与超高强度钢中可发挥较大作用,主要用于车削和平面铣削的精加工和半精加工,必须选用Al_2O_3系陶瓷,不能选用Si_3N_4系陶瓷。Al_2O_3系复合陶瓷的刀具使用寿命和生产效率高于硬质合金刀具。图2.20给出了它们的$T-v_c$关系,其关系式分别为

$$v_c = 270/T^{0.17} \quad (HDM-4)$$
$$v_c = 190/T^{0.26} \quad (YB415)$$

图2.21给出了$l_m = 1\ 000$ m时不同刀具材料车削60Si2MnA的$VB-v_c$曲线。可以看出,不同刀具材料都有VB_{min}所对应的切削速度v_c,该速度称临界切削速度。临界切削速度越高,刀具耐磨性越好。可见,复合陶瓷LT55和YW1+TiC涂层硬质合金的耐磨性最好,碳化钛基硬质合金YN05次之,添加TaC的YT30+TaC硬质合金又次之,再次为北方工具厂的YD05、YD10硬质合金,YT15的耐磨性最差。

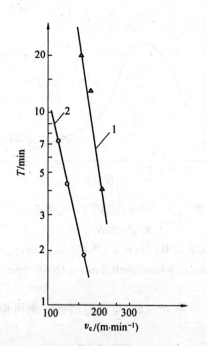
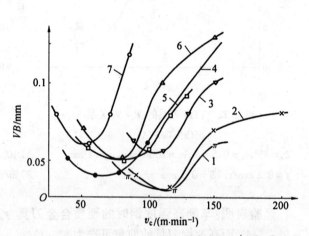

图 2.20 陶瓷 HPM-4 与涂层 YB415 切削 35CrMnSiA 的 T-v_c 关系
1—HDM-4,2—YB415；
$\gamma_o = 18°$, $\kappa_r = 45°$, $r_\varepsilon = 0.5$ mm；$a_p = 0.5$ mm, $f = 0.21$ mm/r；$VB = 0.15$ mm

图 2.21 $l_m = 1\,000$ m 时不同刀具的 VB 值
1—LT55,2—YW1+TiC(涂层),3—YN05,4—YT30+TaC,5—YD05,6—YD10,7—YT15；
60Si2MnA；$\gamma_o = 4°$, $\gamma_o = -4°$(LT55), $\kappa_r = 45°$, $r_\varepsilon = 0.8$ mm；$a_p = 0.5$ mm, $f = 0.2$ mm/r

(6) 超硬刀具材料

立方氮化硼(CBN)刀具可用于切削高强度与超高强度钢,但是效果不如切削淬硬钢那样显著。淬硬钢硬度可达 60 HRC 以上,用 CBN 刀具最适宜。高强度钢的硬度仅为 35~45 HRC,超高强度钢为 40~50 HRC。采用 CBN 刀具进行精加工的效果明显优于硬质合金与陶瓷刀具,但一般仅用于车刀、镗刀及面铣刀。

金刚石刀具则不能加工高强度钢与超高强度钢。

2. 选择刀具的合理几何参数

在刀具材料选定后,必须选择刀具的合理几何参数。切削高强度钢与超高强度钢时的刀具合理几何参数的选择原则与切削一般钢基本相同。由于被加工材料的强度与硬度高,故必须加强切削刃和刀尖部分,方可保证一定的刀具使用寿命。例如,前角应适当减小,刃区需磨出负倒棱,刀尖圆弧半径要适当加大。

在车削超高强度钢 36CrNi4MoVA 时,刀具使用寿命随前角的改变而变化。前角过大或过小,均使刀具使用寿命降低。图 2.22 和图 2.23 分别为用 YT14 和 YD10 车刀使用寿命 T 与刀具前角 γ_o 的关系曲线,可见,$\gamma_o = -4°$ 时刀具使用寿命 T 最长。

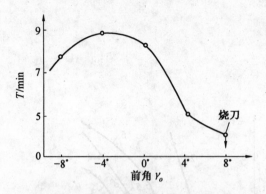

图 2.22 YT14 刀具的 $T-\gamma_o$ 关系

36CrNi4MoVA;

$\kappa_r = 45°, r_\varepsilon = 0.5$ mm; $v_c = 80$ m/min, $a_p = 1$ mm, $f = 0.2$ mm/r; $VB = 0.3$ mm

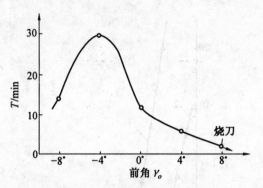

图 2.23 YD10 刀具的 $T-\gamma_o$ 关系

36CrNi4MoVA;

YD10(北方工具厂); $\kappa_r = 45°, r_\varepsilon = 0.5$ mm; $v_c = 80$ m/min, $a_p = 1$ mm, $f = 0.2$ mm/r; $VB = 0.3$ mm

经验表明:车削高强度钢时的硬质合金刀具 γ_o 可取 $4° \sim 6°$,车削超高强度钢可取为 $-2° \sim -4°$,而高速钢刀具的前角可选为 $8° \sim 12°$。

一般在切削刃附近需磨出负倒棱,倒棱前角 $\gamma_{o1} = -5° \sim -15°$,倒棱宽度 $b_{\gamma1} = (0.5 \sim 1)f$。当 $b_{\gamma1}$ 不超过进给量 f 时,既可明显地加强切削刃,又不致过分增大切削力。

后角 α_o、主偏角 κ_r、副偏角 κ'_r 及刃倾角 λ_s 的选择原则和数值均与加工一般钢相同。

刀尖圆弧半径应 r_ε 比加工一般钢时略大,以加强刀尖。精加工时可取 $r_\varepsilon = 0.5 \sim 0.8$ mm;粗加工时可取 $r_\varepsilon = 1 \sim 2$ mm。

3. 选择合理的切削用量

在加工高强度钢与超高强度钢时,切削深度、进给量和切削速度的选择原则与加工一般钢基本相同,但切削速度必须降低,方能保证必要的刀具使用寿命。如前所述,若刀具使用寿命不变,加工高强度钢时的切削速度应降低 50%,加工超高强度钢时应降低 70%。

2.2 淬 硬 钢

2.2.1 概 述

淬硬钢的切削加工通常是指淬火后具有马氏体组织、硬度大于 50 HRC 的耐磨零件或工模具的切削加工,在难加工材料和难加工工序中占有相当大的比重。淬硬钢传统的加工方法是磨削,但磨削效率低。近些年来,由于高硬刀具材料的出现,以车代磨的加工技术逐渐发展起来,特别是对于那些淬硬的回转零件,可在不降低硬度,保证加工质量的前提下,减少工序,大大提高生产效率。比如螺纹环规淬火后的螺纹精磨,传统方法是车后留研磨余量,淬火后手工研磨,大于 M8 mm 的螺纹可用螺纹磨床加工。前者劳动强度大、生产效率低,质量也难于保证。用螺纹磨床加工,虽能保证质量,但生产效率不高,设备投资较多,生产中急需解决这样的难题。

据报导,生产中已有很多淬硬钢零件或工模具淬火后采用以车代磨(见表 2.4)。现在,淬硬齿轮齿面的精加工已采用硬质合金滚刀代替原来的磨齿加工，淬硬后的螺旋伞齿轮齿面精加工国外已采用立方氮化硼(CBN)铣刀盘加工获得成功。

还有调质钢(50HRC左右)的小孔火后攻丝，由于强度高、硬度也较高，高速钢丝锥根本不能胜任，可采用TiN、TiCN/WS$_2$涂层丝锥或用振动攻丝解决。

表 2.4 以车代磨加工淬硬钢实例

加工工件尺寸 /mm	工件材料	切削用量 v_c/(m·min^{-1})	f/(mm·r^{-1})	a_p/mm	效果	刀片牌号
M90×1.5 环规	CrWMn 60~63 HRC	20~30	1.5 (螺距P)	0.3~0.8	尺寸精度合格，表面粗糙度为 Ra0.8 μm	YG726
M8×2 塞规	T10A 58 HRC	31.4	2 (螺距P)	0.1	完全达到磨削各项技术要求	YG767
外径 φ460 内孔 φ380×22	GCr15 60~62 HRC	20.2	0.24	0.4~0.5	能连续车削20件，T = 90 min	YM052
φ96×100 车外圆	38CrMoAl 氮化层1.5mm 68 HRC	32.5~41	0.2	0.2~1.0	比磨削提高效率2倍	YT05
外径 φ300 内孔 φ150×60	5CrW2Si 59~60 HRC	56	0.15	0.3	比磨削提高效率8倍	YG600
20×20×200 方刀杆车圆	W6Mo5Cr4V2Al 68 HRC	5.9	0.1~0.2	1.0	车圆后再车螺纹，加工顺利	YG610
车螺杆外圆 φ34×80	45钢淬火 42 HRC	128	0.15	0.5	T比YT类提高5倍	YG610

2.2.2 淬硬钢的切削加工特点

生产中淬硬钢的切削多为半精加工和精加工，归纳有以下特点。

1. 硬度高与强度高

淬火硬度达55~60 HRC时，强度达2 110~2 600 MPa，几乎无塑性。

2. 切削力大

切淬硬钢时单位切削力 k_c 达4 500 MPa左右，背向力 F_p 大于主切削力 F_c，易引起振动。

3. 刀-屑接触长度短，导热系数小

淬硬钢的导热系数仅为正火45钢的1/10，切削温度高且集中切削刃附近，刀具易崩刃破损，磨损剧烈，刀具使用寿命低。

4. 切屑呈带状性脆易断

淬硬钢的切屑呈带状，性脆易断，一般不产生积屑瘤，能获得较小的表面粗糙度值。

2.2.3 淬硬钢的切削加工途径

1. 刀具材料的选择

根据淬硬钢的切削加工特点,宜选用耐热性好、耐磨、导热性能好的硬质合金作为刀具材料,一般以含 TaC(NbC) 的 K 类和 M 类硬质合金为好,如 YG600、YG767、YW1、YW2、YW3 等牌号。硬度低于 50HRC 的淬硬钢可选用 YN05、YN10 牌号,高于 50HRC 的可选用 YM051、YM052、YM053 超细晶粒及 YT05 牌号硬质合金。不含 TaC(NbC) 的某些牌号硬质合金只宜在较低速度下选用,且配以适当的刀具几何参数。所用硬质合金的性能如表 1.11 所示。

一般地讲,各种热压(HP)陶瓷刀片均可切削淬硬钢,但化学成分不同其效果不同,且陶瓷刀片与淬硬钢也不应有相同的化学成分或亲和力大的元素,否则会加速陶瓷刀片的磨损。图 2.24 给出了 LT55(Al_2O_3 + TiC + 金属) 和 SG - 4(Al_2O_3 + 碳化物) 切削淬硬钢 T10A 的刀具磨损曲线,可见 SG - 4 的耐磨性好于 LT55。图 2.25 给出了 4 种陶瓷刀具切削 4Cr5MoVSi(51 HRC) 时的磨损曲线,纯 Al_2O_3 和 Al_2O_3 + ZrO_2 陶瓷刀具磨损严重,容易崩刃,其余 2 种陶瓷刀具磨损均匀,耐磨性较好。

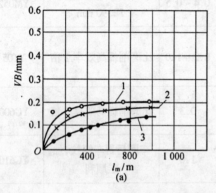
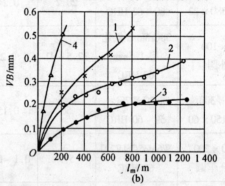

图 2.24 切削 T10A(58 ~ 65 HRC) 的刀具磨损曲线

$\gamma_o = -10°, a_o = 10°, \lambda_s = -10°, \kappa_r = 45°, r_\varepsilon = 0.2\ mm \sim 0.3\ mm,$

$b_{\gamma 1} = 0.2\ mm, \gamma_{o1} = -30°; a_p = 0.5\ mm, f = 0.08\ mm/r$

(a) $v_c = 55\ m/min; 1$—YT05,2—LT55,3—SG - 4

(b) $v_c = 95\ m/min; 1$—YT05,2—LT55,3—SG - 4,4—YW1

为方便选择陶瓷刀片,表 2.5 给出了国产陶瓷刀片的牌号及主要性能。

工业发达国家的陶瓷材料刀具品种多、性能稳定,刀片成形精度及刃口质量好,在整个刀具材料中所占比重逐年增大。如在 1955 ~ 1983 年期间,苏联陶瓷刀具产量增加了 10 多倍,约占当时切削刀具的 15% ~ 20%;美国目前陶瓷刀具约占切削刀具的 2% ~ 3%,其使用范围及需求量正逐渐扩大;德国的陶瓷刀具占切削刀具的 8%,个别汽车制造厂约占 40%;日本目前陶瓷刀片约占各类刀具的 2% ~ 3%,近几年生产量增长很快。

现在工业发达国家的汽车制造行业已广泛使用陶瓷刀片,而且还在研究性能更好的新牌号陶瓷材料。如美国和日本等国已研制成功加入 WC 的黑色陶瓷,断裂韧性大约提高 30%;德国 Hertel 公司生产的 MC_2 高密度混合陶瓷,切削刃强度高,宜于加工淬硬钢,可与 CBN 媲美;日本研制的在 Si_3N_4 表面涂覆 Al_2O_3 的新陶瓷 SP_4,大大改善了耐磨性;近几年美、英等国研制的称之为赛龙(Sialon)的新陶瓷刀具材料,有很好的抗冲击性能和高的断裂韧性,可成功用来切削淬硬钢等。

表 2.5 国产陶瓷刀具材料牌号和主要性能

研制单位	商品牌号	主要成分	制造方法	颜色	平均晶粒尺寸 /μm	ρ /(g·cm^{-3})	HRA	σ_{bb} /MPa	σ_{bc} /MPa	备注
上海冶金陶瓷研究所 南京电瓷厂	G5M	Al$_2$O$_3$	C.P	白	5.0	3.79	90.8	200~300	2 000~3 200	1956年
成都工具研究所	TRP1(AM,AMF)	Al$_2$O$_3$	C.P	深灰	2~3	≥3.95	(HRN15)	500~550		20世纪60年代中期
	TRM16(T8)	Al$_2$O$_3$+TiC	H.P	黑	<1.5	4.5	≥97	700~850		1979年
	TRMM4	Al$_2$O$_3$+TiC+金属	H.P	黑			96.5~97	800~900		
	TRMM5(T1)	Al$_2$O$_3$+TiC+金属	H.P	黑	<1.5	4.65	≥96.5	900~1 150		1979年
	TRMM6	Al$_2$O$_3$+TiC+金属	H.P	黑			≥96.5	800~950		
	TRMM8-1	Al$_2$O$_3$+碳化物+金属	H.P	黑			≥96.5	800~1 050		1982年
山东工业大学	LT35	Al$_2$O$_3$+TiC+(Mo,Ni)	H.P	黑	<1	4.75~4.78	93.5~94.5	≥900		1981年
	LT55	Al$_2$O$_3$+TiC+(Mo,Ni)	H.P	黑	<1	≥4.96	93.7~94.8	≥1 000		
	SG-4	Al$_2$O$_3$+碳化物(W,Ti)C	H.P	黑	≤0.5	≥6.65	94.7~95.3	≥900		1981年
	SG-3	Al$_2$O$_3$+碳化物(W,Ti)C	H.P	黑	<1	5.55	94.5~94.8	825		1981年
	SG-5	Al$_2$O$_3$+碳化物(SiC)	H.P	黑			94	700		1982年
济南冶研研究所 山东工业大学	AT6	Al$_2$O$_3$+TiC	H.P	黑	<1	4.75~4.78	93.5~94.5	≥900		1981年
上海硅酸盐研究所	SM	Si$_3$N$_4$	H.P	灰黑		3.14	91~93	600~800		1977年
清华大学		Si$_3$N$_4$+TiC+Co	H.P	灰黑		3.41	93.6	740~760		1981年
冷水江陶瓷工具厂，中南工业大学	AC2	Al$_2$O$_3$+碳化物	H.P	黑	≤1.5	4.50	93.5~95	800		1983年

近年来,立方氮化硼/硬质合金复合片 PCBN 也用来切削淬硬钢。PCBN 的耐热性更好,比陶瓷刀具硬且耐磨,允许的切削速度更高,可获得更好的表面质量。但 PCBN 中 CBN 的含量、CBN 颗粒的大小、结合剂的种类、掺杂物及合成条件等对刀片性能有很大影响,故不同厂家生产的 PCBN 对淬硬钢等表现出的切削性能会有不小差异,选用时必须注意。据资料介绍,CBN 体积分数为 40%～60% 时适于切削淬硬钢,为 85%～95% 时适于切削高温合金和硬质合金等粉末冶金制品。常用的结合剂有陶瓷 Al_2O_3、TiC、AlN、Co 及 Ni-Ti 合金等。目前 PCBN 的价格较高,选用时必须做全面的经济核算,综合考虑。

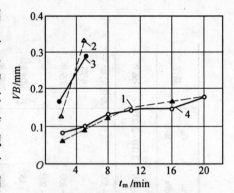

图 2.25 不同陶瓷刀具车削淬硬钢 SKD61(4Cr5MoVSi)时的磨损曲线
1—Al_2O_3 + TiC,2—Al_2O_3 + ZrO_2,3—纯 Al_2O_3,4—Al_2O_3 + Zr 组合化合物;可转位陶瓷刀片 SNP432;v_c = 100 m/min,a_p = 0.5 mm,f = 0.106 mm/r

2. 刀具合理几何参数的选择

因淬硬钢的硬度、强度均很高,为加强刃口,应选择负前角,且不同刀具材料应有不同的前角合理值 γ_{opt}。据资料介绍,YW1 的 γ_{opt} = 0°～-5°,YG643 的 γ_{opt} = -5°,SG-4 的 γ_{opt} = -5°～-10°,PCBN 的 γ_{opt} = 0°～-10°。

同理,也应取较小后角值 α_{opt}。但切削淬硬钢为精加工时,后角值可稍大些,以减小后刀面磨损,如,YW1 的 α_{opt} = 5°～10°,YG643M 的 α_{opt} = 10°～15°,SG-4 的 α_{opt} = 5°～10°,PCBN 的 α_{opt} = 6°～8°。

为减小切削刃单位长度的负荷,改善散热条件,减少崩刃,提高刀具使用寿命,宜选用较小主偏角。切削淬硬钢时,κ_{opt} = 10°～30°;机床刚度不足时,κ_{opt} = 45°～60°;特殊情况也可取 κ_{opt} = 75°。

为避免切削过程中的振动,宜选用较小负值刃倾角,一般 λ_{opt} 为 -6°,精加工时取得更小些。一般 r_ε = 0.5 mm,不产生振动条件下的 r_ε 可适当加大。

对于陶瓷刀片和 PCBN 刀片,刃口应有负倒棱,γ_{o1} = -20°～-30°,$b_{\gamma 1}$ = 0.2～0.3 mm;端铣淬硬钢时,γ_{opt} = 0°～-5°,α_{opt} = 5°～6°。

从合理的 κ_{opt} 和 κ'_{opt} 出发,可选用正六边形刀片,以充分发挥可转位刀片的优越性。

3. 合理切削用量的选择

由切削原理知,切削用量的确定要受刀具使用寿命的限制。陶瓷材料可转位刀片所取使用寿命比硬质合金刀片要低些,常取 T = 30～60 min。精加工时保证加工质量是首位的,然后才是生产效率和成本。半精加工和粗加工则相反。

进给量 f 应保证表面粗糙度的要求,精车时尽量取小的 f。

切削深度 a_p 的选择应保证精加工和半精加工时尽可能少的走刀次数,一般 a_p < 0.5 mm。

在确定切削速度时,要注意进给量对刀具破损的影响比切削速度影响大的特点,陶瓷刀具要选用较小进给量和尽可能高的切削速度,这样才能充分发挥陶瓷刀具的切削性能。

据资料介绍,用硬质合金刀具切削淬硬钢时,v_c = 40～75 m/min,f = 0.05～0.25 mm/r,a_p = 0.05～0.3 mm/r;用陶瓷刀具时,v_c = 70～170 m/min,f = 0.05～0.3 mm/r,a_p = 0.1～0.5 mm;用 PCBN 刀具时,v_c = 80～180 m/min,f = 0.05～0.25 mm/r,a_p = 0.1～0.5 mm。但在实际生产中,v_c、f、a_p 的选择必须合理组合。

陶瓷刀具切削淬硬钢的合理几何参数与切削用量可参见表 2.6。

表 2.6 陶瓷刀具切削淬硬钢的合理几何参数与切削用量举例

陶瓷刀片	工件材料	加工方式	刀具几何参数							切削用量			备注
			$\gamma_o/(°)$	$a_o/(°)$	$\kappa_r/(°)$	$\lambda_s/(°)$	$b_{\gamma 1} \times \gamma_{o1}/[mm \cdot (°)]$	r_ε /mm	v_c /(m·min^{-1})	f /(mm·r^{-1})	a_p/mm	
LT35	50SiMnMoV (330~380HBW)	车	-5	5	75	-5	—	—	70~120	0.2~0.3	0.1~0.5	—
SG-4	20CrMnMo (58~63HRC)	车	-10	10	75	-10	—	—	100~200	0.08~0.13	0.05~0.30	—
SG-4	T10A (60~62HRC)	车	-5	10	90	-5	—	—	170	0.088	0.5	—
			-10	10	45	-10	(0.2~0.3) × (-30)	0.2~0.3				
AC2	Cr12MoV (62HRC)	车外圆	-6	6 $a'_o=6$	45 $\kappa'_r=45$	—	0.8 × (-12)	0.8	141	0.11	0.30	端面有宽9mm槽
		断续车端面	-20	10 $a'_o=12$	45	-6	1.5 × (-12)	1.5	52.5~58.5	0.092	0.30	
SG-4	W18Cr4V (62HRC)	车外圆	-10	10	45°	-10	0.3 × (-30)	圆弧	70	0.07	1.0	—
SG-4	CrWMn(62HRC) 三槽花键轴	断续车削	-10	10	45	-10	0.179 × (-23.5)	圆弧	41	0.08	0.2	—
LT55	Cr12MoV (62HRC)	车	-5	5	45	-5	0.2	圆弧	69	0.1	0.1	—
			12	12	45	—	0.3			0.14	0.03	
复合 Si$_3$N$_4$	Cr12(58~62HRC)	车	4~14	3~7	20~75	-5~-12	(0.1~0.3) × (-14~-20)	—	50~54	0.056~0.2	0.1~1.0	—
	镍基合金		$\gamma_p=$ $\gamma_f=-5°$									
SG-4	T10A (58~65HRC)	端铣	6	6	75	—	(0.15~0.25) × (-15~-25)	对称双折线刀尖	19	0.14	0.2	—
									90~110	$f_z=0.05~0.08$	0.30~0.40	

续表 2.6

陶瓷刀片	工件材料	加工方式	刀具几何参数							切削用量			备注
			$\gamma_o/(°)$	$\alpha_o/(°)$	$\kappa_r/(°)$	$\lambda_s/(°)$	$b_{\gamma 1}\times\gamma_{o1}/[mm\cdot(°)]$	r_ε/mm	v_c/(m·min^{-1})	f/(mm·r^{-1})	a_p/mm	
TRM16	冷硬铸铁(60~70HS)	车	—	8	75	−3	0.8×(−15~−20)	1.5~2.0	58	0.27	2.9	—
NPC−A$_2$(日本)	冷硬铸铁(60~70HS)	车	—	8	75	−5~−7	(0.4~0.5)×(−15~−20)	1.0	52	0.27	3.0	—
BoK−60(苏)	白口铁(62HRC)	车	−5	6	45	—	0.2×(−20)	—	30	0.32	1.6	—
TRM16	冷硬铸铁(68~75HS)	粗车	−8	4~5	3~4	—	—	0	25	0.54~1.8	1.2~2.7	—
		精车	−8	8	1°30′	0	2×(−2)	宽刃大圆弧	18~41	2.8~4.2	0.05~0.65	—
组合 Si$_3$N$_4$	冷硬铸铁(70~72HS)	粗车	−14	6	30	−5	(0.1~0.3)×(−14~−20)	0.1	55	2.6	3.75	—
		精车							34	1.2	0.2	—
NPC−A$_2$(日本)	高Ni−Cr铸铁(50~70HS)	端铣	$\gamma_p=-5$ $\gamma_f=-7$	—	90	—	0.15×(−30)	对称双折线或圆弧	400	$a_f=0.07$	2~3	—
AT6	硬Ni 号铸铁(550HBW)	车	−18	8	60 $\kappa_r'=12$	−10	0.1×(−30)	0.2	40~70	0.09~0.12	1.5~2.5	—

2.3 不锈钢

2.3.1 概述

加入较多铬(Cr)、镍(Ni)、钼(Mo)、钛(Ti)等元素,使其具有耐腐蚀性能并在较高温度(>450 ℃)下具有较高强度的合金钢称不锈钢。通常 Cr 的质量分数为 10%~12%间或 Ni 的质量分数大于 8%。不锈钢广泛地应用于航空、航天、化工、石油、建筑、食品工业及医疗器械中。

不锈钢可按组织结构分类如下。

(1)铁素体不锈钢

铁素体不锈钢的基体组织为铁素体,Cr 的质量分数为 12%~30%。

(2)马氏体不锈钢

马氏体不锈钢的基体组织为马氏体,Ni 的质量分数为 12%~17%。

(3)奥氏体不锈钢

奥氏体不锈钢的基体组织为奥氏体,Cr 的质量分数为 12%~25%,Ni 的质量分数为 7%~20%或更高。

(4)奥氏体–铁素体不锈钢

这类不锈钢与奥氏体不锈钢相似,只是在组织中还含有一定量的铁素体及高硬度的金属间化合物析出,有弥散硬化倾向,其强度高于奥氏体不锈钢,但有磁性。

(5)沉淀硬化不锈钢

这类不锈钢含 C 量很低,含 Cr、Ni 量较高,具有更好的耐腐蚀性能;含有起沉淀硬化作用的 Ti、Al、Mo 等元素,回火时(500 ℃)能时效析出,产生沉淀硬化,具有很高的硬度和强度。

常用部分不锈钢的牌号与性能及用途见表 2.7。

表 2.7 部分不锈钢的牌号与性能及用途

不锈钢类型	牌号	力学性能					退火或高温回火状态 HBS	用途
		σ_b /MPa	$\sigma_s(\sigma_{0.2})$ /MPa	δ/%	Ψ/%	HBS		
马氏体不锈钢	1Cr12	≥588	≥392	≥25	≥55	≥170	≤200	可作为汽轮机叶片及高应力部件,是良好的耐热不锈钢,有棒材、板材与带材
	1Cr13	≥540	≥343	≥25	≥55	≥159	≤200	具有良好的耐蚀性、可加工性,作一般用途及量具类,有棒材、板材与带材
	1Cr13Mo	≥686	≥490	≥20	≥60	≥192	≤200	用作汽轮机叶片及高温部件,耐蚀性及强度高于1Cr13,有棒材等

续表 2.7

不锈钢类型	牌号	力学性能					退火或高温回火状态 HBS	用 途
		σ_b /MPa	$\sigma_s(\sigma_{0.2})$ /MPa	δ/%	Ψ/%	HBS		
马氏体不锈钢	Y1Cr13	≥540	≥343	≥25	≥55	≥159	≤200	自动车床用,是不锈钢中切削加工性最好的钢种,有棒材
	2Cr13	≥638	≥441	≥20	≥50	≥192	≤223	用作汽轮机叶片,淬火状态下硬度高、耐蚀性好,有棒材、板材与带材
	3Cr13	≥735	≥539	≥12	≥40	≥217	≤235	用作工具、喷嘴、阀座、阀门等,淬火后硬度高于2Cr13,有棒材、板材与带材
	Y3Cr13	≥735	≥539	≥12	≥40	≥217	≤235	为改善3Cr13切削性能的钢种,有棒材
	1Cr17Ni2	≥1 079	—	≥10	—	—	≤285	用作具有较高强度的耐硝酸及有机酸腐蚀的零件、容器和设备,有棒材等
铁素体不锈钢	0Cr13Al	≥412	≥177	≥20	≥60	≥183	—	用作汽轮机材料、淬火用部件、复合钢材等,从高温下冷却不产生显著硬化,有棒材、板材与带材
	00Cr12	≥363	≥196	≥22	≥60	≥183	—	用作汽车排气处理装置、锅炉燃烧室与喷嘴等,加工性及耐高温氧化性能好,有棒材、板材与带材
	1Cr17	≥451	≥206	≥22	≥50	≥183	—	用作建筑内装饰、重油燃烧器部件、家庭用具及家用电器部件,耐蚀性良好,有棒材、板材与带材
	Y1Cr17	≥451	≥206	≥22	≥50	≥183	—	用作自动车床、螺帽螺栓等,切削加工性优于1Cr17,有棒材等
	1Cr17Mo	≥451	≥206	≥22	≥60	≥183	—	用作汽车外装材料,抗盐腐蚀性比1Cr17好,有棒材、板材与带材

续表 2.7

不锈钢类型	牌号	力学性能					退火或高温回火状态 HBS	用　途
		σ_b /MPa	$\sigma_s(\sigma_{0.2})$ /MPa	δ/%	Ψ/%	HBS		
铁素体不锈钢	00Cr30Mo2	≥451	≥294	≥20	≥45	≥228	—	用作与醋酸、乳酸等有机酸有关的设备,苛性碱设备,耐卤离子应力腐蚀、耐点蚀;防公害机器的高 Cr–Mo 系,C、N 极低,耐蚀性很好。有棒材、板材与带材
	00Cr27Mo	≥412	≥245	≥20	≥45	≥219	—	用途及性能与 00Cr30Mo2 相似,有棒材、板材与带材
奥氏体不锈钢	1Cr17Mn6Ni5N	≥520	≥275	≥40	≥45	≤241	—	代替 1Cr17Ni7 的节 Ni 钢种,冷加工后具有磁性,用作铁道车辆,有棒材、冷轧钢板、钢带、热轧钢带与钢板等
	1Cr18Mn8Ni5N	≥520	≥275	≥40	≥45	≤207	—	代替 1Cr18Ni9 的节 Ni 钢种,有棒材、冷热轧钢带与钢板等
	1Cr17Ni7	≥520	≥206	≥40	≥60	≤187	—	用于铁道车辆、传送带及螺栓螺母,冷加工后有高强度,有冷轧钢板、钢带、热轧钢板与棒材
	1Cr18Ni9	≥520	≥206	≥40	≥60	≤187	—	建筑用装饰部件,冷加工后有高强度,有棒材、冷轧钢板、钢带,热轧钢板、钢带与钢丝等
	Y1Cr18Ni9	≥520	≥206	≥40	≥50	≤187	—	适用于自动车床、螺栓螺母,切削性能及耐烧蚀性好,有棒材
	Y1Cr18Ni9Se	≥520	≥206	≥40	≥50	≤187	—	同 Y1Cr18Ni9
	0Cr19Ni9	≥502	≥206	≥40	≥60	≤187	—	作为不锈耐热钢使用最广泛,用于食品工业、一般化工设备、原子能工业,有棒材、钢板与钢带
	00Cr19Ni11	≥481	≥177	≥40	≥60	≤187	—	用于焊接后不进行热处理的部件,耐晶间腐蚀性好,有棒材、钢板与钢带

续表 2.7

不锈钢类型	牌号	力学性能 σ_b/MPa	$\sigma_s(\sigma_{0.2})$/MPa	δ/%	Ψ/%	HBS	退火或高温回火状态 HBS	用途
奥氏体不锈钢	0Cr18Ni12Mo2Ti	≥520	≥206	≥40	≥55	≤187	—	用作抗硫酸、磷酸、蚁酸、醋酸的设备,有良好的耐晶间腐蚀性,有棒材
	0Cr18Ni16Mo5	≥481	≥177	≥40	≥45	≤187	—	制作吸取含氯离子溶液的热交换器(醋酸、磷酸)设备、漂白装置等,有棒材、板材与带材
	1Cr18Ni9Ti	≥520	≥206	≥40	≥50	≤187	—	用作焊芯、抗磁仪表、医疗器械、耐酸容器及设备的衬里、输送管道等设备和零件
	0Cr18Ni13Si4	≥520	≥206	≥40	≥60	≤207	—	添加 Si 可提高耐应力腐蚀及抗断裂性能,用于含氯离子的环境,有棒材、板材与带材
奥氏体+铁素体不锈钢	0Cr26Ni5Mo2	≥589	≥392	≥18	≥40	≤277	—	作耐海水腐蚀用,抗氧化性、耐点蚀性好,具有高的强度,有棒材、板材与带材
	1Cr18Ni11Si4AlTi	≥716	≥441	≥25	≥40	—	—	作抗高温浓硝酸介质的零件和设备,有棒材
	00Cr18Ni5Mo3Si2	≥589	≥392	≥20	≥40	—	—	适于含氯离子的环境,用于炼油、化肥、造纸及石油化工等工业热交换器和冷凝器等,耐应力腐蚀性能好,有棒材等
	1Cr21Ni5Ti	≥589	≥343	≥20	≥40	—	—	用作化学、食品工业耐酸蚀的容器和设备,有棒材等
	0Cr17Mn13Mo2N	≥736	≥441	≥30	≥55	—	—	作抗尿素腐蚀设备
沉淀硬化不锈钢	0Cr17Ni4CuNb	≥1 315	≥1177	≥10	≥40	≥375	—	添加 Cu 的沉淀硬化钢种,用作轴类与汽轮机部件,有棒材
	1Cr17Ni7Al	≥1 138	≥961	≥5	≥25	≥363	—	添加 Al 的沉淀硬化钢种,用作轴类与汽轮机部件,有棒材
	0Cr15Ni7Mo2Al	≥1 324	≥1 207	≥6	≥20	≥388	—	用于有一定耐蚀要求的高强度容器、零件及结构件,有棒材

2.3.2 不锈钢的切削加工特点

1. 切削加工性差

45钢(正火)的切削加工性 $K_v = 1.0$，马氏体不锈钢2Cr13的 $K_v = 0.55$，铁素体不锈钢1Cr28的 $K_v = 0.48$，奥氏体不锈钢1Cr18Ni9Ti的 $K_v = 0.4$，奥氏体-铁素体不锈钢的 K_v 更小。

2. 切削变形大

不锈钢的塑性大多都较大(奥氏体不锈钢的 $\delta \geq 40\%$)，合金中奥氏体固溶体的晶格滑移系数多，塑性变形大，切削变形系数 Λ_h 大。

3. 加工硬化严重

除马氏体不锈钢外，1Cr18Ni9Ti为例，由于奥氏体不锈钢的塑性变形大，晶格产生严重扭曲(位错)使其强化；在应力和高温作用下，不稳定的奥氏体将部分转变为马氏体，强化相也会从固溶体中分解出来呈弥散分布；加之化合物分解后的弥散分布都会导致加工表面的强化、硬度提高。切削加工后，不锈钢的加工硬化程度可达 240%～320%，硬化层深度可达 $1/3 a_p$，严重影响下道工序加工。试验表明，切削用量和刀具的前后角、刀具磨损都对加工硬化有影响，如图2.26和图2.27所示。

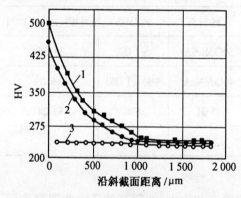

图2.26 车削 1Cr18Ni9Ti 的加工硬化
1—1Cr18Ni9Ti，2—40Cr，3—1Cr18Ni9Ti(退火)；
YG8；$v_c = 90$ m/min，$f = 0.5$ mm/r，$a_p = 4$ mm；
$\gamma_o = 10°$，$\alpha_o = 10°$，$\kappa_r = 45°$，$\kappa_r' = 15°$，$\lambda_s = 0$，
$r_\varepsilon = 1.0$ mm

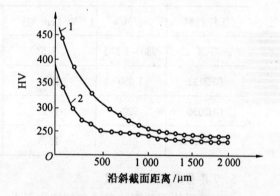

图2.27 a_p 与 f 对加工硬化的影响
1—$a_p = 4$ mm，$f = 0.5$ mm/r，
2—$a_p = 0.5$ mm，$f = 0.1$ mm/r；
其余同图2.26

3. 切削力大

切削不锈钢时，切削力约比中碳钢大25%以上。切削温度越高，切削力越比切中碳钢大得多，因为高温下不锈钢的强度降低较少。如500℃时，1Cr18Ni9Ti的 σ_b 约为500 MPa，而此时45钢的 σ_b 只有68 MPa，约比室温降低80%(见图2.28)。

4. 切削温度高

由于不锈钢的塑性较大，切削力较大，消耗功率多，生成热量多，而导热系数又较小，只为45钢的1/3(见表2.8)，故切削温度比切45钢要高(见图2.29)。

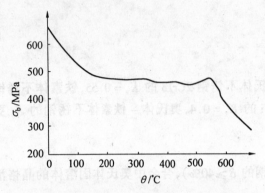

图 2.28 不锈钢 1Cr18Ni9Ti 的 $\sigma_b - \theta$ 关系

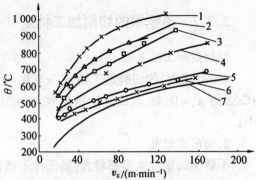

图 2.29 几种工件材料的切削温度

1—TC4/YG8,2—GH2132/YG8,3—GH2036/YG8,
4—1Cr18Ni9Ti/YG8,5—30CrMnSiA/YT15,
6—40CrNiMoA/YT15,7—45 钢/YT15;
$\gamma_o = 12°, \alpha_0 = 8°, \kappa_r = 75°, \kappa'_r = 15°, \lambda_s = -3°, r_\varepsilon = 0.5$ mm; $a_p = 2$ mm, $f = 0.15$ mm/r;干切

表 2.8 几种工件材料的强度 σ_b 和导热系数 k

工件材料	σ_b/MPa	$k/[\mathrm{W}\cdot(\mathrm{m}\cdot\mathrm{℃})^{-1}]$	工件材料	σ_b/MPa	$k/[\mathrm{W}\cdot(\mathrm{m}\cdot\mathrm{℃})^{-1}]$
TC4	980~1 370	7.5	30CrMnSiA	≥1 080	39.36
GH2132	1 050	13.4	40CrNiMoA	980~1 080	46.0
GH2036	920	17.2	45 钢	598	50.24
1Cr18Ni9Ti	610	16.3			

5. 刀具易产生粘结磨损

由于奥氏体不锈钢的塑性和韧性均很大,化学亲和力大,在很高的压力和温度作用下,容易熔着粘附,进而产生积屑瘤,造成刀具过快磨损;切屑不易卷曲和折断,影响切削的正常进行,容易引起刀具损坏。

6. 尺寸精度和表面质量不易保证

由于奥氏体不锈钢的热胀系数 α 比 45 钢大 60%,导热系数又小,切削热会使工件局部热胀引起尺寸变化,尺寸精度难以保证;由于刀-屑、刀-加工表面间的粘结及积屑瘤和加工硬化的产生,加工表面质量很难保证。

2.3.3 不锈钢的车削加工

不锈钢的车削加工占其全部切削加工的绝大多数,要有效地进行车削加工,必须正确选择刀具材料,这是解决能否进行切削加工的问题,然后才是选择刀具的合理几何参数、合理切削用量及性能好的切削液等。

1. 正确选择刀具材料

不锈钢的种类很多,其组成元素及金相组织有很大差别,有的含有化学亲和性强的元素,有的不含有,故在选择硬质合金时,必须区别选择。

含 Ti 的不锈钢应选用 K 类硬质合金(YG3X、YG6、YG6X、YG6A、YG8、YG8N),其他类不锈钢可选用 M 类硬质合金,马氏体不锈钢(2Cr13)热处理后选用 P 类效果较好。

近些年来,已采用 YM051(YH1)、YM052(YH2)、YD15(YGRM)、YG643 及 YG813 等新牌号亚微细晶粒硬质合金切削,收到了很好效果。如用 YG813 车削 1Cr18Ni9Ti,生产效率和刀具使用寿命比用普通硬质合金提高了 2~3 倍。

2. 选择刀具的合理几何参数

(1) 前角及卷屑槽的选择

切削塑性变形较大的不锈钢时,为了减小切削变形系数和切削力、降低切削温度及减少加工硬化,应在保证切削刃强度的前提下,尽量选择较大前角,其值随不锈钢种类和工件刚度而异。切削铁素体和奥氏体不锈钢、硬度较低不锈钢及薄壁或直径较小不锈钢工件时,前角应取大些;工件直径较大时前角取小些。

前角的推荐值:粗加工 $\gamma_o = 10° \sim 15°$(见图 2.30);半精加工 $\gamma_o = 15° \sim 20°$;精加工 $\gamma_o = 20° \sim 30°$。

为了防止前角增大而削弱切削刃的强度,可采用图 2.31 所示的卷屑槽,其特点在于卷屑槽弧面上各处的前角不同,前端 A 点处 γ_o 最大,向后依次减小。此时 γ_o 与卷屑槽宽度 b、槽弧半径 r_{Bn} 有如下关系

$$\sin\gamma_o = \frac{b}{2r_{Bn}}$$

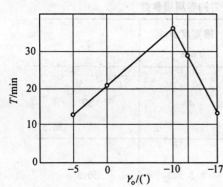
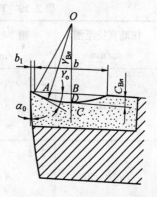

图 2.30 车削 1Cr18Ni9Ti 的 $T - \gamma_o$ 关系   图 2.31 车削不锈钢的卷屑槽
YG8;$v_c = 94$ m/min, $a_p = 2$ mm, $f = 0.3$ mm/r

表 2.9、表 2.10 和表 2.11 分别给出了 YG8 车刀、镗刀及切断刀切削不锈钢时卷屑槽的各参数尺寸。

表 2.9　YG8 不锈钢车刀的卷屑槽参数

工件直径 d_w/mm	槽半径 r_{Bn}/mm	槽宽度 b/mm	γ_o	$b_{\gamma1}$/mm
<20	1.5	2	42°	
	2.5	3	37°	
>20~40	3	3	30°	精车：0.05~0.10 粗车：0.10~0.20
		3.5		
		4		
>40~80	4	4	30°	
		4.5		
		5		
>80~200	5.5	5	27°	精车：0.10~0.20 粗车：0.15~0.30
	6	5.5	27°	
	6.5	6	27°30′	
>200	6.5	6		
	7	6.5	27°30′	
	7.5	7		

表 2.10　YG8 不锈钢切断刀的卷屑槽参数

切断直径范围 d_w/mm	槽半径 r_{Bn}/mm	槽宽度 b/mm	γ_o
≤20	2.5	3	37°
	3.2	4	39°
	4.2	5	36.5°
>20~50	3.2	4	39°
	4.2	5	36.5°
	5.5	6	33°
>50~80	4.2	5	36.5°
	5.5	6	33°
	6.5	7	32.5°
>80~120	5.5	6	33°
	6.5	7	32.5°
	8	8	30°

表 2.11 YG8 不锈钢镗刀的卷屑槽参数

镗孔直径 d_o 范围 /mm	槽半径 r_{Bn} /mm	加工 1Cr18Ni9Ti 等奥氏体不锈钢和中等硬度的 2Cr13 等马氏体不锈钢		加工耐浓硝酸用不锈钢和硬度较高的 2Cr13、3Cr13 等马氏体不锈钢	
		槽宽度 b/mm	γ_o	槽宽度 b/mm	γ_o
≤20	1.6 2.0 2.5	2.0 2.5 3.0	39° 39° 37°	1.6 2.0 2.5	30°
>20~40	2.0 2.5 3.0	2.5 3.0 3.5	39° 37° 36°	2.0 2.5 2.8	30° 30° 28°
>40~60	4.0 4.5 5.0	4.0 4.5 5.0	30°	3.2 3.5 4.0	24° 23° 24°
>60~80	4.5 5.0 6.0	4.5 5.0 6.0	30°	3.5 4.0 5.0	23° 24° 24.5°
>80	5.0 6.0 7.0	4.0 5.0 6.0	24° 24.5° 25.5°	3.5 4.5 5.0	20.5° 22° 21°

(2)后角的选择

为了减小后刀面与加工表面间的摩擦,后角应取较大值,如用 YG8 车削 1Cr18Ni9Ti 时,$\alpha_o = 10°$(见图 2.32)。但生产中,考虑到车削不锈钢时 γ_o 已经取得较大了,故 α_o 不宜再取大值,常取 6°左右,粗加工 $\alpha_o = 4° \sim 6°$,精加工和半精加工 $\alpha_o > 6°$。

(3)主偏角与副偏角及刀尖圆弧半径的选择

在机床刚度允许条件下,κ_r 应尽量取小些,一般 $\kappa_r = 45° \sim 75°$,如机床刚度不足,可适当加大,副偏角 $\kappa'_r = 8° \sim 15°$,$r_\varepsilon = 0.5$ mm(见图 2.33)。

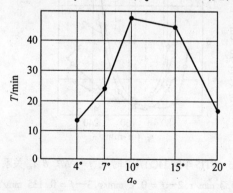

图 2.32 YG8 车削 1Cr18Ni9Ti 的 $T - \alpha_o$ 关系
v_c、a_p、f 同图 2.30

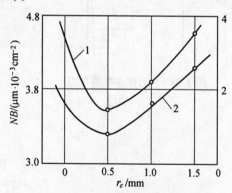

图 2.33 r_ε 与 NB_r、Ra 关系
1—Ra,2—NB_r;18X2H4BA;
T60K6(TiC - 60%,Co - 6%);
$v_c = 160$ m/min,$a_p = 0.1$ mm,$f = 0.06$ mm/r

(4)刃倾角的选择

试验表明,连续车削不锈钢时 $\lambda_s = -2° \sim -6°$;断续车削时 $\lambda_s = -5° \sim -15°$。生产中也有采用如图 2.34 所示双刃倾角车刀的,并取得了良好的断屑效果。此时的 $\lambda_{s1} = 0° \sim 2°$, $\lambda_{s2} = -20°$, $l_{\lambda s2} = 1/3 a_p$,这样既增强了刀尖强度和散热能力,又部分增大了切削变形,加宽了断屑范围。

车削不锈钢刀具的几何参数可参见表 2.12。

表 2.12 不锈钢车刀的几何参数

刀具材料	α_o	λ_s	κ_r	κ'_r	r_ε
高速钢	8°~12°	连续切削: -2°~-6°	切削用量大时45° 一般60°或75°,细 长轴和台阶轴90°	8°~15°	0.2~0.8 mm
硬质合金	6°~10°	断续切削: -5°~-15°			

3.合理切削用量的确定

车削不锈钢时,刀具使用寿命 T(或切削路程 l_m,相对磨损量 NB_r)与切削用量已不再是单调函数关系了(见图 2.35),在确定切削用量时必须进行优化,即切削用量之间的最佳组合。

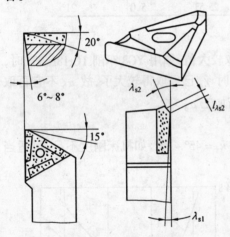

图 2.34 双刃倾角断屑车刀

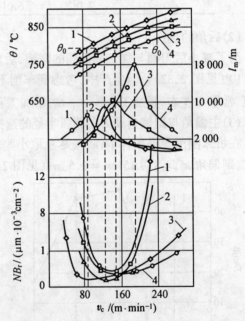

图 2.35 YT15 车削 14Cr17Ni2 时 v_c、f 与 NB_r、θ、l_m 关系
1—$f=0.3$ mm/r,2—$f=0.2$ mm/r,3—$f=0.135$ mm/r,
4—$f=0.09$ mm/r;
$a_p = 0.5$ mm, $VB = 0.3$ mm; $\gamma_o = \lambda_s = 0°$, $\alpha_o = \alpha'_o = 10°$,
$\kappa_r = \kappa'_r = 45°$, $r_\varepsilon = 0.5$ mm

生产中,确定合理切削用量的原则仍然是:首先选取最大的切削深度 a_p,然后根据机床

动力和刚度、刀具强度及加工表面粗糙度等约束条件,选取较大的进给量 f,最后再根据相应的公式 $v_c = \dfrac{C_v}{T^m \cdot a_p^{x} \cdot f^{y}}$ 确定合理的切削速度。

(1) a_p 的确定

当加工余量小于 6 mm 时,粗车可一次完成;加工余量大于 6 mm 时,a_{p1} 可取为余量的 2/3 ~ 3/4,a_{p2} 去除其余余量。半精车时,$a_p = 0.3 ~ 0.5$ mm,但 a_p 必须大于硬化层深度 Δh_d。

(2) f 的选取

a_p 确定后,在工艺系统刚度允许的条件下,粗加工可取 $f = 0.8 ~ 1.2$ mm/r,半精加工 $f = 0.4 ~ 0.8$ mm/r,精加工 $f < 0.4$ mm/r。

(3) v_c 的选取

车削不锈钢时,必须设法避免振动的产生。切削刃变钝、后刀面的 VB 较大、a_p 和 f 过大、在加工硬化层上切削等都可能引起振动。据资料介绍,车削 18 - 8($w(\text{Cr}) = 12\%$ ~ 19%,$w(\text{Ni}) = 8\%$ ~ 10%)奥氏体不锈钢时,$v_c = 50 ~ 80$ m/min,$f = 0.5$ mm/r 时振动最大。

表 2.13 给出了 YG8 切削不同不锈钢的切削用量。

表 2.13 YG8 切削不同不锈钢的切削用量

工件材料	车外圆及镗孔						切断		
	v_c/(m·min^{-1})		f/(mm·r^{-1})		a_p/mm		v_c/(m·min^{-1})		f/(mm·r^{-1})
	工件直径 d_w/mm		粗加工	精加工	粗加工	精加工	工件直径 d_w/mm		
	≤20	>20					≤20	>20	
奥氏体不锈钢 (1Cr18Ni9Ti 等)	40 ~ 60	60 ~ 110	0.2 ~ 0.8①	0.07 ~ 0.3	2 ~ 4	0.2 ~ 0.5②	50 ~ 70	70 ~ 120	0.08 ~ 0.25
马氏体不锈钢 (2Cr13,HBS≤250)	50 ~ 70	70 ~ 120	0.2 ~ 0.8①	0.07 ~ 0.3	2 ~ 4	0.2 ~ 0.5②	60 ~ 80	80 ~ 120	0.08 ~ 0.25
马氏体不锈钢 (2Cr13,HBS>250)	30 ~ 50	50 ~ 90	0.2 ~ 0.8①	0.07 ~ 0.3	2 ~ 4	0.2 ~ 0.5②	40 ~ 60	60 ~ 90	0.08 ~ 0.25
沉淀硬化不锈钢	25 ~ 40	40 ~ 70	0.2 ~ 0.8①	0.07 ~ 0.3	2 ~ 4	0.2 ~ 0.5②	30 ~ 50	50 ~ 80	0.08 ~ 0.25

注:① 粗镗时:$f = 0.2 ~ 0.5$ mm/r。
② 精镗时:$a_p = 0.1 ~ 0.5$ mm。

表 2.14 给出了 YG8 车削 1Cr18Ni9Ti 的切削用量。

表 2.14 YG8 车削 1Cr18Ni9Ti 的切削用量

工件直径 d_w/mm	车外圆				镗孔		切断	
	粗车		精车					
	n_w/(r·min^{-1})	f/(mm·r^{-1})	n_w/(r·min^{-1})	f/(mm·r^{-1})	n_o/(r·min^{-1})	f/(mm·r^{-1})	n_w/(r·min^{-1})	f/(mm·r^{-1})
≤10	1 200 ~ 955	0.19 ~ 0.60	1 200 ~ 955	0.07 ~ 0.20	1 200 ~ 955	0.07 ~ 0.30	1 200 ~ 955	手动
>10 ~ 20	955 ~ 765	0.19 ~ 0.60	955 ~ 765	0.07 ~ 0.20	955 ~ 600	0.07 ~ 0.30	955 ~ 765	手动

续表 2.14

工件直径 d_w/mm	车外圆 粗车		车外圆 精车		镗孔		切断	
	n_w/(r·min^{-1})	f/(mm·r^{-1})	n_w/(r·min^{-1})	f/(mm·r^{-1})	n_o/(r·min^{-1})	f/(mm·r^{-1})	n_w/(r·min^{-1})	f/(mm·r^{-1})
>20~40	765~480	0.27~0.81	765~480	0.10~0.30	600~480	0.10~0.50	765~600	0.10~0.25
>40~60	480~380		480~380		480~380		600~480	
>60~80	380~305		380~305		380~230		480~305	
>80~100	305~230		305~230		305~185		305~230	0.08~0.20
>100~150	230~185		230~185		230~150		230~150	
>150~200	185~120		185~120		185~120		≤150	

4.选用性能好的切削液

粗车不锈钢常用乳化液作切削液,既能带走切削热又有一定润滑作用,铁素体不锈钢也可干切;精车用硫化油添加 CCl_4、煤油添加油酸或植物油。

5.切断车刀的几何参数

不锈钢切断车刀采用如图 2.36 所示的卷屑槽形较为合适,可较好地解决卷断屑问题。

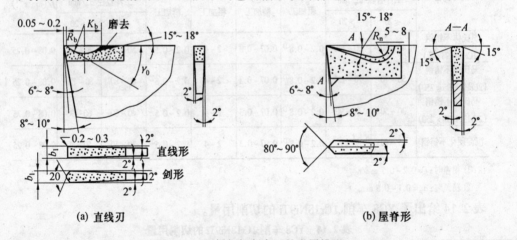

(a) 直线刃   (b) 屋脊形

图 2.36 不锈钢切断车刀的卷屑槽形

直线形槽形刃磨方便,适于 $\phi < 80$ mm 的切断;屋脊形槽形适于大直径及空心工件的切断,切屑的卷曲和排出顺利,但刃磨较复杂。此外,切断不锈钢尚应注意以下几点。

(1)卷屑槽尺寸应能保证切屑顺利卷曲排出,过小则使切屑呈团引起堵塞;屋脊形槽的两侧刃必须对称,否则在切断过程中会因"偏载"使刀尖折断。

(2)切断车刀的对称线应垂直于工件轴线,刀尖应在机床中心高度上或稍低于中心高 0.1~0.2 mm。

(3)当工件直径 >80 mm 时,为使线速度变化不至于太大,可在切断过程中变速 1~2 次。

(4)切削液必须充分供给,且不可中途停顿。

2.3.4 不锈钢的铣削加工

1. 刀具材料的选择

端铣刀和部分立铣刀可选用抗弯强度较高、耐冲击的硬质合金制造,如 YG8、YW2、YG813、YG798、YTM30、YTS25。生产中大多还采用高速钢铣刀,特别是 Mo 系、高 Co、高 V 高速钢,如用 W4Mo4Cr4V3、W12Cr4V4Mo 制造靠模铣刀铣削 Cr17Ni 时,可提高刀具使用寿命 1~2 倍。

2. 刀具合理几何参数的选择

铣刀是断续切削,刀齿将承受很大的冲击和振动,除了作为铣刀刀齿材料要具有足够的冲击韧性和抗弯强度外,还必须对其几何参数提出合理要求,可参见表 2.15。

表 2.15 铣削不锈钢铣刀的几何参数

几何参数		刀具材料		说明
		高速钢	硬质合金	
γ_n		10°~20°	5°~10°	硬质合金端铣刀前刀面可磨弧形卷屑槽,$\gamma_n = 20°~30°$,留有刃带 $b_a = 0.05~0.20$ mm
α_o	端铣刀	10°~20°	5°~10°	—
	立铣刀	15°~20°	12°~16°	
α'_n		6°~10°	4°~8°	—
κ_r		60°		用于端铣刀
κ'_r		1°~10°		用于立铣刀和端铣刀等
β	立铣刀	35°~45°	立铣刀 5°~10°	宜用 β 较大立铣刀,铣不锈钢管或薄壁件时宜采用玉米立铣刀
	玉米立铣刀	10°~20°		

近年来采用波形刃立铣刀加工不锈钢管或薄壁件,切削轻快、振动小、切屑易碎、工件不变形。用硬质合金波形刃立铣刀和可转位波形刃端铣刀铣削不锈钢 1Cr18Ni9Ti 都取得了良好效果。

银白屑(silver white chip,SWC)端铣刀也在不锈钢加工中推广使用,其几何参数见表 2.16。试验表明,$v_c = 50~90$ m/min,$f_z = 0.4~0.8$ mm/z,$a_p = 2~6$ mm,$v_f = 630~1500$ mm/min 时,铣削 1Cr18Ni9Ti 的铣削力 F 可减小 10%~15%,铣削功率降低 44%,生产效率大大提高。

其工作原理是在主切削刃上做出负倒棱($b_\gamma = 0.4~0.6$ mm,$\gamma_{o1} = -30°$)使其人为地产生积屑瘤代替切削刃切削,此时积屑瘤前角 $\gamma_b = 20°~30°$;由于主偏角 κ_r 的作用,积屑瘤将受到一个由前刀面产生的平行于切削刃的推力作用而成为副切屑流出,从而带走了切削热,降低了切削温度。

表 2.16 银白屑(SWC)硬质合金端铣刀的几何参数

工件材料	几何参数								
	γ_f	γ_p	α_f	α_p	κ_r	κ'_r	r_ε/mm	γ_{o1}	$b_{\gamma 1}$/mm
碳钢	20°	15°	5°	5°	60°	30°	5	−30°	0.6
不锈钢	5°	15°	15°	5°	55°	35°	6	−30°	0.4

3. 铣削用量的选择

高速钢铣刀铣削不锈钢的铣削用量见表 2.17 和表 2.18。

表 2.17 高速钢铣刀铣削不锈钢的铣削用量

铣刀种类	D_o/mm	n_o/(r·min^{-1})	v_f/(mm·min^{-1})	备注
立铣刀	3~4	1 180~750	手动	1. 当铣削宽度 a_e 和铣削深度 a_p 较小时,进给量 f 取大值,反之取小值 2. 三面刃铣刀可参考相同直径圆片铣刀选取进给量和切削速度 3. 铣削 2Cr13 时,可根据材料的实际硬度调整切削用量 4. 铣削耐浓硝酸不锈钢时,n_o 及 v_f 均应适当减小
	5~6	750~475	手动	
	8~10	600~375	手动	
	12~14	375~235	30~37.5	
	16~18	300~235	37.5~47.5	
	20~25	235~180	47.5~60	
	32~36	190~150	47.5~60	
	40~50	150~118	47.5~75	
波形刃立铣刀	36	190~150	47.5~60	
	40	150~118	47.5~60	
	50	118~95	47.5~60	
	60	95~75	60~75	
圆片铣刀	75	235~150	23.5 或手动	
	110	150~75		
	150	95~60		
	200	75~37.5		

表 2.18 铣削 1Cr18Ni9Ti 的铣削用量

铣刀种类	刀具材料	v_c/(m·min^{-1})	v_f/(mm·min^{-1})
立铣刀	高速钢	15~20	30~75
	硬质合金	40~100	30~75
波形刃立铣刀	高速钢	18~25	45~75
三面刃铣刀	高速钢	35~50	20~60
	硬质合金	50~110	20~60
端铣刀	硬质合金	60~150	35~150

注:1. a_p 和 a_e 较小时,v_f 用较大值;反之取较小值。
2. 铣马氏体不锈钢 2Cr13 时,应根据硬度做调整。
3. 铣沉淀硬化不锈钢时,v_c 与 v_f 均应适当减小。

硬质合金铣刀铣削不锈钢时,依硬质合金牌号的不同,铣削速度可为 $v_c = 70 \sim 250$ m/min,进给速度 $v_f = 37.5 \sim 150$ mm/min。

另外,铣削不锈钢时,工艺系统刚度必须良好,机床各活动部位应调整较紧,工件必须夹持牢固。

铣刀应有较大的容屑空间和单刀齿强度,尽可能用疏齿、粗齿铣刀。立铣刀和端铣刀应有过渡刃,以增强刀尖和改善散热条件,否则刀齿很容易在尖角处磨损。如有可能,应尽可能采用顺铣方式,以减轻加工硬化,改善表面质量,提高刀具使用寿命。冷却要充分。

2.3.5 不锈钢的钻削加工

不锈钢钻孔时,一般可用高速钢钻头,淬硬不锈钢要用硬质合金钻头。

钻不锈钢时轴向力很大,切屑不易卷曲和排出、易堵塞,甚至折断钻头;棱边与孔壁间摩擦严重、散热条件差、易烧损钻头。除用超硬高速钢或超细晶粒硬质合金、钢结硬质合金外,常用的方法就是对标准麻花钻作结构上的改进或修磨。

1. 钻头结构的改进

(1) 缩短钻头长度

钻头越长,刚度越差,越易引起振动或折断钻头。为提高钻头刚度,应在条件允许的情况下,尽量使用短型钻头,其工作部分长度可小于 $6d_o$。

(2) 增加钻心厚度 d_c

一般麻花钻的钻心厚度 $d_c \approx (0.125 \sim 0.2)d_o$,钻不锈钢时可为下列数值:

$d_o < \phi 5$ mm 时,$d_c = 0.4d_o$;$d_o = \phi 6 \sim \phi 10$ mm 时,$d_c = 0.3d_o$;$d_o > \phi 10$ mm 时,$d_c = 0.25d_o$。

这样可使钻头的使用寿命提高几十倍。

(3) 增大钻头的倒锥量

因为不锈钢的弹性模量 E 比碳钢小(1Cr18Ni9Ti 的 E 约为 45 钢的 3/4),故所用钻头的倒锥量应比标准钻头稍大些。

标准钻头的倒锥量为 $0.03 \sim 0.10$ mm/100 mm,钻削不锈钢 $d_o = 3 \sim 6$ mm 时,其倒锥量可加大至 $0.06 \sim 0.15$ mm/100 mm;$d_o = 7 \sim 18$ mm 时,其倒锥量可加大至 $0.1 \sim 0.15$ mm/100 mm。

(4) 加大螺旋角 β

钻削不锈钢时,为了增加切削刃的锋利性,可加大螺旋角至 $\beta = 35° \sim 40°$,且刃沟/刃背比为 $1.5 \sim 4.0$。

此外,还可修磨横刃,修磨双重顶角及开分屑槽等。

2. 采用专用钻头

钻削不锈钢时,可采用不锈钢群钻和不锈钢断屑钻头,其结构可分别见图 2.37 和图 2.38。

图 2.38 为断屑钻头,钻削马氏体不锈钢 2Cr13 时,需磨出 $E-E$ 的断屑槽;钻 1Cr18Ni9Ti 时还需加磨 $A-A$ 的断屑槽,具体参数及适用的钻削用量见表 2.19。

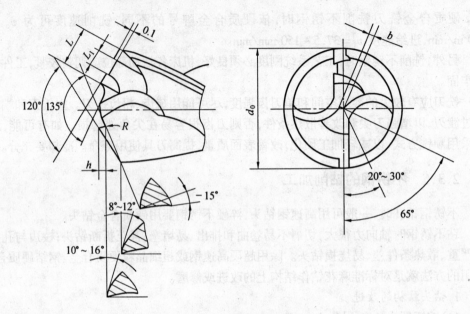

图 2.37 不锈钢群钻

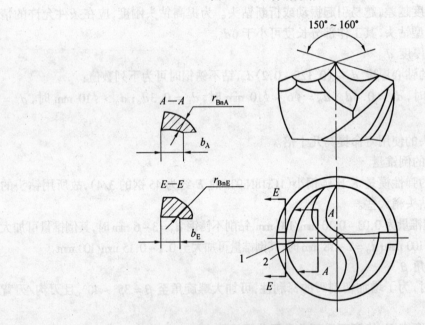

图 2.38 不锈钢断屑钻头

表 2.19 不锈钢断屑钻头的断屑槽尺寸及钻削用量

钻头直径 d_o /mm	r_{BnA} /mm	b_A /mm	r_{BnE} /mm	b_k/mm	n_o /(r·min^{-1})	f /(mm·r^{-1})
>8~15	3.0~5.0	2.5~3.0	2.0~3.5	1.0~2.5	210~335	0.09~0.12
>15~20	5.0~6.5	3.0~3.5	3.5~4.0	2.5~3.0	210~265	
>20~25	6.5~7.5	3.5~4.5	4.0~4.5	2.8~3.3	170~210	0.12~0.14
>25~30	7.5~8.5	4.5~5.0	4.5~5.0	3.0~3.5	132~170	

3. 钻削用量

钻削奥氏体不锈钢的钻削用量见表 2.20。

表 2.20 奥氏体不锈钢的钻削用量

钻头直径 d_o /mm	n_o/(r·min^{-1})	f/(mm·r^{-1})	钻头直径 d_o /mm	n_o/(r·min^{-1})	f/(mm·r^{-1})
≤5	1 000～700	0.08～0.15	>20～30	400～150	0.15～0.35
>5～10	750～500	0.08～0.15	>30～40	250～100	0.20～0.40
>10～15	600～400	0.12～0.25	>40～50	200～80	0.20～0.40
>15～20	450～200	0.15～0.35			

2.3.6 不锈钢的铰孔

1. 铰刀材料的选用

不锈钢铰刀常采用 Al 超硬高速钢和 Co 高速钢整体制造,近年来也在用细晶粒、超细晶粒硬质合金作切削部的刀齿材料,刀体用 9SiCr 或 CrWMo 制造,小于 ϕ10 mm 时采用整体结构。

2. 铰刀直径公差的选取

因为奥氏体不锈钢的弹性模量 E 较小,为防止铰后孔缩或退刀时留下纵向刀痕,有的资料提出应按孔公差的百分数来计算铰刀直径的公差,见表 2.21。

表 2.21 奥氏体不锈钢铰刀直径公差的计算

铰刀精度等级		取孔公差的百分数/%			磨损极限尺寸 /mm
		上偏差	下偏差	允差	
H7		70	40	30	被铰孔的最小直径 $d^{\ 0}_{-0.005}$
H8		75	50	25	
H8、H9、H10	$d ≤ 10$ mm	75	50	25	
	$d > 10$ mm	80	55	25	
H11	$d ≤ 10$ mm	80	60	20	
	$d > 10$ mm	80	65	20	

3. 铰刀几何参数的选择

铰削不锈钢时,前角 $\gamma_o = 8° \sim 12°$(直径大时取大值,高速钢铰刀取大值),后角 $\alpha_o = 8° \sim 12°$,主偏角 $\kappa_r = 15° \sim 30°$;铰通孔时 $\lambda_s = 10° \sim 15°$。

4. 螺旋齿铰刀

目前,各国都在开发应用螺旋齿铰刀。因为有了螺旋角 β,铰削过程比较平稳,工作前角加大,减少了积屑瘤的产生,也减小了加工硬化。由于铰刀齿数相应减少,从而增大了容屑空间,排屑顺利,减少了切屑划伤已加工表面的几率,其结构如图 2.39 所示。

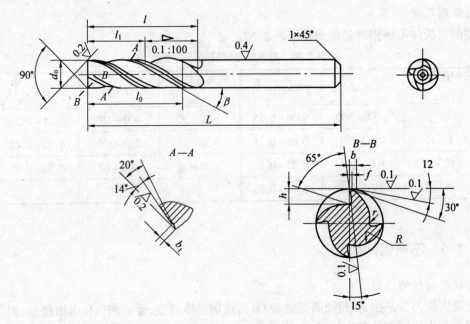

图 2.39 螺旋齿铰刀

5. 铰削用量的选择

铰削不锈钢,如用高速钢铰刀,$v_c < 3$ m/min;用硬质合金铰刀铰 1Cr18Ni9Ti,$v_c < 12$ m/min,铰未调质的马氏体不锈钢 2Cr13,$v_c > 12$ m/min。进给量 f 可参考表 2.22 选取。

表 2.22 不锈钢铰刀的进给量 f

铰刀直径 d/mm	$f/(\text{mm} \cdot \text{r}^{-1})$	铰刀直径 d/mm	$f/(\text{mm} \cdot \text{r}^{-1})$
5~8	0.08~0.21	>15~25	0.15~0.25
>8~15	0.12~0.25	>25	0.15~0.30

6. 认真观察铰削过程

铰削过程中应随时观察切屑的形状:箔卷状或短螺卷状为正常切屑形状,如切屑出现粉末状或小块状,说明切削不均匀;如切屑为针状或碎片状,说明铰刀已钝化,必须刃磨;如切屑呈弹簧状,说明余量太大。此外,还要看切屑是否粘结于切削刃上,排屑是否正常等,否则将影响铰孔质量和精度。

2.3.7 不锈钢攻螺纹

在不锈钢上,特别是在奥氏体不锈钢上攻螺纹比在普通钢上要困难得多,因为攻丝扭矩大,丝锥经常被"咬死"在螺孔中,或出现崩齿或折断。

1. 螺纹底孔直径的选取

特别是在奥氏体不锈钢上攻螺纹时,底孔直径应比在普通钢上稍大些,可参考钛合金螺纹底孔(见表 4.16)。

2. 丝锥材料的选择

同钻头材料。

3. 成套丝锥的切削负荷分配

成套丝锥把数见表 2.23,切削负荷分配采用柱形设计分配法(见表 2.24)。

表 2.23 不锈钢成套丝锥把数

螺距 P/mm	≤0.8	1.0~1.5	≥2
每套丝锥把数	2	3	4

表 2.24 不锈钢丝锥的切削负荷分配

每套丝锥把数	头锥	二锥	三锥	四锥
2	70%~75%	25%~30%	—	—
3	45%~55%	30%~35%	10%~20%	—
4	38%~40%	28%~30%	18%~20%	8%~12%

机用丝锥可减少每套把数,近年已采用单锥。

4. 丝锥的结构尺寸及几何参数

(1) 外径 d_o。

为改善切削条件,末锥的外径可略小于一般丝锥,参见图 2.40。

(2) 丝锥心部直径 d_f

d_f 尽量加大,齿背宽度 f(见图 2.41)应适当减小,以增加心部的强度与刚度,减小摩擦。

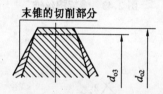

图 2.40 成套丝锥的外径尺寸
d_{o3}—末锥的外径尺寸;
d_{o2}—末锥前个丝锥的外径尺寸。

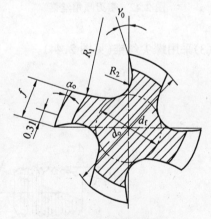

图 2.41 丝锥截形图

不锈钢攻螺纹时,d_f 与 f 可参考下列数值:

三槽丝锥:$d_f \approx 0.44 d_o$,$f = 0.34 d_o$;

四槽丝锥:$d_f \approx 0.5 d_o$,$f = 0.22 d_o$;

六槽丝锥:$d_f \approx 0.64 d_o$,$f = 0.14 d_o$。

(3) 切削锥角 κ_r

切削锥角 κ_r 的大小影响切削层厚度、扭矩、生产效率、表面质量及丝锥使用寿命。手用

丝锥 κ_r 可参见表 2.25 选取,机用丝锥可适当加大。

表 2.25 不锈钢手用丝锥的切削锥角 κ_r

螺距 P/mm	头锥	二锥	三锥	四锥
0.35~0.8	7°	20°	—	—
1~1.5	5°	10°	20°	—
≥2	5°	10°	16°	20°

(4)校准部分长度和倒锥量

在不锈钢上攻螺纹时,丝锥校准部分的长度不宜长,否则会加剧摩擦,一般取为 $(4~5)P$。为减小摩擦,倒锥量应比一般丝锥适当加大为 0.05~0.1 mm/100mm。

5.采用特殊结构丝锥

(1)采用带刃倾角丝锥(见图 2.42)

(2)采用螺旋槽丝锥(见图 2.43)

螺旋槽丝锥大大增强了导屑排屑作用,使得切屑呈螺旋状连续排出,避免了切屑的堵塞。螺旋角又加大了丝锥的工作前角,减小了切削扭矩。但由于切削刃强度比直槽的小,故不宜加工高硬度或脆性材料。加工不锈钢时,螺旋角 $\beta = 40° ~ 45°$。

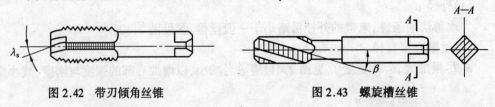

图 2.42 带刃倾角丝锥　　　　图 2.43 螺旋槽丝锥

(3)采用螺尖丝锥(见图 2.44)

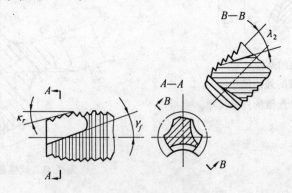

图 2.44 螺尖丝锥

图 2.44 给出了螺尖丝锥结构简图。其工作部分不全作容屑槽,只在切削锥部开有短槽以形成切削刃和容屑槽,这样可提高丝锥的强度和刚度,又保证有一定的前角 γ_f(亦称螺尖角)和刃倾角 λ_s,切削刃的工作前角增大,攻丝扭矩减小,切屑向前排出,故攻出的螺纹精度高。但不适合加工低强度高韧性材料,因切屑粘附严重。

(4)采用修正齿丝锥(详见第 4 章钛合金的切削加工)

复习思考题

1. 何谓高强度钢与超高强度钢?
2. 高强度钢与超高强度钢的切削加工有哪些特点?
3. 切削高强度与超高强度钢的有效途径有哪些?最基本的是什么?
4. 何谓淬硬钢的切削加工?淬硬钢的切削加工有何特点?
5. 适合淬硬钢切削加工的刀具材料有哪些?如何选择刀具的合理几何参数?
6. 何谓不锈钢?就其组织结构可分为哪几类?
7. 不锈钢的切削加工有哪些特点?
8. 切削加工不锈钢首先应考虑什么?为什么?
9. 如何考虑不锈钢的车削、铣削、钻削、铰削及螺纹加工?

第3章 航天用特种钢及其加工技术

3.1 概 述

高温合金又称耐热合金或热强合金,它是多组元的复杂合金,能在 600~1 000 ℃的高温氧化气氛及燃气腐蚀条件下工作,具有优良的热强性能、热稳定性能及热疲劳性能。热强性能取决于组织的稳定性及原子间结合力,加入了高熔点的 W、Mo、Ta、Nb 等元素后,原子间结合力增大了。高温合金主要用于航空涡轮发动机,也用于舰艇涡轮发动机、电站涡轮发动机、宇航飞行器及火箭发动机。航天发动机的耐热零部件(燃烧室、涡轮、加力燃烧室、尾喷口),特别像火焰筒、涡轮叶片、导向叶片及涡轮盘是高温合金应用的典型零件。

高温合金可按生产工艺和基体元素分类。

1. 按生产工艺分

(1)变形高温合金

变形高温合金包括有马氏体时效合金、固溶强化奥氏体合金、沉淀硬化奥氏体合金等。它是通过固溶强化、沉淀硬化与强化晶界等方法获得良好的高温性能。

(2)铸造高温合金

当合金成分和组织很复杂、塑性小、不能经受塑性变形时,往往采用精密铸造法使其成形,铸造高温合金由此而得名,其强化手段同变形高温合金。

2. 按基体元素分

(1)铁基高温合金(又称耐热钢)

它的基体元素为铁(Fe),有珠光体高温合金(如 GH2034)、奥氏体高温合金(如 GH2132)之分。其价格低廉,但抗高温氧化性能较差。

(2)铁-镍基高温合金

这类高温合金仍以 Fe 为基体,镍的质量分数约为 30%~45%,如变形高温合金 GH2130、GH1139、GH1140 及铸造高温合金 K211、K213、K214 等均属此类。

(3)镍基高温合金

通常把镍的质量分数大于 50% 甚至大于 75% 的高温合金称为镍基高温合金,其中 GH3030、GH4033、GH4037、GH4049 属变形高温合金,K401、K406 属铸造高温合金。

(4)钴基高温合金

GH625 及 K210 均属钴基高温合金,K210 中 $w(Co) \geqslant 50\%$,因 Co 价格高,我国 Co 资源较少,故应慎用。

3. 按强化特征分

可分为固溶强化高温合金和时效硬化高温合金。

各类部分高温合金的牌号与成分及性能见表 3.1。

表 3.1 常用部分高温合金的牌号成分及性能

类别	牌号	化学成分	热处理	试验温度/℃	力学性能 σ_b/MPa	$\sigma_{0.2}$/MPa	δ/%	Ψ/%	持久强度 应力/MPa	时间/h	E/GPa	$a^{①}$/10^{-6}℃$^{-1}$	k/[W(m·℃)$^{-1}$]	品种规格
铁基 变形	GH2036 (GH36)	Cr12.5Ni8Mn8.5Mo 1.25V1.4SiTiNbN	(1 140 ℃×80 mm)水冷,(650~670 ℃)×14 h,(770~800 ℃)×16 h,空冷	20 800	971 392	677 363	22.1 17.5	35.7 28.5	— —	— —	203 14	12.23	17.17 27.20	90方锻坯
	GH2040 (GH40)	Cr16Ni25Mo6Mn1.5 SiCuN	1 200 ℃×8 h空冷,加工硬化 8%~15%;700 ℃×25 h,空冷	20 800	883~932 343	598 226	20 10	26 25	— 98	— 100	19 108	13.97 —	13.39 —	盘
	GH2132 (GH132)	Cr15Ni25.5Ti2Mo 1.3VSiMnB	980~1 000 ℃,空冷	20 650	883 736	— —	20 15	— —	— —	— —	198 153	— —	— —	冷轧板材
	GH2136 (GH136)	Cr14.5Ni26.5Ti 2.8Mo1.3MnVSiB	980 ℃×1 h,油冷,720 ℃×16 h,空冷	20 700	932 —	687 —	15 —	20 —	— 294	— 100	197 155	13.4 17.07	13.86 23.03	圆饼锻棒
铁基 铸造	K136	Cr14.5Ni26.5Mo 1.3Ti2.8SiMnAlV	980 ℃×1 h,油冷,700 ℃×16 h空冷,+680 ℃×16 h空冷	20 800	883 441	628 383	12 19	20 39	— —	— —	235 —	14.46 18.64	— —	—
镍基 变形	GH78	Cr14Ni35Ti2.8Al1.2 W3SiMnBCe	(1 180~1 200 ℃)×(2.5~8) h空冷,1 080 ℃×4 h,空冷,(750~800 ℃)×16 h空冷	20 750	1 118~1 187 834~873	746~863 638~765	11~16 16	14~19 14.3	— 324	— 100	214 156	14.10 16.70	15.49 26.79	盘
	GH2135 (GH135)	Cr15Ni34.5Ti2.3Al 2.4W2Mo2SiMnBCe	1 080 ℃×8 h空冷,830 ℃×8 h空冷,700 ℃×16 h空冷	20 750	1 197 755	716~755 657~677	23~25 25~27	36~37 31~32	— 30	— 100	197 148	15.00 17.05	10.88 22.39	棒材
	GH901	Cr12.5Ni42.5Ti3Mo 5.3SiMnAlMgCoGaBNb	(1 090 ℃±10 ℃)×2 h水冷,(775 ℃±5 ℃)×4 h,空冷,(700~720 ℃)×24 h空冷	20 750	1 177~1 275 687~785	824~922 638~765	17~21 10~18	18~22 20~30	— 441	— 65~84	20 152	13.00 16.45	13.81 27.27	90方锻材
镍基 铸造	K213 (K13)	Cr15Ni36W5.5Al 1.8Ti3.5SiMnB	1 100 ℃×4 h空冷	20 800	922 638	746 —	4 5.8	4.8 9.7	— 294	268~360 —	178 126	12.36 18.61	10.88 20.52	铸造合金
	K214 (K14)	Cr12Ni42.5W7.5 Al12.1SiMnB	(1 100 ℃±10 ℃)×5 h空冷	20 950	1 079~1 177 422~451	— —	2~3 10~13	3~6 15~26	— 98	— >100	180 122	13.2 17.4	9.63 —	

续表 3.1

类别	牌号	化学成分	热处理	试验温度/℃	力学性能 σ_b/MPa	力学性能 $\sigma_{0.2}$/MPa	力学性能 δ/%	力学性能 ψ/%	持久强度 应力/MPa	持久强度 时间/h	E/GPa	α[1]/$10^{-6}℃^{-1}$	λ/[W/(m·℃)$^{-1}$]	品种规格
变形 镍 基	GH4169 (GH169)	Cr19Ni52.5Ti1Mo3 Nb5SiMnB	950 ℃×1 h 空冷,720 ℃×8 h 50 ℃/h 炉冷到 620 ℃再×8 h 空冷	20 700	1 393 —	— 491	14.8 —	4.1 —	— 491	— 99~145	206 165	13.20 15.80	14.65 23.02	棒材
	GH4033 (GH33)	Cr20.5Ti2.6Al0.8 SiMnAsSbCePbBCu	1 080 ℃×8 h 空冷,700 ℃×16 h 空冷	700	687	—	15	—	432	60	177	17.76	23.03	
	GH4033A (GH33A)	Cr20.5Ti2.8Al0.85 Nb1.4SiMnAsSbCe BPbCu	1 080 ℃×8 h 空冷,750 ℃×16 h 空冷	20 750	1 197~1 236 873~952	804~845 647~706	25~28 12~17	— —	— 294	— 334~432	223 179	— 17.76	— —	
	GH4037 (GH37)	Cr14.5Ti2Al2W6Mo3 SiMnCeVBCu	(1 180±10 ℃)×2 h 空冷, (1 050±10 ℃)×4 h 缓冷或空冷 (800±10 ℃)×16 h 空冷	20 90	893~1 099 461~510	— —	10~16 23~30	11~15 34~36	— 118	— 113~119	226 157	11.90 16.20	7.95 22.19	热轧棒材
	GH4099 (GH49)	Cr10Ti1.65Al4W5.5 Mo5Co15SiMnVBPb	(1 200±10 ℃)空冷(1 050± 10 ℃)×4 h 空冷,(830± 10 ℃)×8 h 空冷	20 950	1 079~1 177 491~540	— —	8~11 20~25	9~12 25~35	— 137	— 140~210	225 164	12.60 16.87	1 047 28.05	冷轧板材
	GH163	Cr20Ti2.15Co20Mo 5.8SiMnAlAgPbBCu	(1 150±10 ℃)×10 m 空冷, (800±10 ℃)×8 h 空冷	20 900	1 059 209	— —	40 88.4	— —	— 57	— 63	246 151	11.60 17.30	12.98 31.40	圆饼
	GH4698	Cr14.5Ti2.55Al1.5 Mo3Nb2SiMnBCe	—	20 800	1 059~1 148 687~746	735~785 569~618	15~25 7~10	15~29 12~19	— 314	— 45~90	219 173	12.11 15.48	10.30 20.76	—
铸造 镍 基	K401 (K1)	Cr15.5W8.5Al5 Ti1.75SiMnB	1 120 ℃×10 h 空冷	20 950	932 491	— 324	2.0 3.5	1.5~4.5 2.0~5.5	— 137	— 100	186 102	10.90 25.20	— —	铸造合金
	K4	Cr11.8W7Mo2Al4.8 Ti4Co11BZr	1 150 ℃×8 h 空冷	20 900	932~981 736~785	— —	1.5~4 1.2~2.4	4~8 3~3.4	— 314	— 100	211 161	12.00 11.72	— —	
	K16	Cr8.5W5.2Mo4.8Al 4.4Ti3.7Nb2BceZr	铸态	20 1 000	1 000~1 059 540	883~912 412	6 9	8~11 14	— 147	— 100	225 150	11.10 14.80	— —	
	K419 (K19)	Cr6W10Mo2Al5.5Ti 1.25Co12Nb2.5BceHf	(870±10 ℃)×16 h 空冷	20 1 100	1 130 294	— —	6.3 12.1	9.3 16.8	— 69	— 35	208 129	11.61 16.27	8.79 30.15	

续表 3.1

类别		牌号	化学成分	热处理	试验温度/℃	力学性能				持久强度		E/GPa	$\alpha^{①}$/10^{-6}℃$^{-1}$	k/[W/(m·℃)$^{-1}$]	品种规格
						σ_b/MPa	$\sigma_{0.2}$/MPa	δ/%	Ψ/%	应力/MPa	时间/h				
钴基	变形	GH625	Cr20Mo1.5Ni10W15Fe3Si	(1 210±10 ℃)×1.5 h 水冷	20 815	1 000~1 009 —	— —	58~60 —	— —	— 165	— 63~68	— —	— —	— —	精铸试样
	铸造	K40 (K40)	Cr25.5Ni10.5W7.5Fe2.5Mn	铸态	20 816	736 500	422 284	12.5 20.7	18 22.2	— 207	— 131	225 159	13.90 15.60	13.40 25.12	精铸
		K44	Cr29.5Ni10.5W7Fe2.5MnB	(1 150±10 ℃)×4 h 炉冷至 (930±10 ℃)×10 h 炉冷至 540 ℃,空冷	20 980	795 196	596 137	9 31	15.7 56.5	— 55	— 339	206 —	15.80 —	15.07 33.07	—

注:① 温度为 20~100 ℃。
② GH 表示变形高温合金,后面数字 1—固溶强化型 Fe 基合金;2—时效硬化型 Fe 基合金;3—固溶强化型 Ni 基合金;4—时效硬化型 Ni 基合金;6—钴基合金。再后三位数字—合金编号。
③ K 表示铸造高温合金,后接三位数字,含义同变形高温合金。

3.2 高温合金的切削加工特点

1. 切削加工性差

高温合金的相对切削加工性均很差,K_v 约为 0.5~0.2,合金中的强化相越多,分散程度越大,热强性能越好,切削加工性就越差,由易到难的顺序如下。

变形高温合金:GH2034→GH2036→GH2132→GH2135→GH1140→GH3030→GH4033→GH4037→GH4049→GH4133A……

铸造高温合金:K211→K214→K401→K406→K640……

2. 切削变形大

高温合金的塑性很大,有的延伸率 $\delta \geqslant 40\%$,合金奥氏体中的固溶体晶格滑移系数多,塑性变形大,故切削变形系数大。如低速拉削变形 Fe 基高温合金 GH2132 时,其切削变形系数 Λ_h 约为 45 钢的 1.5 倍。

3. 加工硬化倾向大

由于高温合金的塑性变形大,晶格会产生严重扭曲,在高温和高应力作用下不稳定的奥氏体将部分转变为马氏体,强化相也会从固溶体中分解出来呈弥散分布,加之化合物分解后的弥散分布,都将导致材料的表面强化和硬度

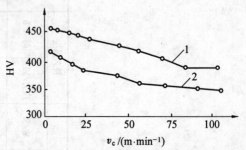

图 3.1 GH2135 的加工硬化情况
1—$f = 0.3$ mm/r,2—$f = 0.15$ mm/r;
YG8;$\gamma_0 = 8°$;$\alpha_o = 10°$;$\kappa_r = 45°$;$\kappa'_r = 15°$;$\lambda_s = 0°$;
$r_\varepsilon = 1.0$ mm;$a_p = 0.5$ mm

的提高。切削加工后,高温合金的硬化程度可达 200%~500%。切削试验表明,切削速度 v_c 和进给量 f 均对加工硬化有影响,v_c 越高,f 越小,加工硬化越小(见图 3.1)。

4. 切削力大且波动大

切削高温合金时切削力 F 的各项分力均大于 45 钢的,也比不锈钢的切削力要大。表 3.2、图 3.2 和图 3.3 分别给出了切削力的对比情况。

表 3.2 切削几种材料的切削力对比

材 料	强化系数 n	σ_s/MPa	F_c/N	F_f/N	F_p/N
奥氏体不锈钢 Type 321	0.52	254	2 091.4	800.9	711.9
钛合金 Ti-4Al-4Mn	0.06	989	1 624.2	845.5	489.2
40CrNiMoA	0.117	1 212	2 580.8	1 245.9	695.2
热模锻钢 H-11	0.06	1 589	2 736.6	1 512.9	823.2
镍基高温合金 Rene41	0.215	885	2 914.6	1 535.2	800.9
镍基高温合金 Inconel-X	0.20	772	2 825.6	1 846.6	889.9
钴基高温合金 L-605	0.537	446	3 181.6	2 002.4	978.9

注:均为硬质合金车刀,$\gamma_p = -5°$,$\gamma_f = -5°$,$\kappa_r = 75°$;$v_c = 30$ m/min,$f = 0.27$ mm/r,$a_p = 3.2$ mm 车外圆。

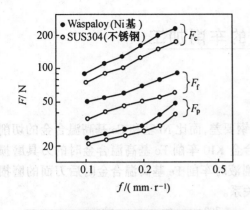 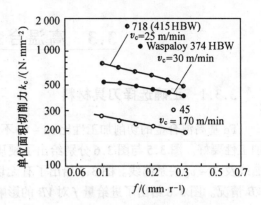

图 3.2　Ni 基高温合金与不锈钢的切削力 F 对比

$\lambda_s = \gamma_0 = -5°$, $\alpha'_o = \alpha_o = 5°$, $\Psi_r = \kappa'_r = 15°$, $r_\varepsilon = 0.8$ mm；$v_c = 53$ m/min, $a_p = 2$ mm, $f = 0.2$ mm/r；干切

图 3.3　Ni 基高温合金与 45 钢的单位切削力 k_c

$a_p = 3$ mm，湿切（乳化液）

切削高温合金时切削力的波动比切削合金钢大得多,伴随切削力的波动,极易引起振动(见图 3.4)。

5.切削温度高

切削高温合金时,由于材料本身的强度高、塑性变形大、切削力大、消耗功率多、产生的热量多,而它们的导热系数又较小(见表 2.8),故切削温度 θ 比切削 45 钢和不锈钢 1Cr18Ni9Ti 都高得多(见图 3.4)。

6.刀具易磨损

切削高温合金时刀具磨损严重,这是由复合因素造成的。如严重的加工硬化、合金中的各种硬质化合物及 γ' 相构成的微硬质点等都极易造成磨料磨损；与刀具材料(硬质合金)中的组成成分相近,亲和作用易造成粘结磨损；切削温度高易造成扩散磨损；切削温度高,周围介质中的 H、O、N 等元素易使刀具表面生成相间脆性相,使刀具表面产生裂纹,导致局部剥落、崩刃。磨损的形式常为边界磨损和沟纹磨损,边界磨损由工件待加工表面上的冷硬层造成,沟纹磨损由硬化质点所致。

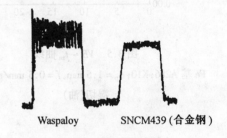

图 3.4　切削力的波动情况

$f = 0.2$ mm/r；其余条件同图 3.2

7.表面质量和精度不易保证

由于切削温度高,材料本身的导热性能又很差,工件极易产生热变形,故精度不易保证。又因切削高温合金时刀具前角 γ_o 较小、v_c 较低时切屑常呈挤裂状,切削宽度方向也会有变形,会使表面粗糙度 Ra 加大。

3.3 高温合金的车削加工

3.3.1 正确选择刀具材料

Fe 基高温合金的切削加工性比 Ni‑Cr 不锈钢要差,而比 Ni 基和 Co 基高温合金的切削加工性要好。图 3.5 与图 3.6 分别给出了硬质合金 K10 车削 Fe 基高温合金时的刀具磨损曲线及 T‑v_c 关系曲线。图 3.7 给出了有无切削液时车削 Fe 基高温合金时后刀面的磨损 VB 情况。图 3.8 给出了进给量 f 对 VB 的影响关系。

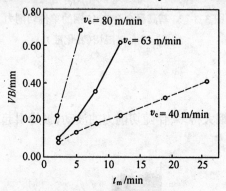

图 3.5 VB‑t_m 曲线
Fe 基 A286;K10;a_p = 1.5 mm,f = 0.3 mm/r;
湿切(油)

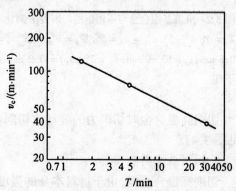

图 3.6 T‑v_c 关系
a_p = 2 mm,湿切(水基),VB = 0.5 mm,
其余同图 3.5

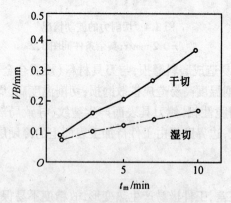

图 3.7 切削液对 VB 的影响
Incoroy901,K10(5,5,6,6,60,60,0.4 mm);
v_c = 40 m/min,a_p = 1.0 mm,f = 0.22 mm/r

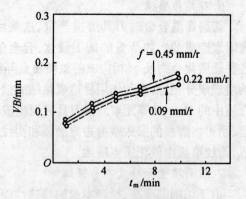

图 3.8 进给量对 VB 的影响
湿切(乳化液),切削条件同图 3.7

图 3.9 和图 3.10 给出了切削 Ni 基高温合金时刀具磨损曲线及 T‑v_c 关系。图 3.11~图 3.16 分别给出了切削高温合金时的 T‑v_c 关系及刀具磨损曲线。

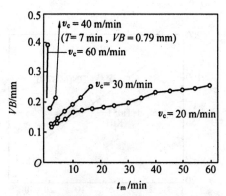

图 3.9 切削 Ni 合金时的 $VB - t_m$ 关系
Inconel718(时效,415HBW);K10;$a_p = 1.5$ mm,
$f = 0.2$ mm/r

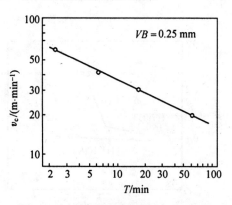

图 3.10 切削 Ni 基合金时 $T - v_c$ 关系
切削条件同图 3.9

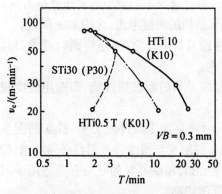

图 3.11 不同刀具材料的 $T - v_c$ 关系
Nimonic80A;刀具(0°,10°,6°,6°,45°,0°,0.4 mm);
$a_p = 0.5$ mm,$f = 0.1$ mm/r;湿切(非水溶性)

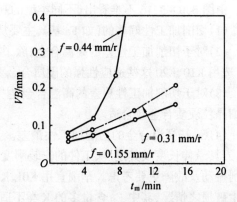

图 3.12 CVC 涂层车削 Ni 基高温合金的刀具磨损曲线
Waspaloy 374HBW,U66(K01~K20);
$v_c = 20$ m/min,$a_p = 2$ mm;湿切(油)

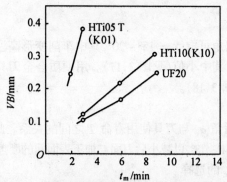

图 3.13 超细晶粒硬质合金 UF20 车 Ni 基合金的刀具磨损曲线
Inconel Alloy 713;(5°,5°,6°,6°,45°,45°,0.8 mm);
$v_c = 32$ m/min,$a_p = 1.0$ mm,$f = 0.1$ mm/r;
湿切(油)

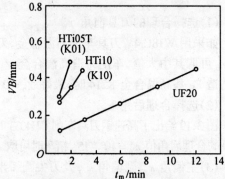

图 3.14 超细晶粒硬质合金 UF20 及 K05 与 K10 的刀具磨损曲线
Ni 基 Udimet500;(0.5°,45°,45°,6°,6°,0.8mm);
$v_c = 14$ m/min,$a_p = 1.5$ mm,$f = 0.1$ mm/r;
湿切(油)

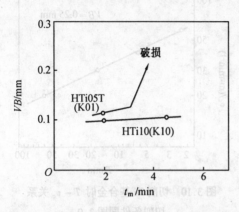 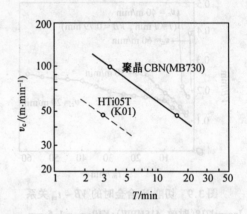

图 3.15　车削 Co 基高温合金时 $VB - t_m$ 关系　　图 3.16　车削 Co 基高温合金时的 $T - v_c$ 关系

由图 3.9~3.16 不难看出,不同类型的高温合金应选择不同类型的硬质合金刀具。

(1)切削加工性好些的(如 Fe 基),主要从刀具磨损的角度考虑,选用 K01 即可。

(2)对于切削加工性差的高温合金,除了要考虑刀具磨损之外,还应同时考虑刀具的破损,选用 K10、K20 这些适应性强的硬质合金要好些。

(3)对于切削加工性更差的高温合金,主要考虑刀具的耐破损性能,即选用强度较高的超细晶粒硬质合金较合适。

(4)Co 基高温合金的切削加工性最差。刀具材料与加工条件的关系、机床的刚度与精度、刀具悬伸长度及其刚度、工件的安装刚度、夹具的刚度与精度等方面都必须考虑,特别是切削振动及故障更要考虑。车削宜用 K01、K10 及 CBN,超细晶粒的硬质合金适用于刀具易产生破损之情况,其中 Co 含量多的 K 类不适于低速切削。

如采用亚微细晶粒硬质合金 YM051(YH1)、YM052(YH2)、YM053(YH3)、YD15(YGRM)、YT712、YT726、YG643、YG813 等牌号,效果会好。

3.3.2　选择刀具的合理几何参数

(1)选择合理的刀具前角 γ_o

如采用 W18Cr4V 刀具车削高温合金,刀具前角可取 $\gamma_o = 15° \sim 20°$,其中车削变形高温合金 γ_o 可取其中大值,车削铸造高温合金 γ_o 可取其中小值(见图 3.17)。用硬质合金刀具车削铸造 Fe 基高温合金 K214 时,最好 $\gamma_o = 0°$(见图 3.18)。

(2)选择合理后角 α_o

图 3.19 给出了高速钢刀具车削 GH4033 时的后角 α_o 与刀具使用寿命 T 之间的关系。此时刀具的合理后角值 $\alpha_o = 10° \sim 15°$,精车时可取 $\alpha_o = 14° \sim 18°$,以减小后刀面与加工表面间的摩擦。

(3)主偏角 κ_r、副偏角 κ'_r 及刀尖圆弧半径 r_ε 的选择

在机床刚度允许的条件下,应尽量取较小 κ_r 值,以保证刀尖强度和散热性能,常取 $\kappa_r = 45° \sim 75°$;如机床刚度不足,κ_r 值可适当加大。此时 $\kappa'_r = 8° \sim 15°$,$r_\varepsilon = 0.5$ mm。

(4)刃倾角 λ_s 的选择

图 3.20 给出了高速钢刀具车削 GH4033 时的 $T - \lambda_s$ 关系曲线。不难看出,应取 $\lambda_s = -10° \sim -13°$;精车时 $\lambda_s = 0° \sim 3°$。

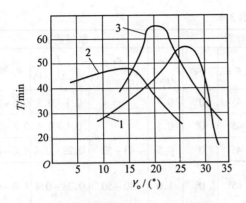

图 3.17 W18Cr4V 车削高温合金 $T-\gamma_0$ 的关系
1—GH4033；$v_c = 8$ m/min, $f = 0.15$ mm/r, $a_p = 1.0$ mm
2—GH4037；$v_c = 7$ m/min, $f = 0.21$ mm/r, $a_p = 1.0$ mm
3—K401；$v_c = 7$ m/min, $f = 0.21$ mm/r, $a_p = 1.0$ mm

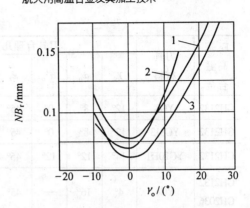

图 3.18 硬质合金刀具车削 K214 $NB_r - \gamma_0$ 的关系

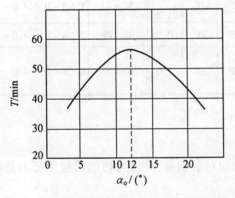

图 3.19 高速钢刀具车削 GH4033 时的 $T-\alpha_o$ 关系

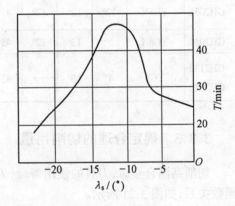

图 3.20 $T-\lambda_s$ 关系

表 3.3 给出了高速钢刀具车削高温合金时的合理几何角度。

表 3.3 高速钢刀具车削高温合金的合理几何角度

高温合金	γ_o	α_o	λ_s	κ_r
GH4033	25°~30°	—	-8°~-15°（粗车）	—
GH4037	20°	10°~15°	0°~3°（精车）	45°~75°
K401	15°			

硬质合金刀具车削 Fe 基高温合金的合理几何参数及断屑范围见表 3.4。

表 3.4 硬质合金刀具车削 Fe 基高温合金的合理几何参数及断屑范围

Fe 基高温合金	刀具材料	刀具合理几何参数						断屑范围			
		γ_o	α_o	α'_o	κ_r	κ'_r	λ_s	r_ε/mm	v_c/(m·min^{-1})	f/(mm·r^{-1})	a_p/mm
GH2132	YG8	—	8°	0°	60°	38°	—	0.3	—	0.1~0.3	0.3~2.0

续表 3.4

Fe基高温合金	刀具材料	刀具合理几何参数							断屑范围		
		γ_o	α_o	α'_o	κ_r	κ'_r	λ_s	r_ε /mm	v_c /(m·min^{-1})	f /(mm·r^{-1})	a_p/mm
GH2132	YG8	12°	8°	0°	45°	45°	0°	0.5	—	0.1~0.3	0.5~2.5
GH2132	YG813	12°	8°	0°	45°	45°	0°	0.5	—	0.1~0.4	0.5~3.0
GH2132	YG10HT	14°	12°	12°	45°	45°	0°	0.5	43~52	0.28~0.4	4.0~6.0
GH2132 GH2036	YG8	4°	16°	—	45°	45°	0°	1.0	40~50	0.28~0.4	4.0~6.0
GH2036	YG3	3°	12°	12°	45°	45°	−10°	0.5	41~47	0.28~0.4	4.0~6.0
GH2036	YG8 YG8N	12°	12°	12°	45°	45°	0°	0.5	40~47	0.28~0.4	4.0~6.0
GH2036	YG8N	12°	12°	12°	45°	45°	0°	0.5~1.5	37~42	0.28~0.4	4.0~6.0
GH2036	YG8N	5°	12°	12°	45°	45°	0°	0.5	38~49	0.28~0.4	4.0~6.0
GH2132 GH2036	YG8	4°	16°	—	45°	45°	0°	1.0	40~53	0.28~0.4	4.0~6.0

3.3.3 确定合理的切削用量

切削高温合金时,刀具的使用寿命(刀具的相对磨损量 NB_r)与切削用量间已不是单调函数关系,如图 3.21 所示。

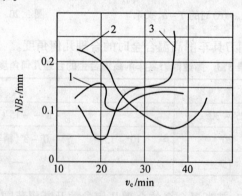

图 3.21 YG8 车削 K214 时 v_c、f 与 NB_r 关系
1—$f = 0.1$ mm/r,2—$f = 0.2$ mm/r,3—$f = 0.3$ mm/r;
$\gamma_o = 0°, \alpha_o = \alpha'_o = 10°, \lambda_s = 0°, \kappa_r = 45°, \kappa'_r = 15°$

表 3.5、表 3.6 和表 3.7 分别给出了硬质合金车刀切削高温合金的 v_c 与 f 的参考值。

表 3.5 硬质合金车削 Fe 基高温合金的切削速度 v_c 参考值

高温合金牌号	刀具材料	切削参数	$v_{c最佳}/(m \cdot min^{-1})$
GH2036	YG8	$\gamma_o = 10°, \alpha_o = 10°, \kappa_r = 45°$ $r_\varepsilon = 0.5$ mm, $b_{\gamma 1} = 0.2$ mm, $f = 0.2$ mm/r, $a_p = 2$ mm	50
GH2136	YG8	$\gamma_o = 0°, \alpha_o = \alpha'_o = 8°, \kappa_r = 70°$ $\kappa'_r = 20°, r_\varepsilon = 0.2$ mm $f = 0.1$ mm/r, $a_p = 0.5$ mm	33.2
GH2136	YG813		38.5
GH2136	YG10HT		>40
K214	YG8	$\gamma_o = 0°, \alpha_o = \alpha'_o = 10°, \kappa_r = 45°$ $\kappa'_r = 45°, \lambda_s = 0°$; $f = 0.1$ mm/r, $a_p = 0.25$ mm	40
K214	YG6X		35
K214	YW2		37

表 3.6 YG 类硬质合金切断刀切槽的进给量 f(mm/r)参考值

刀杆截面尺寸 $H \times B$	刀片尺寸 宽/mm	刀片尺寸 长/mm	变形高温合金 $\sigma_b < 883$ MPa	变形高温合金 $\sigma_b > 883$ MPa	铸造高温合金 $\sigma_b < 883$ MPa	铸造高温合金 $\sigma_b > 883$ MPa
25×16	5	20	0.1~0.14	0.08~0.12	0.1~0.14	0.08~0.12
25×16	10	25	0.1~0.14	0.08~0.12	0.1~0.14	0.08~0.12
30×20	5	25	0.15~0.20	0.1~0.15	0.15~0.20	0.1~0.15
30×20	8	35	0.15~0.20	0.1~0.15	0.15~0.20	0.1~0.15
30×20	12	40	0.15~0.20	0.1~0.15	0.15~0.20	0.1~0.15

注:用高速钢切断车刀时表中数值应乘系数 1.5。

表 3.7 车(镗)高温合金的进给量 f(mm/r)参考值

$Ra/\mu m$	r_ε/mm	$v_c/(m \cdot min^{-1})$ 3	5	10	15	≥20
6.3	<0.5			0.16		
3.2	<0.5			—		0.08
1.6	<0.5			—		0.04
3.2	0.5		0.16			
1.6	0.5		—	0.1		0.12
0.8	0.5			—		0.10
1.6	1.0	0.14	0.28			
1.6	1.0			—		0.12
1.6	2.0			0.28		
0.8	2.0	0.20				0.25

3.3.4 选用性能好的切削液

加工高温合金宜选用极压切削液。加工 Ni 基高温合金不宜用硫化极压切削液,以防应力腐蚀降低其疲劳强度,可用乳化液、透明水基切削液、蓖麻油等。

3.3.5 车削高温合金推荐的切削条件

据资料报导,车削高温合金时可参考表3.8推荐的切削条件。

表3.8 车削高温合金推荐的切削条件

断屑槽形	刀具材料	切削深度 a_p /mm	每齿进给量 f_z /(mm·z^{-1})	切削速度 v_c/(m·min^{-1}) Fe基高温合金 A286 Unitemp212 Incoloy800 Incoloy800H AF-71 Discalog Incolog901 N-155 16-25-6 D-979			Ni基高温合金 Waspaloy Inconel718 Nimonic80A Nimonic90 Inconel713C TDNi TDNiCr Inconel625 Inconel706 Inconel722			Co基高温合金 Rene80 MAR-M905 HS21 V-36 F484 X-30 HaynesAlloy25(L605) HaynesAlloy188 ML1700 AiResist213		
				≤250 HBS	≤350 HBS	>350 HBS	≤250 HBS	≤350 HBS	>350 HBS	≤250 HBS	≤350 HBS	>350 HBS
有断屑槽AG型、R/L型	K10(HTi10)	0.25	0.12	45~65	35~50	30~40	25~40	20~30	18~25	22~32	18~25	16~22
	K20(HTi20T)	1.00	0.20	40~55	30~40	25~35	22~35	18~25	16~22	18~25	16~22	14~20
	超细晶粒硬质合金	2.50	0.25	30~40	25~30	22~28	20~30	16~22	12~18	14~22	12~17	10~16
	TF15	4.00	0.25	16~22	14~20	12~16	15~20	12~16	10~16	8~16	—	—
	PVD涂层硬质合金	0.25	0.12	50~70	45~55	35~45	28~45	22~35	18~25	25~35	20~27	18~24
	AP10H	1.00	0.20	45~60	35~50	30~40	25~40	20~30	18~25	20~30	18~24	14~20
	AP20HT	2.50	0.25	35~50	30~45	25~35	22~35	18~25	14~20	16~24	14~20	10~16
	AP15HF	4.00	0.25	18~25	14~22	14~20	16~25	14~20	12~18	10~18	—	—
	CVD涂层硬质合金	0.25	0.12	55~75	45~60	40~55	39~50	25~49	22~35	23~38	22~30	—
	AP10H	1.00	0.20	50~65	40~55	35~50	28~45	22~35	20~30	22~32	18~35	—
	U735	2.50	0.25	40~50	30~45	30~40	35~40	20~30	16~22	18~25	—	—
	U7020	400	0.25	20~30	18~25	16~22	16~25	—	—	—	—	—
无断屑槽(平)	PCBN	0.25	0.10	100	100	100	100	100	100	100	100	100
	MB810	1.00	0.12	—	—	—	—	—	—	—	—	—
	MB825	1.00	0.25	350	350	350	350	350	350	350	350	350
	FRC(纤维增强陶瓷)	2.00	0.25	300	300	300	300	300	300	300	300	300

注:(1)机床功率大、刚度高。
(2)工件刚度与装夹刚度高。
(3)刀具高刚度,且伸出量合适。
(4)断屑槽具有卷屑、减小切削力和控制切削热的功能。
(5)由于生成剪断屑的动态切削力大,易引起振动,必须考虑消除振动的诱因。

3.4 高温合金的铣削加工

3.4.1 刀具材料的选择

用于高温合金的铣刀除端铣刀和部分立铣刀用硬质合金外,其余各类铣刀大都采用高性能高速钢制造,见表3.9。

表3.9 高温合金铣刀用高速钢

刀具类型	变形高温合金(GH)	铸造高温合金(K)
铣刀	W6Mo5Cr4V2(M2) W12Cr4V4Mo(EV4) W6Mo5Cr4V5SiNbAl(B201) W10Mo4Cr4V3Al(5F6)	W12Mo3Cr4V3Co5Si W2Mo9Cr4VCo8(M42) W6Mo5Cr4V2Al(M2A) W10Mo4Cr4V3Al(5F6)
成形铣刀	W12Mo3Cr4V3Co5Si W2Mo9Cr4VCo8(M42) W6Mo5Cr4V2Al(M2A)	

用作端铣刀和立铣刀的硬质合金以 K10、K20 较合适,因为它们比 K01 更耐冲击和耐热疲劳。

3.4.2 刀具合理几何参数的选择

铣削高温合金时,刀具切削刃既要锋利又要耐冲击,容屑槽要大,为此可采用大螺旋角铣刀。用 W18Cr4V 圆柱铣刀铣高温合金 GH4037 时,螺旋角 β 可从 20°增到 45°,刀具使用寿命几乎提高了 4 倍(见图 3.22)。此时铣刀的 γ_{oe} 由 11°增至 30°以上(见表 3.10),铣削轻快。但 β 不宜再大,特别是立铣刀 $\beta \leq 35°$为宜,以免削弱刀齿。

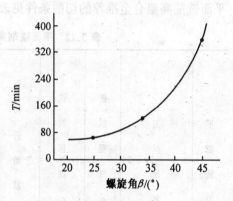

图 3.22 铣 GH4037 时的 $\beta - T$ 关系
$\gamma_n = 5°, \alpha_0 = 15°; VB = 0.4 \text{ mm}; a_p = 20 \text{ mm},$
$a_e = 2 \text{ mm}, f_z = 0.08 \text{ mm/z}$

铣削高温合金时 $\gamma_n = 5° \sim 12°$(变形高温合金), $\gamma_n = 0° \sim 5°$(铸造高温合金); $\alpha_0 = 10° \sim 15°$,螺旋角 $\beta = 45°$(圆柱铣刀), $\beta = 28° \sim 35°$(立铣刀)。错齿三面刃铣刀 $\gamma_n = 10°, \alpha_0 = 15° \sim 16°$;端铣刀 $\kappa_r = 45°, \kappa'_r = 10°, b_{\gamma 1} = 1.1 \sim 1.5 \text{ mm}, \lambda_s = 10°$。

表 3.10 高速钢螺旋齿圆柱铣刀切削 GH4037 时的工作前角 γ_{oe}

螺旋角 β	10°			20°			30°		
γ_n	5°	10°	15°	5°	10°	15°	5°	10°	15°
γ_{oe}	6°30′	11°20′	16°10′	11°	15°10′	19°20′	17°50′	21°20′	24°50′
螺旋角 β	40°			50°			60°		
γ_n	5°	10°	15°	5°	10°	15°	5°	10°	15°
γ_{oe}	27°	29°30′	32°	37°30′	39°15′	41°	49°30′	50°30′	51°30′

3.4.3 铣削用量的选择

铣削高温合金的铣削用量可参见表 3.11。

表 3.11 铣削高温合金的切削用量

工件材料	圆柱铣刀						立铣刀			成形铣刀		
	高速钢			硬质合金			高速钢			高速钢		
	v_c /(m·min^{-1})	f_z /(mm·z^{-1})	a_p /mm	v_c /(m·min^{-1})	f_z /(mm·z^{-1})	a_p /mm	v_c /(m·min^{-1})	f_z /(mm·z^{-1})	a_p /mm	v_c /(m·min^{-1})	f_z /(mm·z^{-1})	a_p /mm
变形高温合金	3~12	0.03~0.08	2~6	18~30	0.07~0.2	1~4	6~10	0.05~0.12	3~5	10~12	0.06~0.08	~3
铸造高温合金				12~15	0.15~0.3	0.5~1.5				5	0.04~0.05	2

3.4.4 推荐的平面铣削条件

平面铣削高温合金推荐的切削条件见表 3.12。

表 3.12 平面铣削高温合金推荐的切削条件

平面铣刀	刀具材料	铣削宽度 a_e /mm	铣削深度 a_p /mm	每齿进给量 f_z /(mm·z^{-1})	切削速度 v_c/(m·min^{-1})								
					Fe 基高温合金			Ni 基高温合金			Co 基高温合金		
					A286 Unitemp212 Incoloy800 Incoloy800H AF-71 Discalog Incolog901 N-155 16-25-6 D-979			Waspaloy Inconel718 Nimonic80A Nimonic90 Inconel713C TDNi TDNiCr Inconel625 Inconel706 Inconel722			Rene80 MAR-M905 HS21 V-36 F484 X-30 HaynesAlloy25 (L605) HaynesAlloy188 ML1700 AiResist213		
					≤250 HBS	≤350 HBS	>350 HBS	≤250 HBS	≤350 HBS	>350 HBS	≤250 HBS	≤350 HBS	>350 HBS
γ_n = 10°~18°	K10(HTi10)	3/4D_0	0.25	0.08	35~55	30~45	25~40	30~40	22~30	18~25	22~30	18~25	16~22
	K20(HTi20T)		1.00	0.10	30~50	25~40	20~35	25~35	20~28	16~22	20~28	16~22	12~18
	超细晶粒硬质合金		2.50	0.10	25~40	20~35	16~25	20~30	18~25	14~20	16~25	12~18	10~16
	TF15		4.00	0.10	18~25	16~22	14~20	16~25	14~20	10~16	—	—	—
	硬质合金 PVD 涂层	3/4D_0	0.25	0.08	40~60	35~55	30~45	35~50	25~35	20~30	25~35	20~30	16~22
	AP10H		1.00	0.10	35~55	25~45	25~40	30~45	25~35	18~28	25~35	18~28	14~20
	AP20HT		2.50	0.10	30~50	25~40	20~30	25~35	20~30	16~22	18~28	16~22	10~18
	AP15HF		4.00	0.10	20~30	18~25	16~22	16~25	16~25	12~18	—	—	—
	硬质合金 CVD 涂层	3/4D_0	0.25	0.08	45~65	40~60	35~50	40~55	30~40	22~35	17~27	22~30	
			1.00	0.10	40~60	35~50	30~45	35~50	25~35	20~25	14~16	18~35	
	U735		2.50	0.10	35~55	30~45	25~40	30~40	20~30	—	10~14	—	
	U7020		400	0.10	—	—	—	—	—	—	—	—	—

注:(1)机床功率要大、刚度要高。(2)工件刚度与装夹刚度高。(3)刀具刚度高,且伸出量合适。(4)断屑槽具有卷屑、减小切削力和控制切削热的功能。(5)要防止切屑飞出和切屑损坏切削刃。(6)使用合适的切削液,防止刀具热疲劳破坏。

立铣刀加工高温合金推荐的切削条件见表 3.13。

表 3.13 立铣刀铣削高温合金推荐的切削条件

立铣刀参数	刀具材料	铣削深度 a_p /mm	铣削宽度 a_e /mm	每齿进给量 f_z /(mm·z^{-1})	切削速度 v_c/(m·min^{-1})							
					Fe 基高温合金 A286 Unitemp212 Incoloy800 Incoloy800H AF-71 Discalog Incolog901 N-155 16-25-6 D-979			Ni 基高温合金 Waspaloy Inconel718 Nimonic80A Nimonic90 Inconel713C TDNi TDNiCr Inconel625 Inconel706 Inconel722			Co 基高温合金 Rene80 MAR-M905 HS21 V-36 F484 X-30 HaynesAlloy25 (L605) HaynesAlloy188 ML1700 AiResist213		
					≤250 HBS	≤350 HBS	>350 HBS	≤250 HBS	≤350 HBS	>350 HBS	≤250 HBS	≤350 HBS	>350 HBS
$D_0=6$ mm $Z=4$ $\beta=45°$	硬质合金	1.5D_0	1/10D	0.06	30~45	25~40	20~30	25~40	20~25	16~25	20~28	18~25	16~22
	超细晶粒硬质合金		1/5D	0.05	25~35	22~32	18~25	22~32	16~22	14~20	18~25	16~22	14~20
	PVD 涂层		1/3D	0.04	22~30	20~28	16~22	20~28	14~18	12~17	16~22	14~20	12~18
$D_0=12$ mm $Z=4$ $\beta=45°$	硬质合金	1.5D_0	1/10D	0.09	30~45	25~40	20~30	25~40	22~30	16~25	20~28	18~25	16~22
	超细晶粒硬质合金		1/5D	0.07	25~35	22~32	18~25	22~32	16~22	14~20	18~25	16~22	14~20
	PVD 涂层		1/3D	0.05	22~30	20~28	16~22	20~28	14~18	12~15	16~22	14~20	12~18
$D_0=18$ mm $Z=4$ $\beta=45°$	硬质合金	1.5D_0	1/10D	0.12	30~45	25~40	20~30	25~40	22~30	16~25	20~28	18~25	16~22
	超细晶粒硬质合金		1/5D	0.08	25~35	22~32	18~25	22~32	16~22	14~20	18~25	16~22	14~20
	PVD 涂层		1/3D	0.06	22~30	20~28	16~22	20~28	14~18	12~17	16~22	14~20	12~18

注:(1)机床功率要大、刚度要高。
(2)刀杆、刀夹及夹具具有大的夹紧力,且有高精度。
(3)切削刀具不能振动、伸出量合适。
(4)切削液性能合适。
(5)要防止切屑飞出,并确保切屑不划伤切削刃。

3.5 高温合金的钻削加工

在高温合金上钻孔时,扭矩和轴向力均很大;切屑易粘结于钻头上,切屑不易折断,排屑困难;加工硬化严重,钻头转角处易磨损,钻头刚度差易引起振动。为此,必须选用超硬高速钢或超细晶粒硬质合金或钢结硬质合金制造钻头。

除此以外,就是对现有钻头结构进行改进或使用专用的特殊结构钻头。

3.5.1 改进钻头结构

详见第 2 章 2.3.5 之相应内容。

3.5.2 采用特殊结构钻头

可采用 S 型硬质合金钻头(见图 3.23)和四刃带钻头(见图 3.24)。

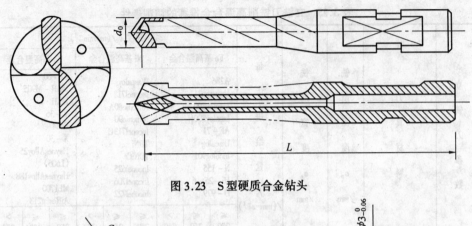

图 3.23 S 型硬质合金钻头

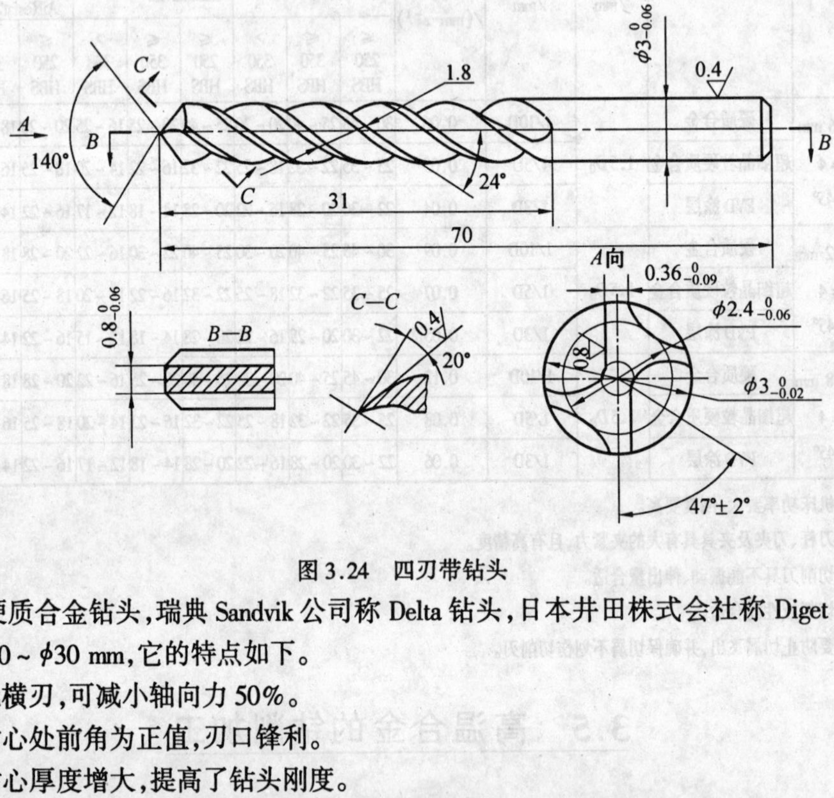

图 3.24 四刃带钻头

S 型硬质合金钻头,瑞典 Sandvik 公司称 Delta 钻头,日本井田株式会社称 Diget 钻头,现有规格 $\phi 10 \sim \phi 30$ mm,它的特点如下。

(1)无横刃,可减小轴向力 50%。

(2)钻心处前角为正值,刃口锋利。

(3)钻心厚度增大,提高了钻头刚度。

(4)圆弧形切削刃,排屑槽分布合理,便于断屑成小块,利于排屑。

(5)有两个喷液孔,便于冷却和润滑。

据介绍,这种钻头特别适用于 Inconel 类高温合金的钻削,其加工精度为 IT9 级,Ra 达 $1 \sim 2$ μm,但要求机床主轴与钻头的同轴度误差在 0.03 mm 之内。

四刃带钻头在合理排屑槽形与尺寸参数的配合下,加大了截面惯性矩,提高了钻头的强度和刚度。用此钻头,在相同扭矩情况下,扭转变形远小于标准钻头的扭转变形。

3.5.3 钻削用量

钻削高温合金的钻削用量可参见表 3.14。

表 3.14 高温合金的钻削用量

牌号	材料状态	刀具材料	钻头直径 d_o/mm	v_c /(m·min^{-1})	f /(mm·r^{-1})	切削液
GH3030	210~230 HBS σ_b = 716~765 MPa	W18Cr4V W2Mo9Cr4VCo8	30 12 6 8	1 3.5 6 15	0.17 0.06 手动 0.23	乳化液 水基透明 切削液
GH3039	σ_b = 734 MPa	W18Cr4V	9 12 18 20 30 37	7.5 8 10 10 10 10	0.25	水基透明 切削液
GH3044	σ_b = 687 MPa $d_痕$ ≥ 3.6 mm	W2Mo9Cr4VCo8	18	7	—	
GH1035	σ_b = 726 MPa	W18Cr4V	3 5	4 8	0.2 0.2	乳化液
GH4033A	σ_b = 1 059~1 236 MPa $d_痕$ = 3.3~3.6 mm	W2Mo9Cr4VCo8	6 9 12	6 5 6	0.075 0.075 0.048	电解切削液 透明切削液
GH2036	σ_b ≥ 834 MPa $d_痕$ = 3.45~3.65 mm	W12Mo3Cr4V3Co5Si W18Cr4V	8 12 20	8 12 20	0.07	透明切削液
GH4037	σ_b = 1 118 MPa $d_痕$ = 3.3~3.7 mm	W2Mo9Cr4VCo8	8	4	0.17	
GH4049	$d_痕$ = 3.3~3.7 mm	W12Cr4V4Mo W2Mo9Cr4VCo8	5 8	2 4	0.1 0.12	防锈切削液
GH2132	—	W18Cr4V W12Mo3Cr4V3Co5Si	3~8	6~12	0.07~0.1	
GH2135	σ_b ≥ 1 079 MPa $d_痕$ = 3.4~3.8 mm	W2Mo9Cr4VCo8 YG8, YG6X	12 10	4 5	0.12	乳化液
K403	σ_b = 893~912 MPa	W18Cr4V W2Mo9Cr4VCo8 YG8, YG6X	10 8~10	5~9 8~14	0.05~0.06 0.04~0.1	极压切削液 乳化液 防锈切削液

也可参考国外推荐的切削条件(见表 3.15)。

表 3.15 高温合金钻孔推荐的切削条件

钻头直径与冷却方式	钻头种类	钻孔深度/(mm)	进给量 f/(mm·r^{-1})	切削速度 v_c/(m·min^{-1})								
				Fe 基高温合金 A286 Unitemp212 Incoloy800 Incoloy800H AF-71 Discalog Incolog901 N-155 16-25-6 D-979			Ni 基高温合金 Waspaloy Incone718 Nimonic80A Nimonic90 Inconel713C TDNi TDNiCr Inconel625 Inconel706 Inconel722			Co 基高温合金 Rene80 MAR-M905 HS21 V-36 F484 X-30 HaynesAlloy25(L605) HaynesAlloy188 ML1700 AiResist213		
				≤250 HBS	≤350 HBS	>350 HBS	≤250 HBS	≤350 HBS	>350 HBS	≤250 HBS	≤350 HBS	>350 HBS
$d_o=6$ mm 内冷却式	超细晶粒硬质合金 PVD	$3d_o$	0.08	18~25	16~22	14~20	16~22	14~20	12~18	14~20	12~18	10~16
$d_o=12$ mm 内冷却式	超细晶粒硬质合金 PVD	$3d_o$	0.10	18~25	16~22	14~20	16~22	14~20	12~18	14~20	12~18	10~16
$d_o=18$ mm 内冷却式	超细晶粒硬质合金 PVD	$3d_o$	0.12	18~25	16~22	14~20	16~22	14~20	12~18	14~20	12~18	10~16

注:(1)机床功率要大、刚度要高。
(2)刀具、刀夹及夹具有高精度和高刚度。
(3)工件保持合适刚度。
(4)刀具不能振动,伸出量要合适。
(5)用合适的切削液。

3.6 高温合金的铰孔

3.6.1 铰刀材料

用于高温合金的铰刀应该采用 Co 高速钢和 Al 高速钢整体制造;如用细晶粒、超细晶粒硬质合金作铰刀时,小于 $\phi 10$ mm 的铰刀整体制造,大于 $\phi 10$ mm 的铰刀做成镶齿结构。

3.6.2 铰刀几何参数的选择

用于高温合金的铰刀几何参数可参见表 3.16。

表 3.16 用于高温合金的铰刀几何参数

高温合金类型	高速钢					硬质合金				
	γ_o	α_o	κ_r	λ_s	b_{a1}/mm	γ_o	α_o	κ_r	λ_s	b_{a1}/mm
变形合金	2°~5°	6°~8°	5°~15°(通孔) 45°(盲孔)	8°	0.1~0.15	0°~5°	12°	3°~10°(通孔) 45°(盲孔)	0°~8°	0.1~0.15
铸造合金	0°~5°	8°~12°				0°~-5°				

3.7 高温合金攻螺纹

在高温合金上攻制螺纹,特别是在 Ni 基高温合金上攻制螺纹比在普通钢用上要困难得多,主要表现为攻丝扭矩大,丝锥容易被"咬孔"在螺孔中,丝锥易出现崩齿或折断。

3.7.1 丝锥材料的选择

用于高温合金丝锥的材料与用于高温合金钻头的材料相同。

3.7.2 成套丝锥的负荷分配

通常情况下高温合金攻螺纹均采用成套丝锥,成套丝锥的把数可参见表 3.17。近年来机用丝锥也开始采用单锥,如用修正齿形角的丝锥效果明显,详见第 4 章钛合金加工。

表 3.17 用于高温合金的成套丝锥把数

螺距 P/mm	0.2~0.5	0.7~1.75	2.0~2.5
每套丝锥把数	2	3	4

高温合金用丝锥的切削负荷常用锥形设计分配法,负荷分配比例见表 2.24 不锈钢丝锥负荷分配。

3.7.3 丝锥的结构尺寸及几何参数

(1) 丝锥外径 d_o

为改善丝锥的切削条件,可把末锥的外径做得略小于一般丝锥,如图 2.40 所示。

(2) 丝锥心部直径 d_f 及齿背宽度 f

d_f 及 f 如图 2.41 所示。

用于高温合金丝锥的 d_f 为

三槽丝锥:$d_f \approx (0.45 \sim 0.5) d_o$

四槽丝锥:$d_f \approx (0.5 \sim 0.52) d_o$

(3) 丝锥的切削锥角 κ_r

κ_r 的大小将影响切削层厚度、扭矩、生产效率、表面质量及丝锥使用寿命,可取 $\kappa_r =$

$2°30' \sim 7°30'$（头锥），二锥和三锥则相应适当加大。

(4) 校准部长度和倒锥量

用于高温合金丝锥的校准部不能过长，一般约为$(4 \sim 5)P$，否则会加剧摩擦。为减小摩擦，倒锥量应适当加大。

3.7.4 攻丝速度 v_c

高速钢丝锥的 v_c 可参见表 3.18，硬质合金丝锥的 v_c 可参见表 3.19。

表 3.18 高速钢丝锥切削速度 v_c 参考值

高温合金种类	σ_b/MPa	M1~1.6	M2~3	M4~5	M5~8	M10~12	M14~16	M18~20
变形高温合金	785~1 079	0.5~0.8	0.8~1.0	1.0~1.5	1.5~2.0	1.8~2.5	2.5~3.5	3.0~4.0
	1 079~1 275	手动	0.3~0.5	0.5~1.0	0.8~1.2	1.0~1.5	1.2~1.7	1.5~2.0
铸造高温合金	785~981			0.5~0.8	0.5~1.0		1.0~1.5	1.2~1.8

表 3.19 硬质合金丝锥切削速度 v_c 参考值

高温合金种类	σ_b/MPa	M1~1.6	M2~3	M4~5
变形高温合金	883~1 071	2.0~2.5	3.0~4.0	4.5~6.0
	1 071~1 275	1.5~2.0	2.5~3.5	4.0~5.0
铸造高温合金	785~981	1.0~1.5	2.0~2.5	3.0~4.0

3.7.5 底孔直径

在高温合金上攻螺纹时，螺纹底孔直径应比普通钢略大一些，可参见钛合金攻螺纹底孔直径选取。

3.8 高温合金的拉削

生产中高温合金的拉削常用于燃汽轮机涡轮盘榫槽及涡轮叶片榫齿的加工，榫槽和榫齿的形状复杂，尺寸精度和表面质量要求较高。由于高温合金的高温强度高，导热性差，易加工硬化，拉削力大，所以拉削温度高、拉刀刀齿极易磨损。当齿升量 $f_z = 0.09$ mm，切削总宽度 $\Sigma b_D = 8$ mm，同时工作齿数 $Z_e = 3 \sim 4$ 时，拉削 GH2132 的总拉削力可达 $F_c = 25$ kN。

3.8.1 榫槽拉削图形的选择

图 3.25 给出了枞树形榫槽渐成式拉削图形和成形式拉削图形。渐成式拉削主要靠齿顶刃 A 完成切削工作，榫槽侧面是靠副切削刃逐渐形成的，同键槽拉刀一样，因而侧面粗糙度较大；但切削厚度 h_D 较大，拉刀刀齿数较少，单位切削力又小，故总拉削力减小；由于 κ'_r 的存在，又减小了副切削刃与槽侧面间的摩擦，且制造也较容易，生产效率高，故粗切齿可按渐成式制造。

成形式拉削图形中的全型榫槽形状是由 C、D、E 三个切削刃形成的,齿升量较小,故加工表面粗糙度较小;但由于切削厚度 h_D 较小,单位切削力较大,故总拉削力大;拉刀刀齿数较多,制造较困难,故只宜精切齿采用。

生产中也有采用分段成形拉削图形的。图 3.26 给出了 Fe 基高温合金涡轮盘榫槽的全型面成形拉削图形和分段成形拉削图形。

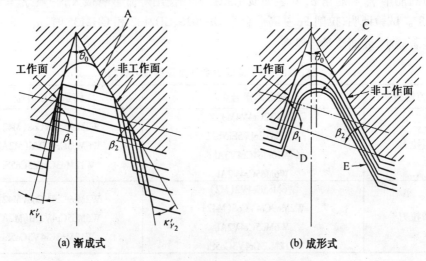

图 3.25　榫槽渐成式和成形式拉削图形

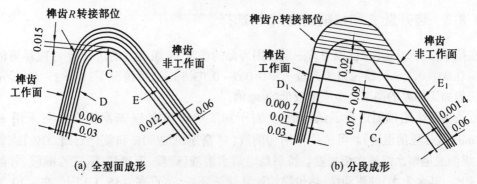

图 3.26　全型面成形与分段成形拉削图形

全型面成形拉削(见图 3.26(a))中,切削刃 C、D、E 的齿升量分别为 0.015 mm、0.006 mm、0.012 mm,切削刃 C 与 D、E 的转角处必须用 R 圆弧连接。分段成形拉削(见图 3.26(b))中,C、D、E 每个切削刃的齿顶、齿侧均有齿升量。如齿顶刃齿升量为 0.07 ~ 0.09 mm,榫齿工作面的总拉削余量只有 0.01 mm,D_1 切削刃的齿升量只有 0.000 7 mm,E_1 的齿升量为 0.001 4 mm,比全型面成形拉削刀齿的齿升量小得多,比高速钢拉刀刀齿钝圆半径 r_n = 0.005 mm 还小,实际上刀齿 D_1、E_1 切削刃根本无切削作用,只起熨压作用。其好处是获得了有残余压应力的表面,大大减少了榫槽裂纹的产生,提高了榫槽表面的疲劳强度。

按分段成形式拉削图形制造的拉刀比全型面拉刀制造要简单,拉出的表面粗糙度也较小,故精拉刀应选择分段成形式拉削。

但必须注意,只有在拉削力对称的情况下,分段成形式拉削才具有上述优点,否则由于拉削力的不对称,工件有向某方向偏移的趋势,造成"啃刀"。

3.8.2 拉刀材料及几何角度的选择

用于高温合金的拉刀材料要比普通拉刀具有更好的性能,可参见表3.20。有条件的可选用粉末冶金高速钢,其效果会更好。

拉刀的前角 γ_o 和后角 α_o 对表面质量和拉刀的使用寿命影响很大,一般 $\gamma_o = 15° \sim 20°$,$\alpha_o = 3° \sim 8°$。试验证明,拉削 Fe 基高温合金 GH2036、GH2132 和 GH2135 时,$\alpha_o = 6° \sim 8°$,拉刀的振动显著减小,表面质量会提高。

表 3.20 用于高温合金的高速钢拉刀材料

拉刀性质	变形高温合金	铸造高温合金
粗拉刀	W12Cr4V4Mo W6Mo5Cr4V5SiNbAl W10Mo4Cr4V3Al W6Mo5Cr4V2Al	W2Mo9Cr4VCo8(M42) W6Mo5Cr4V2Al(M2A) W12Mo3Cr4V3Co5Si
精拉刀	W6Mo5Cr4V2(M2) W2Mo9Cr4VCo8(M42) W6Mo5Cr4V2Al W12Mo3Cr4V3Co5Si	W2Mo9Cr4VCo8(M42) W6Mo5Cr4V2Al(M2A) W12Mo3Cr4V3Co5Si

3.8.3 齿升量 f_z 和拉削速度 v_c 的选择

在拉床拉力允许并保证拉刀有一定使用寿命的情况下,粗拉刀的齿升量 f_z 应尽可能大些,$f_z = 0.04 \sim 0.1$ mm,精拉刀齿升量 $f_z = 0.005 \sim 0.03$ mm;通常情况下,$v_c = 2 \sim 12$ m/min,对于切削加工性差的高温合金应取较低的 v_c 值。

近些年对高速拉削进行了试验研究,对于加工性较好的 Fe 基高温合金可采用 $v_c = 20$ m/min(最佳拉削温度)。可选用专用切削液(7# 高速机油 80% 和氯化石蜡 20%)或氯化石蜡、煤油或电解水溶液作切削液。特别是电解水溶液(硼酸、亚硝酸钠、三乙醇胺、甘油各 7% ~ 10%,其余为水)的流动性、热传导性比乳化液还好,冰点在 -15 ℃ 以下,在 -10 ℃ 时仍有较好的流动性。其效果非常好,加工后零件可不清洗,也不会锈蚀。

3.8.4 容屑槽形

拉削榫槽时,切屑在容屑槽中会卷成厚度不均匀、不规则的多边形,会卡在容屑槽中不易清除,不仅产生了不均匀附加力,也降低了生产效率。为此,可将拉刀容屑槽做成带卷屑台的容屑槽形(见图 3.27),即在距切削刃 L 处磨出 γ_o' 的辅助前刀面,以便于切屑卷曲所需要的初始圆弧半径 R_o。

由于拉削厚度 $h_D(f_z)$ 很小,故有 $R_o = \dfrac{L}{\tan \beta}$

式中 $\beta = \dfrac{\gamma_o + \gamma_o'}{2}$;

L——切削刃至辅助前刀面的距离;

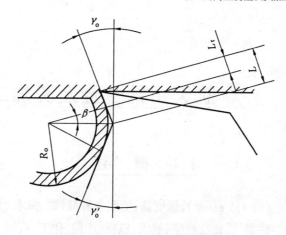

图 3.27 带卷屑台的容屑槽形

γ_o——拉刀前角;

γ_o'——拉刀辅助前角。

在设计卷屑台时,应考虑齿升量 f_z 的大小,f_z 取得大,L 值也应取大些;v_c 增大,L 值应取小些。

试验证明,拉削 GH2136 时,$\gamma_o' = 10°$,$L = 0.65 \sim 0.8$ mm,$v_c = 2 \sim 8$ m/min,$f_z = 0.05 \sim 0.1$ mm,$\gamma_o = 10°$,$\alpha_o = 4°$,可有效控制切屑卷曲成光滑的螺旋卷,对粗拉刀(开槽拉刀)尤为重要。

复习思考题

1. 试述高温合金的种类与切削加工特点?
2. 高温合金的车削、铣削应选择何种刀具材料合适?为什么?
3. 高温合金的钻孔、攻丝、拉削的困难如何解决?

第4章 航天用钛合金及其加工技术

4.1 概述

钛合金具有密度小(约 4.5 g/cm^3),强度高,能耐各种酸、碱、海水、大气等介质的腐蚀等一系列优良的物理力学性能,因此在航空、航天、核能、船舶、化工、石油、冶金、医疗器械等工业中得到了越来越广泛地应用。

4.1.1 钛合金的分类

钛是同素异构体,熔点 1 720 ℃,882 ℃为同素异构转变温度。α-Ti 是低温稳定结构,呈密排六方晶格;β-Ti 是高温稳定结构,呈体心立方晶格。不同类型的钛合金,就是在这两种不同组织结构中添加不同种类、不同数量的合金元素,使其改变相变温度和相分含量而得到的。室温下钛合金有三种基体组织(α、β、α+β),故钛合金也相应分为三类(见表 4.1)。

1. α 钛合金

它是 α 相固溶体组成的单相合金。耐热性高于纯钛,组织稳定,抗氧化能力强,500~600 ℃下仍保持其强度,抗蠕变能力强,但不能进行热处理强化。牌号有 TA7、TA8 等。

2. β 钛合金

它是 β 相固溶体组成的单相合金。不经热处理就有较高强度,淬火时效后合金得到了进一步强化,室温强度可达 1 373~1 668 MPa,但热稳定性较差,不宜在高温下使用。牌号有 TB1、TB2 等。

3. α+β 钛合金

它由 α 及 β 两相组成,α 相为主,β 相少于 30%。此合金组织稳定,高温变形性能好,韧性和塑性好,能通过淬火与时效使合金强化,热处理后强度可比退火状态提高 50%~100%,高温强度高,可在 400~500 ℃下长期工作,热稳定性稍逊于 α 钛合金。牌号有 TC1、TC4、TC6 等。

4.1.2 钛合金的性能特点

1. 比强度高

钛合金的密度仅为钢的 60% 左右,但强度却高于钢,比强度(强度/密度)是现代工程金属结构材料中最高的,适于做飞行器的零部件。资料介绍,自 20 世纪 60 年代中期起,美国将其 81% 的钛合金用于航空工业,其中 40% 用于发动机构件,36% 用于飞机骨架,甚至飞机的蒙皮、紧固件及起落架等也使用钛合金,大大提高了飞机的飞行性能。

2. 热强性好

往钛合金中加入合金强化元素后,大大提高了钛合金的热稳定性和高温强度,如在 300 ~ 350 ℃下,其强度为铝合金强度的 3 ~ 4 倍(见图 4.1)。

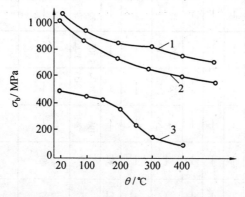

图 4.1 钛合金与铝合金的 $\sigma_b - \theta$ 关系曲线
1—TC8;2—TC6;3—铝合金

3. 耐蚀性好

钛合金表面能生成致密坚固的氧化膜,故耐蚀性能比不锈钢还好。如不锈钢制作的反应器导管在 19% HCl + 10 mg/L NaOH 条件下使用只能用 5 个月,而钛合金的则可用 8 年之久。

4. 化学活性大

钛的化学活性大,能与空气中的氧、氮、氢、一氧化碳、二氧化碳、水蒸气、氨气等产生强烈化学反应,生成硬化层或脆性层,使得脆性加大,塑性下降。

5. 导热性能差、弹性模量小

钛合金的导热系数仅为钢的 1/7(见表 2.8)、铝的 1/14(见表 4.1);弹性模量为钢的 1/2,刚性差、变形大,不宜制作细长杆和薄壁件。

4.2 钛合金的切削加工特点

研究结果表明,钛合金的硬度大于 300HBS 或 350HBS 都难进行切削加工,但困难的原因并不在于硬度方面,而在于钛合金本身的力学、化学、物理性能间的综合,故表现有下列切削加工特点。

1. 变形系数小

变形系数 Λ_h 小是钛合金切削加工的显著特点,Λ_h 甚至小于 1。原因可能有 3 点,第一是钛合金的塑性小(尤其在切削加工中),切屑收缩也小;第二是导热系数小,在高的切削温度下引起钛的 α 向 β 转变,而 β 钛体积大,引起切屑增长;第三是在高温下,钛屑吸收了周围介质中的氧、氢、氮等气体而脆化,丧失塑性,切屑不再收缩,使得变形减小。在惰性气体氩气及空气中的切削试验结果证明了这一点(见表 4.2)。当 $v_c \leq 50$ m/min 时,在两种介质中的 Λ_h 值基本相同,但 $v_c > 50$ m/min 时,二者明显不同。

表 4.1 钛合金的牌号及性能

类型	牌号	组成成份	棒材热处理规范	室温物理力学性能								高温力学性能			低温力学性能				
				σ_b/MPa	δ/%	ψ/%	a_k/($10^4 \cdot J \cdot m^{-2}$)	HBS	E/GPa	k/[W·($m \cdot ℃$)$^{-1}$]	$\alpha^{①}$/($10^6 \cdot ℃^{-1}$)	温度/℃	σ_b/MPa	σ_{100}/MPa	温度/℃	σ_b/MPa	$\sigma_{0.2}$/MPa	δ/%	ψ/%
α型	TA1	工业纯钛		343	25	50	—	—	—	—	—	—	—	—	—	—	—	—	—
	TA2	工业纯钛	(650~700 ℃)×1 h 空冷	441	20	40	—	—	—	—	—	—	—	—	—	—	—	—	—
	TA3	工业纯钛		540	15	35	—	—	—	—	—	—	—	—	—	—	—	—	—
	TA4	Ti-3Al	—	687	12	—	—	—	124~134	10.47	8.2	—	—	—	100~196	893~1207	824~1099	18~14	38~31
	TA5	Ti-4Al-0.05B		687	15	40	58.86	—	124~134	—	9.28	—	—	—	—	—	—	—	—
	TA6	Ti-5Al		687	10	27	29.43	240~300	103	7.54	8.3	350	422	392	—	—	—	—	—
	TA7	Ti-5Al-2.5Sn	(700~850 ℃)×1 h 空冷	785	10	27	29.43	—	103~118	8.79	9.36	350	491	441	196~253	1216~1543	1106~1265	20~19.5	31~9.2
	TA8	Ti-5Al-2.5Sn-3Cn-1.5Zr	—	981	10	25	19.62~29.43	—	—	7.54	8.88	500	687	491	—	—	—	—	—
β型	TB1	Ti-3Al-8Mo-11Cr	淬火(800~850 ℃)×30 min,空冷或水冷	1 079	18	40	29.43	—	>98	—	9.02	—	—	—	—	—	—	—	—
	TB2	Ti-5Mo-5V-8Cr-3Al	时效(450~500 ℃)×8 h,空冷	≤1 079 ~1 373	7 10	—	14.72	—	—	—	8.53	—	—	—	—	—	—	—	—

续表 4.1

类型	牌号	组成成份	棒材热处理规范	室温物理力学性能							高温力学性能				低温力学性能			
				σ_b/MPa	δ/%	ψ/%	a_k/(10^4·J·m^{-2})	HBS	E/GPa	k/[W·(m·℃)$^{-1}$]	α①/(10^{-6}·℃$^{-1}$)	温度/℃	σ_b/MPa	σ_{100}/MPa	温度/℃	σ_b/MPa	$\sigma_{0.2}$/MPa	δ/%	ψ/%
α+β型	TC1	Ti-2Al-1.5Mn	(700~750 ℃)×1 h,空冷	598	15	30	44.15	210~250	108	9.68	8.0	350	343	324	196~253	1 133~1 354	931~1 071	15.4~25	49.3
	TC2	Ti-3Al-1.5Mn	空冷	687	12	30	39.24	60~70 HRB	108~118	—	8.0	350	422	392	—	—	—	—	—
	TC3	Ti-5Al-4V	—	883	11	30	—	320~380	112	—	—	—	—	—	—	—	—	—	—
	TC4	Ti-6Al-4V	(700~800 ℃)×(1~2) h,空冷	903	10	30	39.24	320~360	111	5.44	8.53	400	618	569	196~253	1 511~1 785	1 408~1 717	5~12	—
	TC5	Ti-6Al-2.5Cr	—	932	10	23	—	260~320	108	7.12	8.4	450	589	540	—	—	—	—	—
	TC6	Ti-6Al-2Cr-2Mo-1Fe	(750~870 ℃)×1 h,空冷	932	10	23	29.43	266~331	113	7.95	8.6	450	589	—	—	—	—	—	—
	TC7	Ti-6Al-0.6Cr-0.4Fe-0.4Si-0.01B	(800~900 ℃)×1 h,空冷	981	10	30	34.34	—	125	—	—	450	706	687	—	—	—	—	—
	TC8	Ti-6.5Al-3.5Mo-2.5Sn-0.3Si	—	1 030	9	25	29.43	310~350	115	7.12	8.4	500	785	589	—	—	—	—	—
	TC9	Ti-6.5Al-3.5Mo-2.5Sn-0.3Si	(950~1 000 ℃)×1 h,空冷+(530±10) ℃×6 h空冷	1 059	12	25~30	34.34~39.24	330~365	116	7.54	7.7	500	785	589	—	—	—	—	—
	TC10	Ti-6Al-6V-2Sn-0.5Cu-0.5Fe	(700~800 ℃)×1 h,空冷	1 030	12	—	—	—	106	—	8.32	400	834	785	—	—	—	—	—

注:①温度为100 ℃时。

表 4.2 在氩气和大气中切削时的变形系数对比

v_c /(m·min^{-1})	变形系数 Λ_h				v_c /(m·min^{-1})	变形系数 Λ_h			
	在氩气中		在大气中			在氩气中		在大气中	
	TA6	TC6	TA6	TA6		TA6	TC6	TA6	TA6
340	1.01	—	0.87	—	10	1.6	—	1.46	—
200	1.02	1.01	0.9	0.97	5	—	1.7	—	1.66
100	1.05	1.06	0.95	1.02	0.5	1.26	—	1.37	—
50	1.1	1.14	0.98	1.13					

2. 切削力

在三向切削分力中,主切削力 F_c 比 45 钢的小,背向力 F_p 则比切 45 钢大 20% 左右(见图 4.2),但切削力的大小并非是钛合金难加工的主要原因。

3. 切削温度高

切削钛合金时,切削温度比相同条件下切削其他材料高 1 倍以上(见图 4.3),且温度最高处就在切削刃附近狭小区域内(见图 4.4)。原因在于钛合金的导热系数小,刀 - 屑接触长度短(仅为 45 钢的 50% ~ 60%)。

不同类型的钛合金其切削温度也表现出不同特点。湿切试验中,TB 类钛合金的切削温度比 TC4 钛合金要低 100 ℃左右,比 45 钢高 150 ℃左右(见图 4.5)。

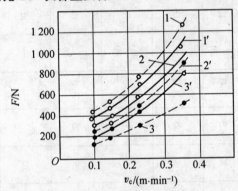

图 4.2 TC5 与 45 钢的切削力对比
1—F_c(45),2—F_p(45),3—F_f(45);1'—F_c(TC5),2'—F_p(TC5),3'—F_f(TC5);v_c = 40 m/min,a_p = 1 mm

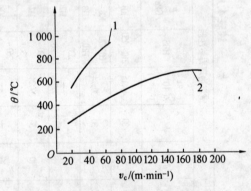

图 4.3 TC4 与 45 钢的 v_c - θ 关系
1—TC4/YG8,2—45 钢/YT15;γ_o = 12°,α_o = α'_o = 8°,κ_r = 75°,κ'_r = 15°,λ_s = 3°,r_ε = 0.5 mm,f = 0.15 mm/r,a_p = 2 mm;干切

4. 切屑形态

钛合金的切屑呈典型的锯齿挤裂状,其形成过程如图 4.6 所示。成因可能是钛的化学活性大,在高温下易与大气中的氧、氮、氢等发生强烈化学反应,生成 TO$_2$、TiN、TiH 等硬脆层。

在生成挤裂切屑的过程中,在剪切区一产生塑性变形,切削刃处的应力集中就使得切削力变大。然而,龟裂进入塑性变形部分,一引起剪切变形,应力释放又使切削力变小。

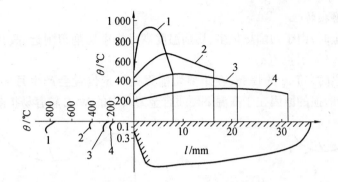

图 4.4 切削不同材料时前后刀面的温度分布
1—BT2,2—GCr15,3—45 钢,4—20 钢;$v_c = 30$ m/min,$f = 0.2 \sim 0.3$ mm/r,$a_p = 4$ mm

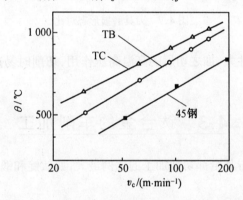

图 4.5 切削温度对比
K10,$(-5°, -6°, 5°, 6°, 15°, 15°, 0.8$ mm$)$;$a_p = 0.5$ mm,$f = 0.1$ mm/r;乳化液

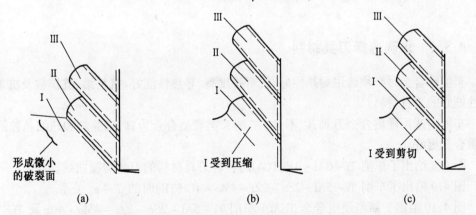

图 4.6 钛合金挤裂屑形成阶段示意图

挤裂屑的生成过程会重复引起切削力的动态变化,伴随一次剪切变形就会出现一次切削力变化,这与切削奥氏体不锈钢情况非常类似。当 $v_c = 200$ m/min 时,伴随挤裂屑现象产生的振动频率约在 15 kHz 左右,切削 Ti 合金的振动频率会更高。

生成硬脆层的加工表面会产生局部的应力集中,从而降低疲劳强度。据资料报导,这种硬脆层厚度约为 $0.1 \sim 0.15$ mm,其硬度比基体高出 50%,疲劳强度降低 10% 左右。

5. 刀具的磨损特性

切削钛合金时,由于切削热量多、切削温度高且集中切削刃附近,故月牙洼会很快发展为切削刃的破损(见图4.7(a))。

切削合金钢时,随 v_c 的提高,在距离切削刃处一定位置会产生月牙洼磨损(见图4.7(b)),产生这种磨损的原因在于高温下硬质合金刀具中的 W、C 较容易扩散。

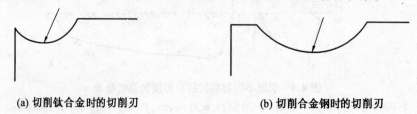

(a) 切削钛合金时的切削刃　　　　　　　(b) 切削合金钢时的切削刃

图 4.7　刀具磨损形态对比

6. 粘刀现象严重

由于钛的化学亲和性大,加之切屑的高温高压作用,切削时易产生严重的粘刀现象,从而造成刀具的粘结磨损。

4.3　钛合金的车削加工

钛合金的车削加工占其全部切削加工的比例最大,如钛锭和锻件的去除外皮加工、钛合金回转件加工等。

要想有效车削钛合金,必须针对其切削加工特点,首先要正确选择刀具材料的种类和牌号,然后再确定刀具的合理几何参数,优化切削用量并选用性能好的切削液及有效的浇注方式。

4.3.1　正确选择刀具材料

车削钛合金时必须选用耐热性好、抗弯强度高、导热性能好、抗粘结、抗扩散及抗氧化磨损性能好的刀具材料。

车削多选用硬质合金刀具,以不含 TiC 的 K 类硬质合金为宜,细晶粒和超细晶粒的 K 类硬质合金更好。

图 4.8 给出了车削 Ti-6Al-4V(TC4)时各种刀具材料的刀具磨损曲线。

图 4.9 给出了车削 Ti-5Al-2Sn-2Zr-4Mo-4Cr(TB)时的 T-v_c 关系。

图 4.10 给出了新型硬质合金 TEA01 车削 Ti-5Al-2Sn-2Zr-4Mo-4Cr 及 Ti-6Al-4V 时刀具磨损曲线。不难看出,无论是断续车削还是连续车削,K10 均表现出较好的切削性能,硬质合金 TEA01 表现有更好的切削性能。不稳定切削时选用超细晶粒硬质合金为宜。

PVD 涂层比 CVD 涂层硬质合金性能要好些。

陶瓷、CBN 切削试验结果如图 4.11 所示。聚晶金刚石 PCD 切削试验结果如图 4.12 所示。

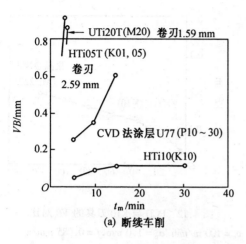
(a) 断续车削

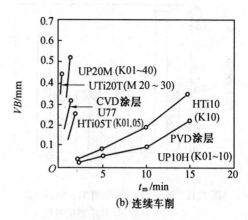
(b) 连续车削

图 4.8　车削 Ti-6Al-4V 时各种刀具的磨损曲线

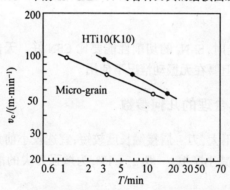

图 4.9　车削 TB 钛合金的 v_c-T 关系曲线

$v_c = 60, 80, 100$ m/min, $a_p = 0.5$ mm, $f = 0.2$ mm/r; 湿切, $VB = 0.3$ mm

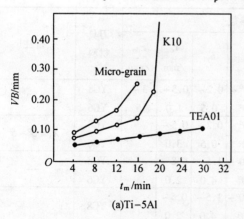
(a) Ti-5Al

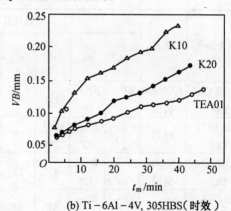
(b) Ti-6Al-4V, 305HBS(时效)

图 4.10　硬质合金切削时的刀具磨损曲线

(a) $v_c = 60$ m/min, $a_p = 0.5$ mm, $f = 0.20$ mm/r; 湿切(油)

(b) $v_c = 40$ m/min, $a_p = 2.5$ mm, $f = 0.4$ mm/r; 湿切(水溶性)

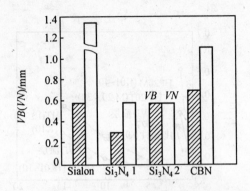

图 4.11　陶瓷与 CBN 车削 Ti-6Al-4V (310 HBS)时刀具磨损对比
$v_c = 100$ m/min, $a_p = 1.5$ mm, $f = 0.15$ mm/r; $t_m = 0.3$ min

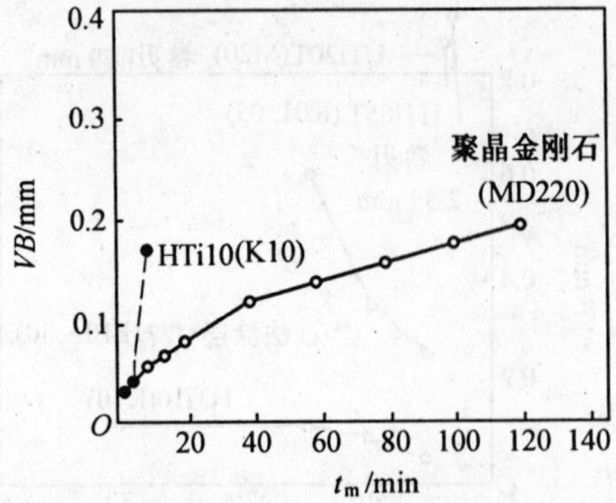

图 4.12　PCD 与 K10 刀具的 VB 对比
$v_c = 100$ m/min, $a_p = 1.0$ mm, $f = 0.085$ mm/r; 湿切(油)

可看出,车削钛合金时,Si_3N_4 的切削性能要比 CBN 好。天然金刚石更适合 $v_c = 100\sim200$ m/min 的高速车削,但要在无振动情况下使用。

4.3.2　选择刀具合理的几何参数

根据钛合金的塑性不大,刀-屑接触长度较短,宜选较小前角 γ_o;由于钛合金弹性模量小,应取较大后角 α_o,以减小摩擦,一般 $\alpha_o \geq 15°$;为增强刀尖的散热性能,主偏角 κ_r 宜取小些,$\kappa_r \leq 45°$ 为好。

钛合金去除外皮的粗车时刀具几何参数见表 4.3。

表 4.3　钛合金去除外皮粗车时的刀具几何参数

钛合金牌号	状态	刀具几何参数								刀具材料	备注
		γ_o	α_o	κ_r	κ'_r	γ_{o1}	$b_{\gamma 1}$	r_ε/mm	r_{Bn}/mm		
TA1、TA2、TA3	ϕ220 mm 铸锭	10°~15°	10°~15°	45°	15°	-5°~0°	0.2~0.5	0.3~1.0	3~5	YG8 YG6	
TA1、TA2、TA3	锻后	-5°~5°	6°~10°	45°~75°	15°	-5°~0°	0.2~0.5	0.5~3.0	—	YG8 YG6	$\lambda_s = 0°\sim 5°$
TA1、TA2、TA3	ϕ518 mm 铸锭	5°~10°	8°~12°	45°	15°	-10°~0°	1.5~4.0	0.8~2.0	—	YG8 YG6	—
TC3、TC4、TC6	铸锭	0°~10°	6°~10°	45°	15°	-10°~0°	1.5~4.0	0.5~2.0	—	YG8	
TC10	铸锭	-5°~5°	5°~10°	45°	15°	-10°~0°	1.5~4.0	0.5~2.0	—	YG8	
钛及钛合金	铸锭切断	10°~15°	8°~12°							YG8	

4.3.3 切削用量的选择

切削温度高是切削钛合金的显著特点,必须优化切削用量以降低切削温度,其中重要的是确定最佳的切削速度。图 4.13 给出了车削钛合金 TC6 时切削用量与切削温度 θ、刀具相对磨损 NB_r 间的关系曲线。

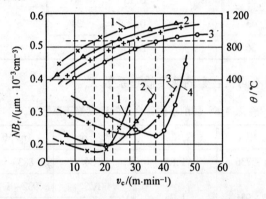

图 4.13 YG8 车削 TC6 时的 v_c 与 θ、NB_r 间关系

1—$f = 0.47$ mm/r,2—$f = 0.37$ mm/r,3—$f = 0.255$ mm/r,4—$f = 0.145$ mm/r;$a_p = 3$ mm

表 4.4 和表 4.5 分别给出了钛锭去除外皮及 YG6X 车削外圆时的切削用量参考值。

表 4.4 钛锭去除外皮的切削用量

材料牌号	状态	切削性质	切削用量			备注
			a_p/mm	$f/(\text{mm}\cdot\text{r}^{-1})$	$v_c/(\text{m}\cdot\text{min}^{-1})$	
TA1、TA2、TA3	ϕ220 mm 铸锭	粗 车 半精车	5.0~8.0 约 4.0	0.3~0.6 0.2~0.4	60~120 100~200	大铸锭去外皮应在钢锭去外皮车床上进行,其他均使用普通车床
TA1、TA2、TA3	ϕ518 mm 铸锭	粗 车 半精车	8.0~15.0 约 5.0	0.5~1.0 0.3~0.5	50~100 70~140	
TA1、TA2、TA3	锻后	粗 车 半精车	5.0~10.0 约 5.0	0.3~0.8 0.3~0.5	35~50 60~140	
TC3、TC4、TC6	铸锭	粗 车 半精车	8.0~15.0 约 5.0	0.5~1.0 0.3~0.5	40~120 50~120	
TC10	铸锭	粗 车 半精车	5.0~10.0 约 4.0	0.2~0.4 0.1~0.3	约 20 约 30	
钛及合金	铸锭	切断	—	0.05~0.09	18~52	

表4.5 YG6X车削钛合金外圆的切削用量参考值

a_p/mm	f/(mm·r^{-1})	v_c/(m·min^{-1})	a_p/mm	f/(mm·r^{-1})	v_c/(m·min^{-1})	a_p/mm	f/(mm·r^{-1})	v_c/(m·min^{-1})
1	0.10	65	2	0.10	49	3	0.10	44
	0.15	52		0.15	40		0.20	30
	0.20	43		0.20	34		0.30	26
	0.30	36		0.30	28			

表4.6给出了切削不同钛合金的速度修正系数 K_v。

表4.6 切削不同钛合金的速度修正系数 K_v

钛合金	σ_b/MPa	K_v	钛合金	σ_b/MPa	K_v
TA2、TA3	441~736	1.85	TC4	883~981	1.0
TA6、TA7 TC1、TC2	883~981	1.25	TC6	932~1 177	0.87
			TB1,TB2	1 275~1 373	0.65

4.4 钛合金的铣削加工

铣削为非连续切削加工,必须正确选择刀具材料、刀具合理几何参数、铣削方式及铣削用量。

4.4.1 正确选择刀具材料

作为非连续切削的铣刀刀齿材料,必须能很好地承受高载荷和热冲击,宜采用 K 类硬质合金(见图4.14),也可选用钴高速钢和铝高速钢。

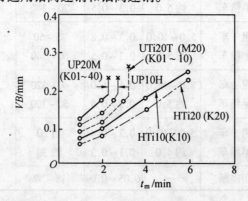

图4.14 铣削 Ti-6Al-4V 的刀具磨损 VB 对比
Ti-6Al-4V 310 HBS;单刃铣刀 ϕ125 mm;v_c = 80 m/min,
a_p = 4 mm,f_z = 0.2 mm/z,a_e = 100 mm;湿切(油)

4.4.2 选择刀具的合理几何参数

铣削钛合金时刀具几何参数可参考表 4.7。

表 4.7 铣削钛合金时刀具的几何参数

铣刀类型	γ_o	α_o	β	κ_r	κ'_r	r_ε/mm	$b_{\gamma 1}$/mm	γ_{o1}
立铣刀	0°~5°	10°~20°	25°~35°	—	—	0.5~1.0	—	—
盘铣刀	5°~10°	10°~15°	15°	—	—	0.1~1.0	—	—
端铣刀	−8°~8°	12°~15°	—	45°~60°	15°	—	1~2.5	0°~−8°

4.4.3 铣削方式的选择

周铣钛合金时应尽量采用顺铣,以减轻粘刀现象。

端铣时要考虑到前刀面与工件的先接触部位及切离时切削厚度的大小。从刀齿受力情况出发,希望铣刀刀齿前刀面远离刀尖部分首先接触工件(见图 4.15 的 U 点或 V 点);从减少粘刀的观点出发,切离时切削厚度应小,故采用不对称顺铣为好。

实际上,端铣刀与工件轴线间的偏移量 e 可决定铣刀刀齿与工件的最佳首先接触部位、顺铣或逆铣及切离时切削厚度的大小,一般以 $e = (0.04 \sim 0.1)D_0$ 为宜。图 4.16 给出了 YG6X 端铣刀铣削 TC4 时,铣刀使用寿命 T 与 e 的关系曲线。

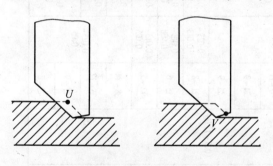

图 4.15 铣刀齿前刀面与工件的首先接触部位

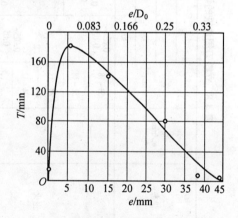

图 4.16 YG6X 端铣刀加工 TC4 时 T 与 e 关系曲线
$v_c = 78$ m/min, $f_z = 0.127$ mm/z, $a_p = 2.5$ mm,
$a_e = 62$ mm; $D_0 = 120$ mm

4.4.4 铣削用量的选择

立铣刀的周边铣削和槽铣的铣削用量选择可参见表 4.8 及表 4.9。

盘铣刀侧面铣和槽铣的铣削用量选择可参见表 4.10,端铣刀铣平面的铣削用量选择参见表 4.11。

表4.8 立铣刀周边铣的切削用量参考值

制造方法	材料种类	HBS(HBW)	状态	a_e/mm	高速钢立铣刀 v_c/(m·min⁻¹)	高速钢立铣刀 f_z/(mm·z⁻¹) 铣刀直径 D_0/mm 10	12	18	25~50	硬质合金立铣刀 v_c/(m·min⁻¹)	硬质合金立铣刀 f_z/(mm·z⁻¹) 铣刀直径 D_0/mm 10	12	18	25~50
锻轧	工业纯钛99.5	110~170	退火	(0.5~1)D_0	53~18	0.025~0.075	0.038~0.102	0.05~0.15	0.075~0.18	130~55		0.06~0.10	0.10~0.15	0.15~0.20
锻轧	工业纯钛99~99.2	140~200	退火	(0.5~1)D_0	52~18					120~53				
锻轧	工业纯钛98.9~99	200~275	退火	(0.5~1)D_0	45~15					105~46				
锻轧	α及(α+β)钛合金	300~340	退火	(0.5~1)D_0	34~12	0.025~0.05	0.038~0.102	0.05~0.15	0.075~0.15	90~40	0.025~0.05	0.025~0.075	0.10~0.15	0.13~0.20
锻轧	α及(α+β)钛合金	310~350	退火	(0.5~1)D_0	30~11					88~38				
锻轧	α及(α+β)钛合金	300~380	退火	(0.5~1)D_0	24~9		0.025~0.05	0.08~0.102	0.05~0.13	69~30			0.10~0.13	0.13~0.18
锻轧	α及(α+β)钛合金	300~380	固溶处理并时效	(0.5~1)D_0	22~9	0.025~0.013	0.038~0.075	0.05~0.13	0.05~0.13	69~30	0.013~0.025	0.025~0.05	0.05~0.10	0.10~0.15
锻轧	α及(α+β)钛合金	370~440	固溶处理并时效	(0.5~1)D_0	21~8	0.018~0.038	0.025~0.05	0.05~0.13	0.075~0.15	58~21	0.018~0.025	0.025~0.05	0.05~0.15	0.13~0.20
锻轧	β钛合金	275~350	固溶处理并时效	(0.5~1)D_0	15~6	0.013~0.025	0.038~0.075	0.05~0.13	0.075~0.15	46~15	0.013~0.025	0.025~0.05	0.075~0.10	0.10~0.15
锻轧	β钛合金	350~440	固溶处理并时效	(0.5~1)D_0	12~5					38~14				
铸造	工业纯钛99.0	150~200	铸后状态或铸后退火	(0.5~1)D_0	38~14	0.025~0.05	0.038~0.102	0.05~0.13	0.075~0.18	115~49	0.025~0.05	0.05~0.102	0.10~0.15	0.15~0.20
铸造	工业纯钛99.0	200~250	铸后状态或铸后退火	(0.5~1)D_0	35~12					105~46				
铸造	α及(α+β)钛合金	300~325	铸后状态或铸后退火	(0.5~1)D_0	27~9		0.025~0.05	0.08~0.13	0.075~0.15	84~37		0.025~0.075	0.10~0.15	0.15~0.20
铸造	α及(α+β)钛合金	325~350	铸后状态或铸后退火	(0.5~1)D_0	23~8					69~24				

表 4.9 立铣刀铣槽的切削用量参考值

制造方法	材料种类	HBS (HBW)	状态	刀具材料	a_e /mm	v_c /(m·min^{-1})	f_z/(mm·z^{-1}) 铣刀直径 D_0/mm			
							10	12	18	25~50
锻	工业纯钛 99.5	110~170	退火	高速钢	(0.75~1)D_0	30~18	0.018~0.025	0.025~0.05	0.05~0.10	0.075~0.13
	工业纯钛 99~99.2	140~200				29~15				
	工业纯钛 98.9~99	200~275				20~12	0.013~0.025	0.015~0.05	0.038~0.075	0.05~0.10
	α及(α+β)钛合金	300~340				18~11				
		300~380	固溶处理并时效			14~8				
轧		300~380				17~9	0.013~0.018	0.018~0.025	0.038~0.05	0.05~0.075
		375~440				15~8				
	β钛合金	275~350	退火或固溶处理			11~6				
		350~440	固溶处理并时效			8~3				
铸造	工业纯钛 99.0	150~200	铸后状态或铸后退火			26~14	0.018~0.025	0.025~0.05	0.05~0.10	0.075~0.013
		200~250				17~12				
	α及(α+β)钛合金	300~325				15~11	0.013~0.025		0.038~0.075	0.05~0.10
		325~350				14~9				

表 4.10 盘铣刀铣削侧面和铣槽时的切削用量参考值

制造方法	材料种类	HBS (HBW)	状态	a_e/mm	高速钢铣刀 v_c/(m·min^{-1})	高速钢铣刀 f/(mm·r^{-1})	硬质合金铣刀 v_c/(m·min^{-1}) 焊接式	硬质合金铣刀 v_c/(m·min^{-1}) 可转位式	硬质合金铣刀 f/(mm·r^{-1})
锻轧	工业纯钛 99.5	110~170	退火	1~8	40~37		105~90	130~110	0.13~0.18
锻轧	工业纯钛 99~99.2	140~200	退火	1~8	35~30		100~84	120~100	0.13~0.18
锻轧	工业纯钛 98.9~99	200~275	退火	1~8	29~24		90~76	110~90	0.13~0.18
锻轧	α及(α+β)钛合金	300~340	退火	1~8	21~15	0.2~0.25	76~60	90~73	0.075~0.13
锻轧	α及(α+β)钛合金	310~350	退火	1~8	18~14	0.2~0.25	69~60	84~73	0.075~0.13
锻轧	α及(α+β)钛合金	320~370	退火	1~8	17~12	0.2~0.25	64~58	76~69	0.075~0.13
锻轧	α及(α+β)钛合金	320~380	退火	1~8	17~11	0.2~0.25	53~46	64~55	0.075~0.13
锻轧	β钛合金	320~380	固溶处理	1~8	15~9	0.15~0.20	49~41	59~50	0.10~0.13
锻轧	β钛合金	370~440	固溶处理并时效	1~8	8~5	0.15~0.20	38~30	46~37	0.10~0.13
锻轧	β钛合金	275~350	退火或固溶处理	1~8	11~8	0.13~0.15	34~27	40~34	0.10~0.13
锻轧	β钛合金	350~440	固溶处理并时效	1~8	6~5	0.10~0.13	30~26	37~30	0.10~0.13
铸造	工业纯钛 99.0	150~200		1~8	34~21	0.075~0.13	90~76	110~95	0.10~0.18
铸造	工业纯钛 99.0	200~250		1~8	24~15	0.075~0.13	85~69	105~85	0.10~0.18
铸造	α及(α+β)钛合金	300~325	铸后状态或铸后退火	1~8	15~8	0.05~0.10	69~46	76~53	0.10~0.18
铸造	α及(α+β)钛合金	325~350	铸后状态或铸后退火	1~8	12~8	0.05~0.10	60~30	69~40	0.10~0.18

表 4.11 端铣刀铣削平面的切削用量参考值

制造方法	材料种类	HBS(HBW)	状态	a_p/mm	高速钢铣刀			硬质合金铣刀		
					v_c/(m·min^{-1})	f_z/(mm·z^{-1})		v_c/(m·min^{-1})		f_z/(mm·z^{-1})
							焊接式	可转位式	
锻轧	工业纯钛 99.5	110~170	退火	1~8	53~32	0.15~0.30	160~85	180~105	0.13~0.40
	工业纯钛 99~99.2	140~200			44~26		120~60	135~76	
	工业纯钛 98.9~99	200~275			32~18	0.10~0.2	100~58	105~72	
	α及(α+β)钛合金	300~340			21~12		79~46	88~56	
		320~380	固溶处理并时效		11~6	0.075~0.18	37~30	40~24	0.10~0.20
	β钛合金	320~380	退火或固溶处理		17~12	0.05~0.15	44~24	49~29	
		370~440	固溶处理并时效		9~6	0.075~0.18	30~15	32~18	
	α及(α+β)钛合金	275~350			12~6	0.05~0.15	40~21	44~26	
		350~440			9~6	0.10~0.20	24~12	27~15	
铸造	工业纯钛 99.0	150~200	铸后状态或铸后退火		46~27		130~84	160~105	0.15~0.25
		200~250			35~21		115~76	125~90	
	α及(α+β)钛合金	300~325			24~14	0.075~0.18	76~50	90~60	0.10~0.2
		325~350			21~14		62~38	76~47	

4.5 钛合金的钻削加工

钛合金的钻削加工与高温合金有相似特点,故选用的刀具材料及麻花钻的改进措施也基本相同,小直径钻头用 YG8、YG6X 整体制造,也可使用特殊结构钻头。

4.5.1 钛合金群钻

钛合金高速钢群钻的切削部分形状及参数见图 4.17 和表 4.12。

4.5.2 四刃带钻头

用四刃带钻头(见图 3.24),在相同切削用量条件下钻削 TC2,钻头使用寿命比标准麻花钻提高 3 倍左右,切削温度降低 20% 左右。由于导向稳定而减小了孔的扩张量,如 $\phi 3$ mm 四刃带钻头钻孔时的扩张量只为 0.03~0.04 mm,而标准麻花钻则为 0.05~0.06 mm,孔扩张量减小了 30~40%。

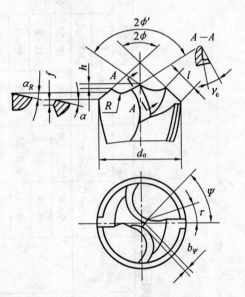

图 4.17 钛合金群钻切削部分形状

表 4.12 钛合金高速钢群钻切削部分的几何参数

钻头直径 d_o	钻尖高 h	内刃圆弧半径 R	横刃长度 b_φ	外刃长度 l	外刃修磨长度 f	外刃顶角 2ϕ	内刃顶角 $2\phi'$	横刃斜角 ψ	内刃前角 γ_τ	内刃斜角 τ	外刃后角 α	固弧刃后角 α_r
/mm						/(°)						
<10~30	—	—	0.4~0.8		0.6	130~140		45	−10~−15	10~15	12~18	18~20
<6~10	0.6~1	2.5~3	0.6~1	1.5~2.5	0.8							
<10~18	1~1.5	3~4	0.8~1.2	2.5~4	1	125~140					10~15	
<18~30	1.5~2	4~6	1~1.5	4~6	1.5							

4.5.3 钻削用量

高速钢钻头的钻削用量及油孔钻或强制冷却钻头的钻削用量分别见表 4.13 和表 4.14。

4.5.4 钛合金的深孔钻削

在钛合金上钻深孔,当孔径 $\phi < 30$ mm 时,可用硬质合金枪钻(见图 4.18);孔径 $\phi > 30$ mm 可用硬质合金 BTA 钻头或喷吸钻等。钻削用量见表 4.15。

表 4.13 高速钢钻头钻钛合金的钻削用量

锻造方法	材料种类	HBS (HBW)	状态	v_c /(m·min^{-1})	f/(mm·r^{-1}) 孔直径 d/mm								刀具材料 ISO
					<1.5	1.6~3	4~6	7~12	13~18	18~25	26~35	36~50	
锻	工业纯钛99.5	110~170		24 34	0.013	0.05	0.13	0.2	0.25	0.3	0.4	0.45	
	工业纯钛99~99.2	140~200		30 27	0.013	0.05	0.13	0.2	0.25	0.3	0.4	0.45	S2,S3
	工业钛98.9~99	200~275	退火	12 17	0.025	0.05	0.13	0.2	0.25	0.3	0.4	0.45	
		300~340		14	—	0.05	0.13	0.18	0.20	0.25	0.3	0.4	
		310~350		11	—	0.05	0.102	0.15	0.18	0.20	0.25	0.3	
轧	α及(α+β)钛合金	320~370		8	—	0.05	0.102	0.15	0.18	0.20	0.25	0.3	
		320~380		6	—	0.05	0.075	0.13	0.15	0.18	0.23	0.25	S9,S11
		300~380	固溶处理并时效	9	—	0.025	0.05	0.075	0.102	0.102	0.13	0.15	
		375~440		6	—	0.025	0.05	0.102	0.13	0.15	0.18	0.20	
	β钛合金	275~350	退火或固溶处理	8	—	0.025	0.05	0.075	0.102	0.102	0.13	0.15	
		350~440	固溶处理并时效	6	—	0.025	0.05	0.075	0.102	0.102	0.13	0.15	
铸	工业钛99.0	150~200	铸后状态或铸后退火	18 24	0.013	0.05	0.13	0.20	0.25	0.30	0.40	0.45	S2,S3
		200~250		12 15	0.025	0.05	0.13	0.20	0.25	0.30	0.40	0.45	
造	α及(α+β)钛合金	300~325		9	—	0.05	0.102	0.15	0.18	0.20	0.25	0.30	S9,S11
		325~350		8	—								

表 4.14 油孔钻或强制冷却钻头钻钛合金的钻削用量

制造方法	材料种类	HBS (HBW)	状态	v_c /(m·min^{-1})	f/(mm·r^{-1}) 孔直径 d/(mm)							刀具材料 ISO
					<3	3~6	7~12	13~18	19~25	26~35	36~50	
锻造	工业纯钛 99.5	110~170		40 84	0.05 0.025	0.13 0.05	0.20 0.10	0.25 0.15	0.30 0.20	0.36 0.25	0.45 0.4	S2,S3,K10
	工业纯钛 99~99.2	140~200		34 76	0.05 0.025	0.13 0.05	0.20 0.10	0.25 0.15	0.30 0.20	0.36 0.25	0.45 0.4	
	工业纯钛 98.9~99	200~275		20 60	0.025 0.025	0.10 0.05	0.15 0.10	0.20 0.15	0.25 0.2	0.30 0.25	0.40 0.40	
		300~340	退火	17 53	0.025 0.025	0.10 0.05	0.15 0.10	0.20 0.15	0.25 0.20	0.30 0.25	0.40 0.40	
		310~350		12 46	0.025 0.013	0.075 0.06	0.13 0.10	0.18 0.15	0.20 0.20	0.25 0.25	0.30 0.30	S11,K10
	α及(α+β)钛合金	320~370		9 30	0.025 0.013	0.075 0.06	0.13 0.10	0.18 0.15	0.20 0.20	0.23 0.23	0.25 0.25	
		320~380		8 30	0.013 0.013	0.05 0.025	0.102 0.005	0.15 0.102	0.18 0.15	0.20 0.20	0.23 0.23	
		320~380	固溶处理并时效	11 30		0.075 0.025	0.13 0.05	0.18 0.102	0.20 0.15	0.25 0.25	0.30 0.25	S2,S3,K10
		375~440	退火或固溶处理	8 24	0.013	0.05 0.025	0.102 0.05	0.15 0.102	0.18 0.15	0.20	0.23	
	β钛合金	275~350	固溶处理并时效	9 24		0.025	0.05	0.05	0.15	0.18	0.20	S9,S11,K10
		350~440		8 24		0.025		0.075	0.13	0.15	0.18	
铸造	工业纯钛 99.0	150~200	铸后状态或铸后退火	30 76	0.05 0.025	0.13 0.05	0.2 0.102	0.25 0.15	0.3 0.2	0.36 0.25	0.45 0.40	
		200~250		18 60	0.025	0.102 0.05	0.15 0.102	0.2 0.15	0.25 0.2	0.3 0.25	0.4	
	α及(α+β)钛合金	300~325		11 46	0.025 0.013	0.075 0.05	0.13 0.102	0.18 0.15	0.2	0.25 0.25	0.4	
		325~350		9 30							0.30	

表 4.15 油孔钻或强制冷却钻头钻钛合金的钻削用量

锻造方法	材料种类	硬度 HBS	状态	v_c/(m·min^{-1})	f/(mm·r^{-1}) 孔直径 d/mm					刀具材料 ISO
					2~4	5~6	7~12	13~18	19~25	26~50	
锻造	工业纯钛 99.5	110~170		76	0.004~0.006	0.008~0.013	0.013~0.018	0.018~0.023	0.02~0.025	0.025~0.038	K20
	工业纯钛 99~99.2	140~200		70							
	工业纯钛 98.9~99	200~275		55							
	α 及 (α+β) 钛合金	300~340	退火	35							
		310~350		35							
		320~370		30							
		320~380	固溶处理并时效	30							
		375~440		20							
	β 钛合金	275~350	退火或固溶处理	30							
		350~440	固溶处理并时效	20							
铸造	工业纯钛 99.0	150~200		60	0.004~0.006	0.008~0.013	0.013~0.018	0.018~0.023	0.02~0.025	0.025~0.038	K20
		200~250		50							
	α 及 (α+β) 钛合金	300~325	铸后状态或铸后退火	35							
		325~350		30							

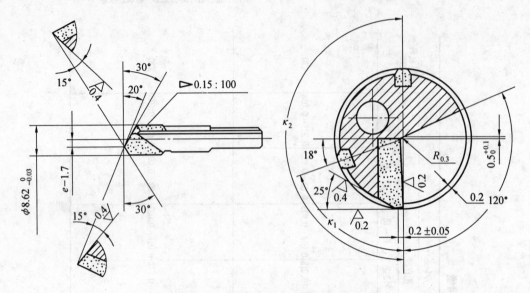

图 4.18 钻削钛合金的硬质合金枪钻

4.6 钛合金攻螺纹

钛合金攻螺纹是钛合金切削加工中最困难的工序,尤其是小孔攻螺纹更加困难,主要表现为攻螺纹的总扭矩大(总扭矩=切削扭矩+摩擦扭矩),约为 45 钢攻螺纹扭矩的 2 倍;丝锥刀齿过快磨损、崩刃,甚至被"咬死"而折断。其主要原因是钛合金的弹性模量太小、屈强比大($\frac{\sigma_s}{\sigma_b} \approx 0.9$),攻制的螺纹表面会产生很大回弹,给丝锥刀齿的侧后刀面与顶后刀面很大的法向压力,从而造成很大的摩擦扭矩;加之切削温度高,切屑有粘刀现象不易排除、切削液不易到达切削区等。为此,可从以下几方面着手解决。

1 选择性能好的刀具材料

如用 Al 高速钢或 Co 高速钢制成的丝锥效果较好,也可对高速钢丝锥表面进行渗氮、低温渗硫、离子注入及涂层等处理。

2.改进标准丝锥结构

(1)加大校准部刀齿的后角

为此,可在校准齿刃留刃带 $b_a = 0.2 \sim 0.3$ mm 后,再加大后角至 20°~30°。

(2)加大倒锥量

在保留原校准齿 2~3 扣后,把倒锥量加大至 0.16~0.3 mm/100mm。

上述两项均可有效地减小摩擦扭矩。

3.采用跳齿结构

丝锥的跳齿方式较多,其中以切削齿与校准齿均在圆周方向上相间保留、去除的跳齿方式较好(见图 4.19(a))。它减少了同时工作刀齿数,使切削扭矩和摩擦扭矩均可下降,既减小了总扭矩,也增大了容屑空间。

4. 采用修正齿丝锥

修正齿丝锥是将螺纹的成形原理,由标准丝锥的成形法改为渐成法,加工原理如图4.20所示。

由于丝锥齿形角 α_0 小于螺纹齿形角 α_1,可使丝锥齿侧与螺纹侧面间形成侧隙角 $\kappa'_r = \dfrac{\alpha_1 - \alpha_0}{2}$,加之倒锥量大,使得摩擦扭矩大大减小,同时也利于切削液的冷却润滑。据资料介绍,这种丝锥最适于钛合金、不锈钢、高强度钢及高温合金攻螺纹。试验证明,用修正齿丝锥在钛合金 TC4 上攻螺纹,可降低扭矩 50% 以上,所攻螺纹质量完全合乎要求。

丝锥设计时可按 $\tan\delta = \tan\kappa_r \left(\tan\dfrac{\alpha_1}{2} \cot\dfrac{\alpha_0}{2} - 1 \right)$ 关系式进行计算。为检验方便,丝锥齿形角可取为 $\alpha_0 = 55°$。通孔丝锥结构可参见图4.21。切削锥角 κ_r 可在 $2°30' \sim 7°30'$ 间选取。

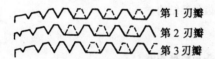

(a) 切削齿和校准齿均相间去除保留方式　　　　(b) 只校准齿相间去除保留方式

图 4.19　跳齿丝锥的跳齿方式

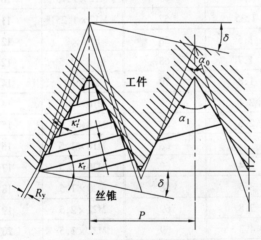

图 4.20　修正齿丝锥加工原理

κ_r—丝锥的切削锥角;δ—丝锥的反向锥角;α_0—丝锥齿形角;α_1—螺纹齿形角

5. 切削液的选用

钛合金攻螺纹时,切削液的选用是否恰当非常重要。一般含 Cl 或 P 的极压切削液效果较好,但含 Cl 极压切削液后必须及时清洗零件,以防止晶间腐蚀。

6. 螺纹底孔直径的选取

钛合金攻螺纹时底孔直径的选取非常重要。可按牙高率(螺孔实际牙型高度与理论牙型高度比值的百分率)不超过 70% 为依据来选取底孔直径的大小,小直径螺纹和粗牙螺纹的牙高率可小些,细牙螺纹的牙高率可大些,螺纹深度小于螺纹直径时可适当加大牙高率。牙高率过大会增大攻丝扭矩,甚至折断丝锥。底孔钻头直径一般应大于一般经验值,可参考

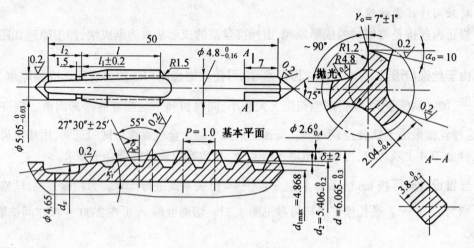

图 4.21 修正齿丝锥结构

表 4.16 选取。

表 4.16 底孔钻头直径推荐值

丝锥尺寸 /mm	钻头直径 d_o/mm	牙高率 /%	丝锥尺寸 /mm	钻头直径 d_o/mm	牙高率 /%
M1.6×0.35	1.3	69	M12×1.75	10.4	70
	1.35	57	M12×1.25	11.1	55
M1.8×0.35	1.5	58	M14×2	12.1	72
M2×0.4	1.7	68	M14×1.5	12.7	70
M2.2×0.45	1.8	70	M16×2	14.3	70
M2.5×0.45	2.1	69	M16×1.5	14.6	70
M3×0.5	2.6	68	M18×2.5	15.7	70
M3.5×0.6	3	68	M18×1.5	16.6	70
M4×0.7	3.4	69	M20×2.5	17.7	71
	3.5	58	M20×1.5	18.6	70
M4.5×0.75	3.8	69	M22×2.5	19.7	71
M5×0.8	4.3	69	M22×1.5	20.6	70
M6×1	5.1	70	M24×3	21.2	71
($\frac{1}{4}$″)M6.3×0.907	5.4	70	M24×2	22.3	69
M7×1	6.1	70	M27×3	24.3	71
M8×1.25	6.9	68	M27×2	25.3	69
M8×1	7.1	69	M30×3.5	26.5	77 *
M10×1.5	8.6	71	M30×2	28	77 *
M10×1.25	8.9	70	M33×3.5	29.5	77 *

注：* 建议钻后再经铰孔。

7. 攻螺纹速度的选取

钛合金攻螺纹速度的选取可见表 4.17。

表 4.17 钛合金攻螺纹速度

工件材料	α型钛合金	(α+β)型钛合金	β型钛合金
$v_c/(\text{m}\cdot\text{min}^{-1})$	7.5~12	4.5~6	2~3.5

注：钛合金硬度≤350 HBS，选用表中较高速度。硬度＞350 HBW 则用表中较低速度。

复习思考题

1. 试述钛合金的种类、性能特点及切削加工特点？
2. 如何选择钛合金切削用刀具材料？
3. 如何解决钛合金钻孔与攻丝的困难？

第 5 章 航天夹层结构材料成型加工技术

5.1 概 述

所谓夹层结构即是用高强度面板(蒙皮)与轻质夹芯材料组成的三层板壳结构。夹层结构的特点是质量轻、强度与刚度高,特别像泡沫塑料夹层结构还具有良好的绝热、隔音与减震性能以及介电性能,故而广泛应用于飞行器,如飞机的机翼、机身壁板、雷达罩、脊背、特设舱口盖、炸弹舱门、方向舵、平尾、尾桨、内外襟翼与副翼,卫星的推进舱和服务舱的承力筒、整流罩及天线双频副反射器等;玻璃钢夹层结构广泛用于导弹、潜艇、扫雷艇、游艇及过街天桥、保温车等结构材料。

据报导,夹层结构最早应用于二战时期,当时的英国"蚊式"飞机结构中就曾采用过轻木夹层结构,广义地讲,这种夹层结构亦属复合材料。

夹层结构的面板是夹层结构的主要承力件,可为金属材料(铝合金、钛合金、不锈钢),也可为复合材料。作为夹层结构的夹芯材料应是密度小,弯曲时还应有一定的抗压和抗剪切能力,主要有蜂窝夹芯和泡沫夹芯两种。与之对应则有蜂窝夹芯夹层结构和泡沫夹芯夹层结构,应用较多的则是以玻璃钢板作蒙皮的玻璃钢蜂窝夹芯夹层结构及泡沫塑料夹芯夹层结构(见图5.1)。

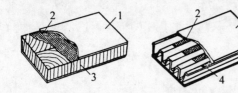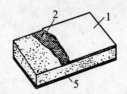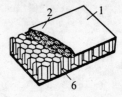

图 5.1 常用的夹层结构形式
1—面板;2—胶层;3—轻质木;4—波纹板;5—泡沫塑料;6—蜂窝夹芯

5.1.1 蜂窝夹芯与蜂窝夹芯夹层结构

蜂窝夹芯按其平面投影形状可分为六角形、菱形、正方形、正弦曲线形和加强六角形等(见图5.2)。

由于六角形的强度与稳定性高、制造容易且省料,故应用较广泛。

按密度大小可将蜂窝夹芯夹层结构分为低密度蜂窝夹芯夹层结构与高密度蜂窝夹芯夹层结构两种。

1. 低密度蜂窝夹芯夹层结构

所谓低密度蜂窝夹芯夹层结构,夹芯材料是用纸、棉布或玻璃布浸渍各种树脂胶粘剂制成的,面板(蒙皮)多用复合材料或薄铝蒙皮,二者胶接而成,此为非金属夹层结构。铝箔胶

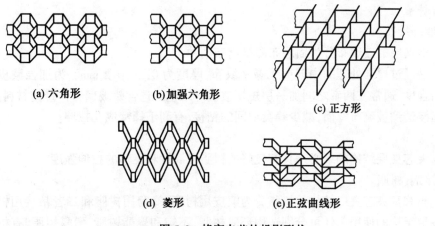

图 5.2 蜂窝夹芯的投影形状

接蜂窝夹芯夹层也属低密度蜂窝夹芯夹层结构。

2. 高密度蜂窝夹芯夹层结构

此类夹层结构的夹芯材料与面板(蒙皮)通常均用铝合金、钛合金或不锈钢制造,用焊接方式连接,属金属夹层结构,主要用于高温高应力条件下工作的结构。

此类蜂窝夹芯夹层结构多用于结构尺寸大,强度要求高的结构件,如雷达罩、反射面、冷藏车地板及箱体结构等。

5.1.2 泡沫夹芯夹层结构

泡沫夹芯夹层结构分为全金属泡沫塑料夹芯夹层结构和非金属泡沫塑料夹芯夹层结构。前者用铝合金作面板、泡沫铝层结构作夹芯,二者用胶接或钎焊法连接;后者以金属或复合材料为面板,各种高分子聚合物泡沫塑料为夹芯,有时也在塑料中配置一定加强材料制成带加强筋的泡沫夹芯塑料,加强材料可以是复合材料或铝合金板等。泡沫塑料一般采用预先发泡后胶接到面板上或直接在夹层结构中发泡的方法。泡沫塑料夹芯夹层结构一般用于受力不大、保温隔热性能要求高的零部件,如飞机尾翼、保温通风管道及样板等。

5.2 夹层结构制造技术

夹层结构不同,其制造方法也不同。

5.2.1 蜂窝夹芯夹层结构制造

蜂窝夹芯夹层结构制造包括蜂窝夹芯成型制造及与面板结合两部分。蜂窝夹芯成型制造方法有塑型胶接法、压制法与胶接拉伸法3种,前2种方法生产效率低、质量差,故很少采用,胶接拉伸法应用较多。

目前的玻璃钢板作蒙皮、玻璃钢蜂窝作夹芯的夹层结构应用较广,故以此为例加以说明。

1. 原材料

(1) 玻璃纤维布

作玻璃钢夹层的玻璃布分为面层布和蜂窝布两种。

面层布是经过增强处理的中碱或无碱平纹布,厚度为 0.1~0.2 mm。为加强蒙皮与蜂窝间的粘结强度,通常在两者之间加一层短切玻璃纤维毡。选含蜡玻璃布作蜂窝材料,这样可防止树脂浸透到玻璃布背面,减少蜂窝块间的粘接,有利于蜂窝成孔拉伸。

(2) 纸

作蜂窝夹芯夹层结构的纸必须具有良好的树脂浸润性和足够的拉伸强度。

(3) 粘接剂(树脂)

作玻璃布蜂窝夹芯夹层结构的树脂分为蒙皮用树脂、蜂窝用树脂和二者粘接用树脂三种。根据夹层结构的使用条件可分别选用环氧树脂、不饱和聚酯树脂、酚醛树脂、有机硅树脂及邻苯二甲酸二丙烯酯等,其中环氧树脂的粘接强度最高,改性酚醛树脂的价格低,故应用广泛。

2. 蜂窝夹芯成型制造

玻璃布蜂窝夹芯成型制造主要采用胶接拉伸法(见图 5.3),即先在蜂窝夹芯材料的玻璃布上涂胶条,然后重叠粘接成蜂窝叠块,固化后按需要的蜂窝高度切成蜂窝条,经拉伸预成型,最后浸胶,固化定型成蜂窝芯。胶条上涂胶可采用手工涂胶法,也可用机械涂胶法。

高强度合金材料夹芯一般采用成型法制造(见图 5.4),先将合金箔轧制成半个蜂窝格孔形状的波形条,然后将各条间点焊(钎焊或扩散焊)连接。

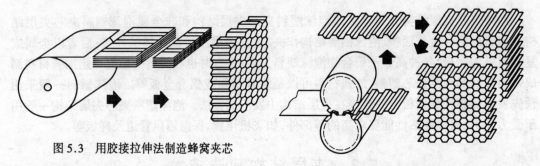

图 5.3 用胶接拉伸法制造蜂窝夹芯

图 5.4 用成型法制造高强度合金材料蜂窝夹芯

3. 蜂窝夹芯夹层结构制造

蜂窝夹芯夹层结构制造有干法与湿法两种。

(1) 干法

先将蜂窝夹芯和面板做好,然后将二者粘接成夹层结构。为保证夹芯材料与面板牢固粘接,常在面板上铺一层薄毡(浸过胶),铺上蜂窝再加热加压使之固化成一体。此法制造的夹层结构,其蜂窝夹芯与面板的粘接强度可提高到 3 MPa 以上。其优点是产品表面平整光滑,生产过程中的每道工序都能及时检查,产品质量容易保证。缺点是生产周期长,效率低。

(2) 湿法

用此法时面板和蜂窝夹芯均处于未固化状态,是在模具上一次胶接成型的。生产时先在模具上制好上下面板,然后将蜂窝条浸胶拉开,置于上下两板之间,加压 0.01~0.08 MPa

固化脱模后再修整成产品。此法的优点是蜂窝与面板间的粘接强度高,生产周期短,最适合于球面、壳体类异形结构产品的生产;缺点是产品的表面质量较差,生产过程较难控制。

4. 应用举例

以卫星整流罩(见图5.5)为例,说明蜂窝夹芯夹层结构的应用,不同部件采用不同夹层结构,如美国大力神3运载火箭卫星整流罩采用了碳/环氧蒙皮与铝蜂窝夹芯夹层结构。

欧洲阿里安4则采用碳纤维、玻璃纤维混杂/环氧蒙皮与铝蜂窝夹芯胶接夹层结构,阿里安5则用碳纤维增强塑料蒙皮与铝蜂窝夹芯夹层结构。

日本H-2卫星整流罩的端头帽用铝合金一体成形件,锥段和筒段采用铝合金蜂窝夹层结构,为防止气动加热的影响在这3段均可涂SiO_2系耐热层。

我国的长征系列CZ-3是整流罩端头帽采用玻璃钢结构,前锥段采用玻璃钢蜂窝夹芯夹层结构,筒段用铝合金蜂窝夹芯夹层结构;CZ-3A的前锥和筒段均采用铝合金蜂窝夹芯夹层结构;CZ-2E的前锥段为玻璃钢面板与玻璃钢夹芯胶接夹层结构,筒段和倒锥段为铝合金面板与铝蜂窝夹芯胶接夹层结构。

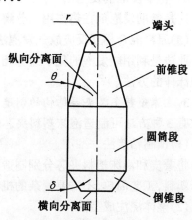

图5.5 卫星整流罩结构示意图

5.2.2 泡沫塑料夹芯夹层结构制造

1. 原材料

泡沫塑料夹芯夹层结构用的原材料包括夹芯材料、面板(蒙皮)和粘接剂。

(1)面板

面板主要用玻璃布与树脂制成的薄板,与蜂窝夹层结构所用面板材料相同。

(2)粘接剂

面板与夹芯二者间粘接剂的选取主要取决于泡沫塑料的种类,但聚苯乙烯泡沫塑料是不能用不饱和聚酯树脂的。

(3)泡沫塑料夹芯材料

泡沫塑料的种类很多,可按基体树脂分为聚氯乙烯泡沫塑料、聚乙烯泡沫塑料等热塑性泡沫塑料,聚氨酯泡沫塑料、酚醛泡沫塑料等热固性泡沫塑料;也可按硬度分为硬质、半硬质和软质3种泡沫塑料。

用泡沫塑料夹芯制造的夹层结构最大优点是防寒、绝热、隔离性能好,质量轻,与蒙皮的粘接面积大、能均匀传递载荷、抗冲击性能好等。

2. 泡沫塑料夹芯的制造

泡沫塑料的发泡方法很多,有机械发泡法、惰性气体混溶减压发泡法、低沸点液体蒸发发泡法、化学发泡剂发泡法和原料混合相互反应放气发泡法等。

(1)机械发泡法

这是利用强烈地机械搅拌,将气体混入到聚合物溶液、乳液或悬浮液中形成泡沫体,然后经固化而获得泡沫塑料的方法。

(2) 惰性气体混溶减压发泡法

这是利用惰性气体(如氮气、二氧化碳)的无色、无味、难与其他元素化合的原理,在高压下压入聚合物中,经升温减压使气体膨胀发泡的方法。

(3) 低沸点液体蒸发发泡法

这是将低沸点液体压入聚合物中,然后加热聚合物,当聚合物软化、液体达到沸点时,借助液体气化产生的蒸气压力使聚合物发泡成泡沫体的方法。

(4) 化学发泡剂发泡法

这是借助发泡剂在热作用下分解产生的气体使聚合物体积膨胀形成泡沫塑料的方法。

(5) 原料混合相互反应放气发泡法

此法是利用能发泡的化学组分相互反应放出二氧化碳或氮气等,使聚合物膨胀发泡形成泡沫体的方法。

3. 泡沫塑料夹芯夹层结构的制造

有3种方法可制造泡沫塑料夹芯夹层结构。

(1) 预制粘接法

将蒙皮和泡沫塑料夹芯分别制造后再将二者粘接成整体。此法的优点是可适用于各种泡沫塑料,工艺简单,不需要复杂的机械设备;缺点是生产效率低、质量不易保证。

(2) 整体浇注成型法

首先预制好夹层结构的外壳,然后将混合均匀的泡沫塑料浆浇入壳体内,经过发泡成型和固化处理使泡沫涨满腔体,并与壳体粘接成一整体结构。

(3) 连续成型法

此法适用于泡沫塑料夹芯夹层结构板材的制造。

5.3 夹层结构的机械加工

夹层结构是一种广义的复合材料,常见的机械加工就是铝夹芯材料胶接固定在蒙皮(或面板)上以后要经铣切机的铣切加工成形,高强度合金夹芯也可采用电解磨削或电火花加工成形。

复习思考题

1. 何谓夹层结构材料?可分为哪几类?各有何特点?有何应用?
2. 蜂窝夹芯夹层结构和泡沫塑料夹芯夹层结构如何制造?

第6章 航天用硬脆非金属材料及其加工技术

航天用硬脆非金属材料系指工程陶瓷、石英及蓝宝石材料。

6.1 工程陶瓷材料及其加工技术

6.1.1 概述

陶瓷是古老的手工制品之一,它是以黏土、长石和石英等天然原料,经粉碎－成形－烧结而成的烧结体,其主要成分是硅酸盐,包括陶瓷器、玻璃、水泥和耐火材料,统称为传统陶瓷。而工程用的陶瓷则是以人工合成的高纯度化合物为原料,经精致成形和烧结而成,具有传统陶瓷无法比拟的优异性能,亦称精细陶瓷(fine ceramics)或特种陶瓷。

正由于工程陶瓷具有高强度(抗压)、高硬度、高耐磨性、耐高温、耐腐蚀、低密度、低热胀系数及低导热系数等优越性能,因而已逐渐应用于化工、冶金、机械、电子、能源及尖端科学技术领域,同金属材料、复合材料一样,正在成为现代工程结构材料的三大支柱之一。

1. 陶瓷材料的分类

陶瓷材料种类繁多,可按不同方法分类。

(1) 按性能与用途分类

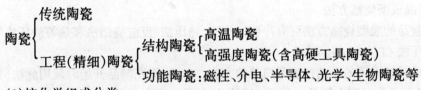

(2) 按化学组成分类

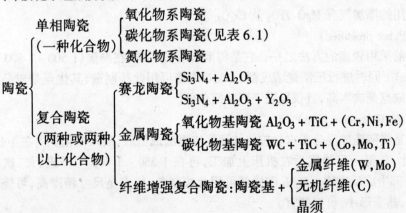

表 6.1 陶瓷材料的化学组成

单相陶瓷	化学组成
氧化物系	ZrO_2, Al_2O_3, MgO, CaO, ThO_2, BeO
碳化物系	SiC, TiC, WC, B_4C
氮化物系	Si_3N_4, TiN, AlN, BN

2. 陶瓷制品的制备

无论哪种陶瓷制品均通过原料的制取、成型及烧结3个步骤来制备。

(1) 陶瓷原料的制取

工程陶瓷制品的原料粉末并不直接来源于天然物质,而由化学方法制取,不同陶瓷的原料制法也不同。

① Al_2O_3 陶瓷原料是由工业 Al_2O_3 粉末经预烧、磨细、酸洗后获得;

② SiC 陶瓷原料是由石英(SiO_2)、碳(C)和锯末在电弧炉中合成而得

$$SiO_2 + 3C \xrightarrow{1\,900 \sim 2\,000\ ℃} SiC + 2CO \uparrow$$

③ Si_3N_4 陶瓷原料是用工业合成法制取的。

一种是 $3Si + 2N_2 \xrightarrow{1\,300\ ℃} Si_3N_4$

另一种是 $3SiCl_4 + 4NH_3 \xrightarrow{1\,400\ ℃} Si_3N_4 + 12HCl \uparrow$

(2) 陶瓷制品的成型方法

笼统地说,陶瓷制品的成型方法有金属模压法、浇注法、薄膜法、注射法、等静(水静)压法、热压法和热等静压法等。成型后经过烧结即可得到陶瓷制品。不同陶瓷制品的成型烧结方法也不同。

(3) 陶瓷制品成型烧结方法

工程陶瓷制品的成型烧结方法可有冷(常)压法、热压法、反应烧结法和热等静压法等。

① 冷(常)压法 CP(cold pressed)

冷压法是最早被采用的工艺过程最简单的方法。Al_2O_3 陶瓷制品开始时就用此法,是将纯 Al_2O_3 或其他化合物的混合料及少量添加剂的均匀微细颗粒的混合粉末,在室温下加压成型再烧结。常用的添加剂有 MgO、ZrO_2 及 Cr_2O_3 等。

② 热压法 HP(hot pressed)

热压法是目前采用较多的方法之一。它是将混合后的原料,在高温(1 500 ~ 1 800 ℃)、高压(15 ~ 30 MPa)下同时进行压制烧结成型。Si_3N_4 陶瓷可用此法制造,其优点是成品密度高、常温强度高;缺点是成本高,且仅局限于形状简单件。

③ 反应烧结法 RB(reation burn)

反应烧结法是将陶瓷的混合粉末料按传统陶瓷成型法成型后,放入氮化炉内在 1 150 ~ 1 200 ℃ 下预氮化,获得一定强度后在机床上加工,再在 1 350 ~ 1 400 ℃ 下进行二次氮化 18 ~ 30 h,直至全部生成反应物。Si_3N_4 陶瓷就可用此法制备,优点是尺寸精度高,可烧结形状复杂及大型件,热变形小,价格便宜。

④ 热等静压法 HIP(hot isostatic pressured)

热等静压法是当今先进的工艺方法,20 世纪 70 年代后被用于硬质合金和陶瓷刀片的

制造上。它是在更高压力(Al_2O_3 陶瓷为 100～120 MPa)下通入保护气体或化学性不活泼的高温融熔状液体,用高压容器中的电炉加热,可在较低温度下获得较高温度的烧结体。成功地解决了 HP 法单轴加压产生的结晶定向性问题及 CP 法产生的晶粒长大、强度和硬度较低、耐磨性及抗崩刃性差的问题。

3. 陶瓷的组织结构特点

陶瓷材料的组织结构比较复杂,但基本组织包括晶体相、玻璃相和气相。工程陶瓷材料的组织较单纯。

(1) 晶体相

晶体相是陶瓷材料的主要组成相,它包括有硅酸盐、氧化物和非氧化合物 3 种。

① 硅酸盐是传统陶瓷的重要晶体相,其结合键是离子键和共价键的混合键。

② 氧化物是特种陶瓷材料的主要晶体相,其结合键主要是离子键,也有一定量的共价键。

③ 非氧化合物是指金属碳化物、氮化物、硼化物和硅化物,是工程陶瓷的主要晶体相,结合键主要是共价键,也有一定量的金属键和离子键。

(2) 玻璃相

玻璃相能将晶体相粘结起来提高材料的致密度,但对陶瓷的强度和耐热性不利。烧结过程中熔融液相的粘度较大,并在冷却过程中加大。图 6.1 为玻璃的转变温度 T_g 和软化温度 T_f 与玻璃粘度的关系。生产中正是在软化温度 T_f 以上对玻璃进行加工的。

(3) 气相

气相是指陶瓷材料组织内部残留下来的孔洞。除多孔陶瓷外,气孔对陶瓷材料的性能影响均是不利的,它降低了陶瓷材料的强度,是裂纹产生的根源(见图 6.2)。

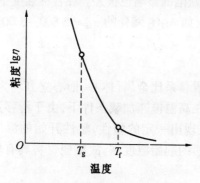

图 6.1 玻璃粘度与温度的关系

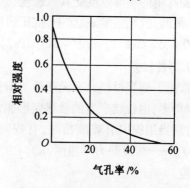

图 6.2 陶瓷中气孔与强度的关系

4. 工程陶瓷材料的性能特点

(1) 具有高硬度

在各类工程结构材料中,陶瓷材料的硬度仅次于金刚石和立方氮化硼(见表 6.2)。陶瓷材料的硬度取决于结合键的强度,其硬度高,耐磨性能好。

(2) 具有高刚度

刚度用弹性模量来衡量,结合键的强度可反映弹性模量的大小。弹性模量对组织不敏感,但气孔会降低弹性模量。陶瓷材料的弹性模量 E 见表 6.2。

表 6.2　各类工程结构材料的硬度和弹性模量

材料	HV	E/GPa	材料	HV	E/GPa
橡胶	—	6.9×10^{-3}	钢	300 ~ 800	207
塑料	约 17	1.38	Al_2O_3 陶瓷	约 2 250	400
镁合金	30 ~ 40	41.3	TiC 陶瓷	约 3 000	390
铝合金	约 170	72.3	金刚石	6 000 ~ 10 000	1 171

(3) 具有高抗压强度和低抗拉强度

按理论计算,陶瓷材料的抗拉强度应该很高,约为 E 的 1/10 ~ 1/5,实际上只为 E 的 1/1 000 ~ 1/10,甚至更低(见表 6.3)。强度低的原因在于组织中存在晶界。晶界的存在会使:①晶粒间有局部的分离或空隙;②晶界上原子间的键被拉长,削弱了键的强度;③相同电荷的离子靠近产生的斥力可能造成裂纹,故要提高陶瓷材料的强度必须消除晶界的不良影响。

表 6.3　几种陶瓷材料的弹性模量 E 和强度 σ_b

材料	E/GPa	σ_b/MPa	材料	E/GPa	σ_b/MPa
SiO_2 玻璃	72.4	107	烧结 TiC 陶瓷(气孔率<5%)	310.3	1 103
Al_2O_3 陶瓷(90% ~ 95%)	365.5	345	热压 B_4C(气孔率<5%)	289.7	345
烧结 Al_2O_3 陶瓷 (气孔率<5%)	365.5	207 ~ 345	热压 BN(气孔率<5%)	82.8	48 ~ 103

陶瓷材料的实际强度受其致密度、杂质及各种缺陷的影响也很大。在各种强度中,抗拉强度 σ_b 很低,抗弯强度 σ_{bb} 居中,抗压强度 σ_{bc} 很高(如 Al_2O_3 陶瓷的 $\sigma_{bc} = 2\,800 \sim 3\,000$ MPa,$\sigma_{bb} = 300 \sim 350$ MPa,$\sigma_b = 207 \sim 345$ MPa)。

(4) 塑性极差

在常温下陶瓷材料几乎无塑性。陶瓷晶体的滑移系比金属(体心、面心立方均为 12 个以上)少得多,由位错产生的滑移变形非常困难。在高温慢速加载条件下,由于滑移系可能增多,特别当组织中有玻璃相时,有些陶瓷可能表现出一定的塑性,塑性开始的温度约为 $0.5T_m$(T_m——熔点热力学温度,K)。由于塑性变形的起始温度高,故陶瓷材料具有较高的高温强度。

(5) 韧性极低

陶瓷材料受载未发生塑性变形就在很低的应力下断裂了,表现出极低的断裂韧性 K_{IC},仅为碳素钢的 1/10 ~ 1/100(见表 6.4)。

表 6.4　陶瓷材料与钢的断裂韧性 K_{IC}

材料		K_{IC}/(MPa·m$^{1/2}$)	HV
氧化物系陶瓷	SiO_2	0.9	约 620
	ZrO_2	约 13.0	约 1 853
	Al_2O_3	约 3.5	约 2 250

续表 6.4

材料		$K_{IC}/(MPa \cdot m^{1/2})$	HV
碳化物系陶瓷	SiC	约 3.4	约 4 200
	WC – Co	12 ~ 16	1 000 ~ 1 900
氮化物系陶瓷	Si_3N_4	4.8 ~ 5.8	约 2 030
钢	40CrNiMoA(淬火)	47.0	400
	低碳钢	> 200	110

陶瓷材料的冲击韧性 a_k 很小(小于 10 kJ/m^2),是典型的脆性材料(如铸铁的 a_k = 300 ~ 400 kJ/m^2),脆性对表面状态非常敏感。由于各种原因陶瓷材料的内部和表面(如表面划伤)很容易产生微细裂纹,受载时裂纹的尖端会产生很大的应力集中,应力集中的能量又不能由塑性变形释放,故裂纹会很快扩展而脆断。

(6) 陶瓷的热特性

陶瓷的热胀系数 α 比金属低得多(见表 6.5),导热系数 k (SiC 和 AlN 除外)也比金属小(见表 6.5)。

表 6.5 各种陶瓷材料的热特性

陶瓷材料	$\alpha/(10^{-6} \cdot ℃^{-1})$	$k/(W \cdot m^{-1} \cdot ℃^{-1})$	陶瓷材料	$\alpha/(10^{-6} \cdot ℃^{-1})$	$k/(W \cdot m^{-1} \cdot ℃^{-1})$
光学玻璃	5 ~ 15	0.667 ~ 1.46	Si_3N_4(常压烧结)	3.4	14.70
镁橄榄石	10.5	3.336	SiC(常压烧结)	4.8	91.74
ZrO_2(常压烧结)	9.2	1.88	AlN	4 ~ 5	100.00
Al_2O_3(常压烧结)	8.6	20.85	铁	15	75.06

6.1.2 工程陶瓷材料的切削

经烧结得到的陶瓷材料制品与金属粉末冶金制品不同,其尺寸收缩率在 10% 以上,而后者在 0.2% 以下,所以陶瓷制品的尺寸精度低,不能直接作为机械零件使用,必须经过机械加工。传统的加工方法是用金刚石砂轮磨削,还有研磨和抛光,但磨削效率低,加工成本高。随着聚晶金刚石刀具的出现、易切陶瓷和高刚度机床的开发,陶瓷材料切削加工的研究和应用越来越引起人们的极大关注。

1. 陶瓷材料的切削加工特点

(1) 只有金刚石和立方氮化硼(CBN)刀具才能胜任

表 6.6 给出了金刚石、CBN 与 Al_2O_3(蓝宝石)的性能比较。

表 6.6 金刚石与 CBN 及 Al_2O_3(蓝宝石)的性能比较

材料	E/GPa	σ_s/MPa	HV	测定面
Al_2O_3(蓝宝石)	380	26.5 × 10^3	2 500	{001}
金刚石	1 020	88.2 × 10^3	9 000	111
CBN	710		8 000	011

由表 6.6 不难看出,金刚石和 CBN 刀具完全有可能切削陶瓷,但因 CBN 切削陶瓷的试验结果尚不理想,故在此只介绍金刚石刀具的试验情况。从耐磨性看,金刚石的耐磨性约为 Al_2O_3 陶瓷的 10 倍,切削 Al_2O_3 陶瓷时金刚石的热磨损很小。有人做过如图 6.3 所示的金刚石热磨损与周围气氛关系的试验,金刚石在空气中是因高温氧化引起碳化而磨损,在空气中约从 1 020 K(约 750 ℃)开始磨损,温度超过 1 170 K(约 900 ℃)则急剧磨损,而在无氧的气氛中金刚石具有相当高的耐磨性。

天然金刚石的切削刃锋利,硬度高,但有解理性,遇冲击和振动易破损。图 6.4 为用天然金刚石刀具切削硬度较低的堇青石($2MgO \cdot 2Al_2O_3 \cdot 5SiO_2$)时刀具的磨损情况。切削时,切削速度和进给量对其磨损的影响甚大,切削速度过快导致金刚石刀具使用寿命不长,切削效果不好。

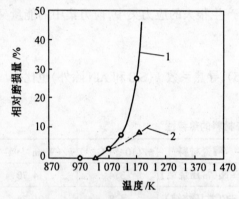

图 6.3 金刚石的磨损与气氛的关系
1—在空气中;2—在 Al_2O_3 粉末中;
加热时间 30 min

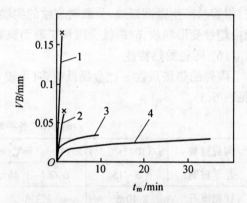

图 6.4 天然金刚石车削堇青石的刀具磨损曲线
1—$v_c = 120$ m/min,$f = 0.019$ mm/r;2—$v_c = 50$ m/min,$f = 0.025$ mm/r;3—$v_c = 90$ m/min,$f = 0.019$ mm/r;4—$v_c = 30$ m/min,$f = 0.019$ mm/r

而聚晶金刚石是由人造金刚石(SD)微粒,用 Co(或 Fe、Ni、Cr 或陶瓷)作触媒助烧剂,在与合成金刚石同样的高温(1 000~2 000 ℃)、超高压(500~1000 MPa)条件下烧结而成;聚晶金刚石是多晶体,无解理性,有一定韧性,硬度稍低于天然金刚石(D)。用聚晶金刚石作切削刀具有着优异的性能,且因微粒的粒度及其分布、触媒剂的种类及其含量而异。粒度越细,聚晶体强度越高(见图 6.5);粒度越粗,聚晶体越耐磨(见图 6.6)。图 6.6 中,聚晶金刚石 A 和黑色 DA150 的粒径均为 5~10 μm,DA100(30 μm)为粗粒度颗粒用金刚石微粉作助烧触媒剂烧结而得;粒度相同,DA100 的强度较高(见图 6.5);触媒剂不同,耐磨性不同,即刀具使用寿命不同,如图 6.7 所示,原因在于金刚石颗粒间的结合强度不同。

(2) 陶瓷材料的去除机理是脆性破坏

图 6.8 给出了塑性金属与脆性陶瓷的去除机理。

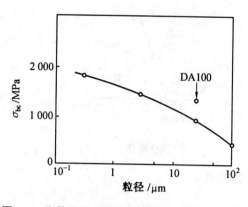 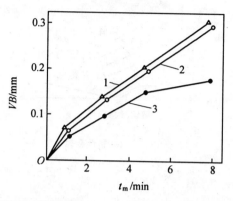

图6.5 聚晶金刚石强度与金刚石粒径的关系（此强度 σ_{bb} 为跨距 10 mm 时）

图6.6 聚晶金刚石刀具切削 Al_2O_3 的耐磨性比较
1—聚晶金刚石 A(5~10 μm); 2—DA150(5~10 μm); 3—DA100(30 μm); Al_2O_3 陶瓷, 2 100~2 300 HV; v_c = 48 m/min, a_p = 0.2 mm, f = 0.025 mm/r; 湿切

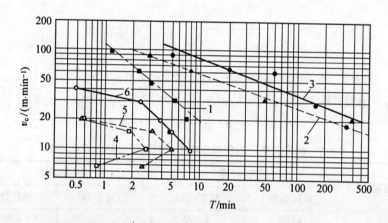

图6.7 刀具使用寿命 T 与金刚石触媒剂的关系

湿切：1—聚晶金刚石 A(SiC 为触媒剂), 2—聚晶金刚石 B(Co 为触媒剂), 3—聚晶金刚石 C(对 B 的残留 Co 析出)；

干切：4—同 A, 5—同 B, 6—同 C；堇青石($2MgO·2Al_2O_3·5SiO_2$), 880 HV; a_p = 0.15 mm, f = 0.018 8 mm/r

(3) 从机械加工角度看，断裂韧性 K_{IC} 低的陶瓷材料应该易切削

从表6.4可看出，陶瓷硬度虽为碳钢的 10~20 倍，但断裂韧性仅为钢的 1/10~1/100。影响断裂韧性的因素除了陶瓷材料的结构组成外，烧结情况影响也很大。不烧结陶瓷和预烧结陶瓷材料内部存在有大量龟裂，龟裂就是应力集中源，它使得断裂韧性大大降低，因而它比完全烧结陶瓷材料容易切削。烧结温度和烧结压力越高，陶瓷材料越致密，硬度越高（见表6.7），切削加工性越差，刀具使用寿命越短，如图6.9所示。前述由表面划伤等产生的微裂纹同样也是应力集中源。

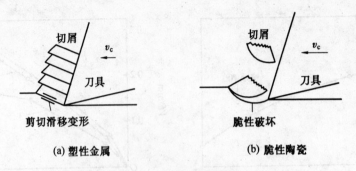

图 6.8　材料的去除机理

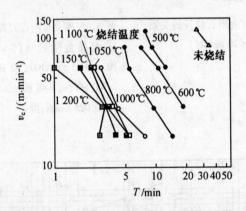

图 6.9　K10 切削不同烧结温度陶瓷的 $T-v_c$ 关系

陶瓷材料（$w(Al_2O_3)=78\%$，$w(SiO_2)=16\%$，余为 CaO 和 K_2O）；干切，$a_p=0.5$ mm，$f=0.1$ mm/r，$VB=0.3$ mm

表 6.7　反应烧结（RB）和热压烧结（HP）陶瓷材料的硬度比较

性能	Si_3N_4 陶瓷		SiC 陶瓷	
	反应烧结	热压烧结	反应烧结	热压烧结
HV (5 N)	1 040	1 690	2 300	2 960
(10 N)	930	1 650	1 980	2 610
HK (5 N)	970	1 610	1 930	2 020
(10 N)	890	1 460	1 630	1 880
$K_{IC}/(MPa \cdot m^{1/2})$	4.0	5.0	3.0	4.0

（4）从剪切滑移变形的角度看，高温软化后才有产生剪切滑移变形的可能

某些陶瓷材料只有在高温区才可能软化呈塑性，切削时刀具切削刃附近的陶瓷材料产生剪切滑移变形才有可能。试验证明，此时用金刚石刀具切削玻璃时如同切削塑性金属一样，能得到连续形切屑（见图 6.10）。同样用金刚石刀具，$\gamma_o=0°$，$v_c=0.1$ m/min，$a_p=2$ μm 切削部分稳定 ZrO_2 陶瓷时，能得到准连续切屑。

图 6.11 给出了各种温度下几种陶瓷材料的硬度。

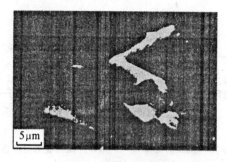

图 6.10 高速微量切削玻璃时的连续切屑
金刚石刀具，$\gamma_o = 0°$；$v_c = 430$ m/min，$a_p = 0.5$ μm

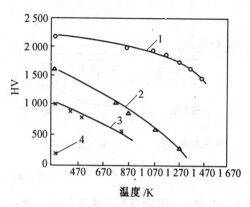

图 6.11 几种陶瓷材料的高温硬度
1—烧结 Al_2O_3；2—WC + Co；3—SiO_2；4—低碳钢

常温下硬度较高的 Al_2O_3 陶瓷，在 1 470 K(约 1 200 ℃)时硬度仍保持在 1 500 HV，很难软化到可能切削的程度。WC + Co 在 1 150 K(约 880 ℃)、SiO_2 在 800 K(约 530 ℃)时硬度为 500 HV，此时 SiO_2 的断裂韧性剧增，可软化到塑性状态，达到能切削的程度。实际上，SiO_2 玻璃的镜面加工就是利用这种特点，但 Si_3N_4 和 SiC 烧结陶瓷的切削加工与 Al_2O_3 差不多，属难切陶瓷。

由此可知，陶瓷材料能否用高温软化的方法实现切削加工，主要取决于陶瓷材料本身的性质。

(5) 属于脆性破坏的陶瓷材料表面无加工变质层但残留有脆性龟裂

从有无加工变质层(damaged layer，泛指热变质层、组织纤维化层、微粒化层、弹性变形层等与基体有不同性质的表层)的角度看，属于脆性破坏的烧结陶瓷切削加工后，表面不会有由塑性变形引起的加工变质层，而塑性金属如纯铝(Al)则能产生明显的加工变质层，如图 6.12 所示。

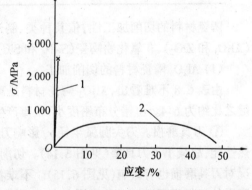

图 6.12 烧结 Al_2O_3 陶瓷与纯铝(Al)的应力-应变曲线
1—烧结 Al_2O_3；2—纯铝(Al)

切削陶瓷材料时脆性龟裂会残留在加工表面上，它的产生过程模型如图 6.13 所示，残留在陶瓷加工表面上的这种脆性龟裂对陶瓷零件的强度和工作的可靠性会产生很大的影响。

2. 常用工程陶瓷材料的切削加工

工程陶瓷材料的切削加工性与结合键的性质有密切关系。

陶瓷材料的结合键多为离子键与共价键组成的混合键，其离子键所占比例可按式(6.1)求得

$$P_{AB} = 1 - \exp\left[-\frac{1}{4}(X_A - X_B)^2\right] \tag{6.1}$$

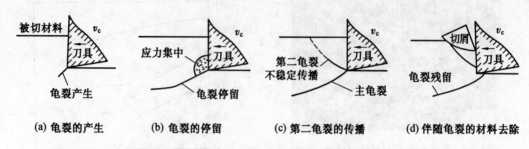

图 6.13 产生残留脆性龟裂的材料去除机理模型

式中 A、B——陶瓷材料的两种组成元素；
　　　X_A、X_B——组成元素的电负性。

表 6.8 给出了由 P_{AB} 公式计算得出的各种陶瓷材料中离子键与共价键的比例关系。

表 6.8 各种陶瓷材料离子键与共价键的比例

化合物	离子键/%	共价键/%	化合物	离子键/%	共价键/%
ZrO_2	67	33	Si_3N_4	30	70
Al_2O_3	63	37	SiC	11	89
AlN	43	57			

陶瓷材料的切削加工性，依其种类、制造方法等的不同有很大差别。现就氧化物陶瓷(Al_2O_3 和 ZrO_2)、非氧化物陶瓷(Si_3N_4 和 SiC)等分别加以说明。

(1) Al_2O_3 陶瓷材料的切削加工

由表 6.8 不难看出，Al_2O_3 陶瓷材料是离子键结合性强的混合原子结构，离子键与共价键之比约为 6∶4。位错分布密度小，很难产生塑性变形。切削加工特点如下。

① 刀具磨损。刀尖圆弧半径 r_ε 影响刀具磨损，适当加大 r_ε，可增强刀尖处的强度和散热性能，故减小了刀具磨(见图 6.14)。切削液(乳化液)的使用与否及切削刃的研磨强化情况对刀具磨损也有影响(见图 6.15)。不难看出切削刃研磨与否影响刀具的初期磨损，经研磨后的切削刃可增加刀具使用寿命；使用乳化液效果非常显著，VB 相同时，切削时间可增加近 10 倍，因为干切时，切削温度高会使金刚石刀具氧化后碳化，加速刀具磨损。

切削用量也影响刀具磨损 VB，切削速度 v_c 高，VB 值加大(见图 6.16)；切削深度 a_p 和进给量 f 越大，VB 值也越大(见图 6.17)。

② 切削力。切削 Al_2O_3 陶瓷时，背向力 F_P 明显大于主切削力 F_c 和进给力 F_f，这与硬质合金车刀切削淬硬钢极其相似，这是切削硬脆材料的共同特点，原因在于切削硬度高材料时，切削刃难于切入。切削力 F_c 小的原因在于陶瓷材料的断裂韧性小。

切削用量也影响切削力(见图 6.18)。

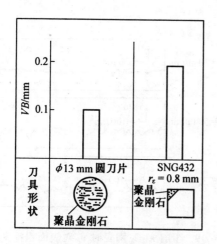

图 6.14 r_ε 对刀具磨损 VB 的影响

Al$_2$O$_3$ 陶瓷, $\rho = 3.9$ g/cm^3, $\sigma_{bb} = 300$ MPa, $\sigma_{bc} = 3\,000$ MPa, $2\,100 \sim 2\,300$HV; 黑色金刚石 DA100; $v_c = 48$ m/min, $a_p = 0.2$ mm, $f = 0.025$ mm/r; 湿切 8 min

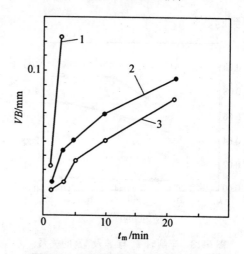

图 6.15 切削液及刃口研磨对 VB 的影响

1—刃口研磨(0.05 mm × $-30°$),干切;2—刃口未研磨,湿切;3—刃口研磨(0.05 mm × $-30°$), Al$_2$O$_3$ 陶瓷;聚晶金刚石,SNG433;$v_c = 20$ m/min, $a_p = 0.1$ mm, $f = 0.012\,5$ mm/r;湿切

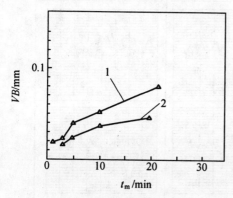

图 6.16 车削 Al$_2$O$_3$ 陶瓷时 VB 与 v_c 的关系

1—$v_c = 20$ m/min;2—$v_c = 10$ m/min,聚晶金刚石刀具;$a_p = 0.1$ mm, $f = 0.012\,5$ mm/r;湿切

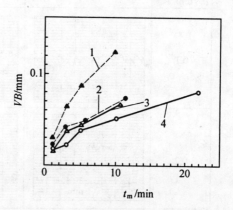

图 6.17 车削 Al$_2$O$_3$ 陶瓷时 a_p、f 对 VB 的影响

1—$a_p = 0.2$ mm, $f = 0.025$ mm/r;2—$a_p = 0.1$ mm, $f = 0.025$ mm/r;3—$a_p = 0.2$ mm, $f = 0.012\,5$ mm/r; 4—$a_p = 0.1$ mm, $f = 0.012\,5$ mm/r;聚晶金刚石刀具; $v_c = 20$ m/min;湿切

有人对模具钢 SKD11(Cr12MoV,58 HRC)做过切削试验,当 $a_p = 0.5$ mm, $f = 0.1$ mm/r 时,测得 $F_p = 300$ N;切削陶瓷材料时的 F_p 比 300 N 大得多,因为陶瓷材料的硬度比淬硬钢高得多。

③加工表面状态。由于陶瓷材料加工表面有残留龟裂纹,陶瓷零件的强度将大大降低。切削用量 v_c、a_p 和 f 对表面粗糙度的影响也与金属材料不相同。图 6.19 给出了切削速度 v_c 对表面粗糙度的影响。切削速度 v_c 越低,表面粗糙度越小。a_p 和 f 的增加将使表面粗糙度增大,加剧了表面恶化程度(见图 6.20),切削金属时这样小的进给痕迹用肉眼几乎是

看不到的。

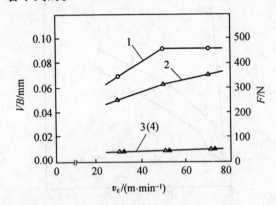 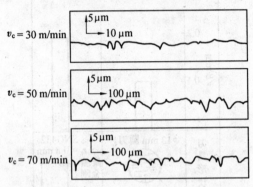

图 6.18　车削时 v_c 与 F 及 VB 的关系

黑色金刚石 DA100 ϕ13 mm 圆刀片；$a_p = 0.2$ mm，$f = 0.025$ mm/r；湿切；Al_2O_3 陶瓷 1 200 ~ 1 500 HV

图 6.19　车削 Al_2O_3 陶瓷时 v_c 对表面粗糙度的影响

Al_2O_3 陶瓷；聚晶金刚石刀具；$v_c = 20$ m/min；湿切

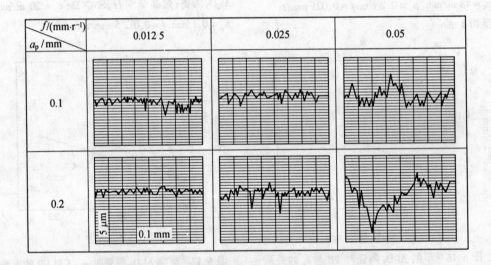

图 6.20　车削 Al_2O_3 陶瓷时 a_p 及 f 对表面粗糙度的影响

聚晶金刚石刀具；$v_c = 20$ m/min；湿切

切削实例见表 6.9。

表 6.9　Al_2O_3 陶瓷材料切削实例

Al_2O_3 陶瓷	$\rho = 3.83$ g/cm³，$\sigma_{bb} = 300$ MPa，$\sigma_{bc} = 2\,810$ MPa，2 100 ~ 3 000 HV
切削条件	$v_c = 30 ~ 60$ m/min $a_p = 1.5 ~ 2.0$ mm，湿切，聚晶金刚石刀具，ϕ13 mm 圆刀片 $f = 0.05 ~ 0.12$ mm/r
结果	加工效率 83.3 ~ 240 mm³/s，是金刚石砂轮磨削的 3 ~ 8 倍

(2) ZrO_2 陶瓷材料的切削加工

ZrO_2 陶瓷材料是离子键为主的混合原子结构,离子键与共价键之比为 7∶3(见表 6.8),比较容易产生剪切滑移变形,具有较大韧性,切削特点如下。

①刀具磨损。由于 ZrO_2 的硬度比 Al_2O_3、Si_3N_4 低,切削时刀具磨损较小,切削条件相同时,后刀面磨损 VB 只是切削 Al_2O_3 陶瓷的 1/2,切削 Si_3N_4 陶瓷的 1/10(见图 6.21)。当 v_c = 20 m/min 时,切削 ZrO_2 陶瓷材料 50 min,VB 才近似为 0.04 mm,还可继续切削;而切削 Si_3N_4 陶瓷材料仅 5 min,VB 就达到了 0.12 mm,且有微小崩刃产生。

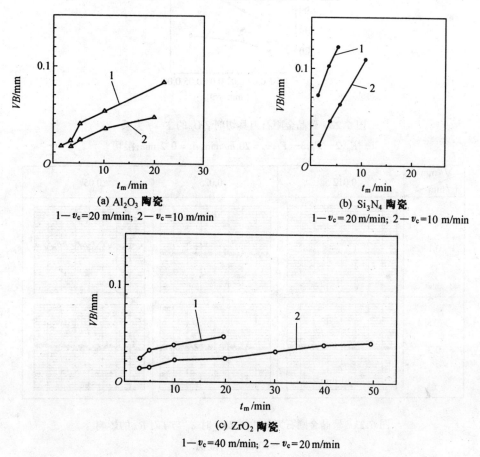

图 6.21 车削 3 种陶瓷材料时的刀具磨损曲线

聚晶金刚石刀具;a_p = 0.1 mm,f = 0.012 5 mm/r;湿切

②切屑形态。干切 ZrO_2 陶瓷材料,切屑为连续针状,而干切 Al_2O_3 陶瓷材料时切屑为粉末状。

③切削力。由图 6.22 可看出,切削 ZrO_2 时 F_p 也是 3 个切削分力中最大的,这与切削 Al_2O_3 时相似,然而主切削力 F_c 比进给力 F_f 大,这又与切削淬硬钢相似。

④加工表面状态。从图 6.23 可看出,切削 ZrO_2 时,a_p 和 f 的增大对表面粗糙度虽有影响但不明显。从扫描电镜 SEM 图像可看到与切削金属一样的切削条纹,可否认为这类似于金属的切削机理,但也可看到加工表面有残留龟裂,这又是硬脆材料的切削特点。也有的研

究认为,后者不是残留龟裂,而是气孔所致。

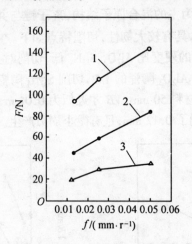

图 6.22 聚晶金刚石刀具切削 ZrO_2 的 $F-f$ 关系
1—F_p,2—F_c,3—F_f;$v_c = 20$ m/min, $a_p = 0.2$ mm;湿切

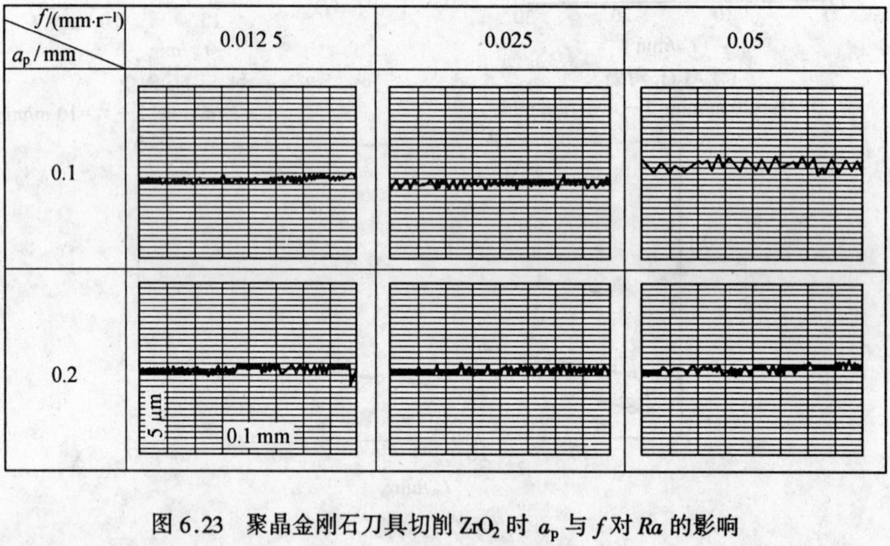

图 6.23 聚晶金刚石刀具切削 ZrO_2 时 a_p 与 f 对 Ra 的影响

$v_c = 20$ m/min;湿切

(3) Si_3N_4 陶瓷材料的切削加工

Si_3N_4 陶瓷材料是共价键结合性强的混合原子结构,离子键与共价键的比为 3:7(见表 6.8),因各向异性强,原子滑移面少,滑移方向被限定,变形更困难,即便在高温下也不易产生塑性变形,其切削加工特点如下。

①刀具磨损。用聚晶金刚石刀具切削 Si_3N_4 陶瓷材料时,无论是湿切还是干切,边界磨损均为主要磨损形态。当 $v_c = 50$ m/min 干切时,刀具磨损值较小,湿切时磨损值反而增大(见图6.24)。其原因在于低速湿切时,温度升高不多,陶瓷强度几乎没有降低,刀具切削刃附近的陶瓷材料破坏规模加大,作用在刀具上的负荷加大,使得金刚石颗粒破损而脱落。聚晶金刚石的强度不同,切削 Si_3N_4 陶瓷时的耐磨性也不同。强度较高的聚晶金刚石 DA100 的磨损值比强度不足的聚晶金刚石 B(B 的粒径为 20~30 μm)的磨损值要小得多(见图6.25)。

切削 Si_3N_4 陶瓷时刀具使用寿命 T 比切削氧化物陶瓷低得多(见图6.26)。

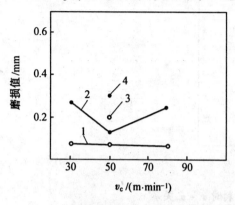

图 6.24 DA100 车削 Si_3N_4 陶瓷时的刀具磨损
干切:1—后刀面磨损,2—边界磨损;
湿切:3—后刀面磨损,4—边界磨损;$\rho = 3.1 \text{ g/cm}^3$, $\sigma_{bb} = 600 \sim 700 \text{ MPa}$, 1 400HV;聚晶金刚石刀具 DA100,$\phi 13$ mm 圆刀片;$\gamma_o = -15°$;$a_p = 0.2$ mm,$f = 0.025$ mm/r;切削 3 min

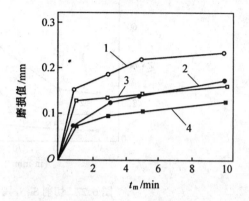

图 6.25 不同聚晶金刚石切削 Si_3N_4 陶瓷的刀具磨损
1—金刚石 B 的边界磨损;2—金刚石 B 的后刀面磨损;3—DA100 的边界磨损;4—DA100 的后刀面磨损;Si_3N_4 陶瓷材料同图 6.24;$v_c = 50$ m/min,$a_p = 0.2$ mm,$f = 0.025$ mm/r;干切;$\phi 13$ mm 圆刀片,$\gamma_o = -15°$

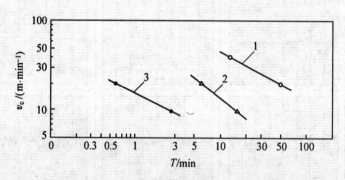

图 6.26 车削 3 种陶瓷材料的 $T - v_c$ 关系
1—ZrO_2,2—Al_2O_3,3—Si_3N_4;
聚晶金刚石刀具;$a_p = 0.1$ mm,$f = 0.0125$ mm/r;湿切;$VB = 0.4$ mm

②切削力。从图 6.27 可看出,湿切时的各项切削分力均比干切时大,F_p 大得最多,F_f 大得最少,F_c 居中。无论湿切或干切,均有 $F_p > F_c > F_f$ 的规律。

③加工表面状态。加工表面状态与 Al_2O_3 的加工表面状态类似。加工表面粗糙度 Ra 值比陶瓷 Al_2O_3、ZrO_2 大得多(见图 6.28)。

切削实例见表 6.10。

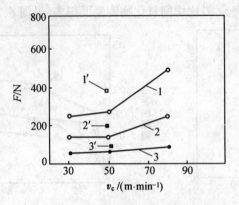

图 6.27 切削 Si_3N_4 陶瓷材料时 $F - v_c$ 关系

干切:$1—F_p, 2—F_c, 3—F_f$;

湿切:$1'—F_p, 2'—F_c, 3'—F_f$;

Si_3N_4 陶瓷材料:$\rho = 3.10 \text{ g/cm}^3$, $\sigma_{bb} = 600 \sim 700 \text{ MPa}$, 1 400 HV;黑色金刚石 DA100, $\phi 13 \text{ mm}$ 圆刀片;$\gamma_o = 15°$; $a_p = 0.2 \text{ mm}, f = 0.025 \text{ mm/r}$;切削 3 min

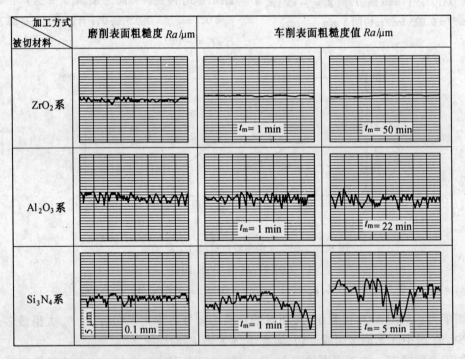

图 6.28 切削 3 种陶瓷材料的 Ra 值

聚晶金刚石刀具;$v_c = 20 \text{ m/min}$;其余同图 6.26

表 6.10 反应烧结 RBSN 陶瓷切削实例

RBSN 陶瓷	$\rho = 3.15 \text{ g/cm}^3, \sigma_{bb} = 400 \text{ MPa}, 900 \sim 1\,000 \text{ HV}$
切削条件	$v_c = 50 \sim 80$ m/min,刀具 DA100,$\phi 13$ mm 圆刀片,$\gamma_o = -15°$ $a_p = 1.5 \sim 2.0$ mm,湿切 $f = 0.05 \sim 0.20$ mm/r
结果	加工效率 $167 \sim 534 \text{ mm}^3/\text{s}$,是金刚石砂轮磨削的 $3 \sim 10$ 倍

(4) SiC 陶瓷材料的切削加工

SiC 陶瓷材料是共价键结合性特别强的混合原子结构,共价键与离子键之比为 9∶1(见表 6.8),因各向异性强,高温下原子都不易移动,故切削加工更加困难,其切削加工特点如下。

①刀具磨损。图 6.29 为黑色聚晶金刚石刀具 DA100 车削 SiC 陶瓷材料时,后刀面磨损 VB 与切削速度 v_c 的关系。湿切时的 VB 比干切时要大,且随着 v_c 的增加 VB 增大很快,原因同切削 Si_3N_4。而干切时 v_c 对 VB 几乎无影响,原因在于 DA100 强度较高,不易产生剥落,也未引起化学磨损和热磨损。

②切削力。图 6.30 为切削力 F 与切削速度 v_c 的关系。背向力 F_p 最大,F_f 最小,F_c 居中,且湿切时的切削力比干切时要大,与切削 Si_3N_4 相类似。

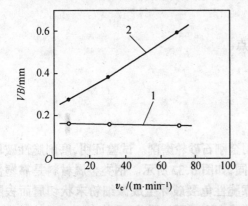 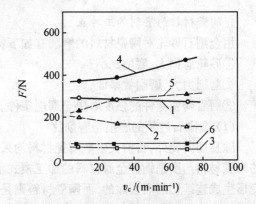

图 6.29 DA100 切削 SiC 陶瓷材料的 VB 与 v_c 关系
1—干切;2—湿切;2 000HV;黑色金刚石刀具 DA100,$\phi 13$ mm 圆刀片;
$\gamma_o = -15°$;$a_p = 0.2$ mm,$f = 0.025$ mm/r,$l_m = 58$ m

图 6.30 切削 SiC 陶瓷材料时 $F - v_c$ 的关系
干切:1—F_p,2—F_c,3—F_f;
湿切:4—F_p,5—F_c,6—F_f;
切削参数同图 6.29

6.1.3 工程陶瓷材料的磨削加工

尽管用聚晶金刚石刀具切削陶瓷材料是可行的,而且生产效率比磨削要高出近 10 倍,加工成本也比磨削低,但至今还没有完全实用化。陶瓷材料的机械加工仍普遍采用金刚石砂轮磨削及研磨与抛光。陶瓷材料各种加工方法所占比例的统计如图 6.31 所示。从图可看出,机械加工量约占各种加工总量的 82%,其中金刚石砂轮磨削占 32%,研磨和抛光合占 28%,切削加工只占 9.1%,且只是对不烧结陶瓷和预烧结陶瓷而言。在加工的各种陶瓷材料中,Al_2O_3 陶瓷占 27%,铁淦氧占 11%,SiC 陶瓷占 10%,Si_3N_4 陶瓷占 10%。

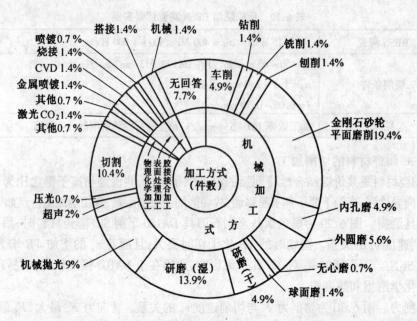

图 6.31 陶瓷材料零件各种加工方法所占比例统计

1. 陶瓷材料的磨削加工特点

用金刚石砂轮对陶瓷材料的磨削有如下特点。

① 砂轮磨损大,磨削比小;
② 磨削力大,磨削效率低;
③ 磨后陶瓷零件的强度取决于磨削条件。

(1) 金刚石砂轮的磨损与磨削比

除易切陶瓷外,目前大多数陶瓷材料均采用金刚石砂轮磨削。试验证明,磨削脆性破坏的陶瓷材料与磨削钢类金属材料的加工模式不同,如图 6.32 所示。钢类金属材料是靠塑性变形生成连续切屑而去除的,而陶瓷材料则是靠脆性龟裂破坏生成微细粉末状切屑而去除的。粉末状切屑很容易磨损砂轮上的结合剂,造成金刚石颗粒脱落,致使金刚石砂轮过快磨损。

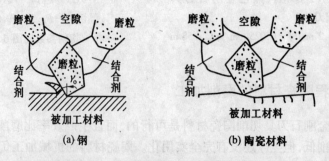

图 6.32 钢与陶瓷材料的磨削加工模式

图 6.33 给出了去除单位体积材料的功当量系数 MOR 与磨削比 G 间的关系,即 MOR 越大,磨削比 G 越小,即金刚石砂轮的磨损大。

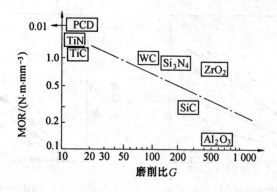

图 6.33 去除单位体积材料的 MOR-G 关系

MOR 是评价陶瓷加工性的指标之一($1MOR = \sigma_{bb}^2/2E$),是表示拉伸试验中材料达到断裂时单位体积内储存的弹性应变能,故称弹性应变能系数或称功当量系数。不同陶瓷材料的 MOR 系数不同(见表 6.11)。

表 6.11 不同陶瓷材料 MOR 系数

材料	MOR/(10^{-5}N·m·mm^{-3})	材料	MOR/(10^{-5}N·m·mm^{-3})
SiC 陶瓷	30.5	玻璃	7.1
Si$_3$N$_4$ 陶瓷	28.1	花岗岩	0.15
铁淦氧	22.8	混凝土	0.03
Al$_2$O$_3$ 陶瓷(w = 95%)	21.5		

图 6.34 为不同陶瓷材料的维氏硬度 HV 与磨削比 G 间的关系。常用陶瓷材料的显微硬度约为 1 500~3 000 HV。HV 值高者的磨削比 G 小。

图 6.35 给出了各种陶瓷材料的断裂韧性 K_{IC} 与磨削比 G 间的关系。K_{IC} 越大者的 G 越小,即砂轮磨损大。

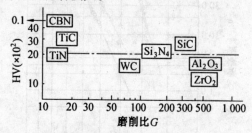

图 6.34 不同陶瓷材料的维氏硬度 HV-G 关系

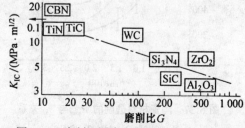

图 6.35 磨削不同陶瓷材料的 K_{IC}-G 关系

综上所述,要提高机械结构用陶瓷材料工作的可靠性,必须改善陶瓷材料的断裂韧性 K_{IC},然而随着 K_{IC} 的提高,陶瓷材料的磨削加工会变得愈加困难。

(2) 陶瓷材料的磨削力大,磨削效率低

磨削陶瓷材料时,切向 F_c 与径向分力 F_p 的比值,比磨削钢时(F_c/F_p = 0.3~0.5)小得多。如磨削玻璃时,F_c/F_p = 0.1~0.2,磨削陶瓷时大都 F_c/F_p < 0.1,如图 6.36 所示。

磨削陶瓷材料时的径向力 F_p 大,即作用在砂轮轴上的力大,轴的弹性变形大,容易产

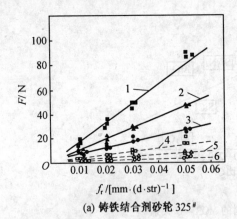 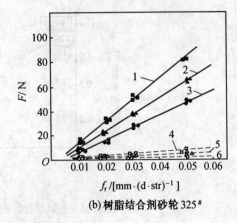

(a) 铸铁结合剂砂轮 325#　　　　　　(b) 树脂结合剂砂轮 325#

图 6.36　HPSSi$_3$N$_4$ 陶瓷材料的磨削力

1—$F_p(v_w=3\text{ m/min})$, 2—$F_p(v_w=2\text{ m/min})$, 3—$F_p(v_w=1\text{ m/min})$, 4—$F_c(v_w=3\text{ m/min})$, 5—$F_c(v_w=2\text{ m/min})$, 6—$F_c(v_w=1\text{ m/min})$; $v_c=26.7$ m/s; 磨削量 4 mm; 湿磨

生振动,从而降低加工表面质量。提高加工表面质量就要提高砂轮轴的刚度,但这不是容易实现的,为此就只有降低磨削用量,但这样做又势必降低磨削效率。

(3) 磨后陶瓷零件的强度降低

一般金属材料零件,磨削后强度不会降低,而陶瓷材料零件磨后的强度则随着磨削条件的不同而变化,如砂轮粒度、载荷作用时间及周围气氛条件等均影响磨后陶瓷材料零件的强度。

①金刚石砂轮的粒度不同,磨后表面粗糙度不同,零件的抗弯强度不同。当 Si$_3$N$_4$、SiC 和 AlN 陶瓷零件的表面粗糙度 R_{max} 值为 1 μm 以上时,零件的抗弯强度就要降低(见图 6.37)。图 6.38 为陶瓷材料的断裂强度 σ 与断裂概率的韦布尔(Weibull)曲线,其中试件 A

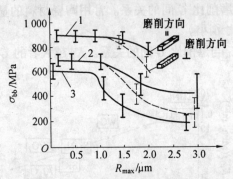

图 6.37　陶瓷材料磨削的 R_{max} 与 σ_{bb} 关系
1—Si$_3$N$_4$; 2—AlN; 3—SiC

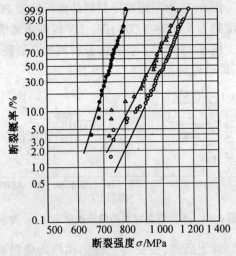

图 6.38　陶瓷材料断裂强度 σ 与断裂概率的关系
Si$_3$N$_4$ 试件 A○400# // $m=14.9, \sigma=1\,000$ MPa; 试件 B●200# ⊥ $m=22.3, \sigma=728$ MPa; 试件 C△200# ⊥ ~ 400# //, 去除 5 μm, $m=12.9, \sigma=932$ MPa

的 $R_{max} = 0.8\ \mu m$，B 的 $R_{max} = 1.2\ \mu m$。表面粗糙度 R_{max} 越小，零件的 σ_{bb} 就越高。钢类材料的韦布尔(Weibull)系数 m 约为其 σ_b 的 20～50 倍，而陶瓷材料的 m 值(见表 6.12)较小，所以陶瓷材料的可靠性较低，其中 σ_m 为平均强度，m 表示断裂强度 σ 的波动范围。陶瓷材料的 σ_b 约比 σ_{bb} 低 20%～40%。

表 6.12 几种陶瓷材料的韦布尔系数 m 及其强度

材料	σ_{bb}/MPa		$\rho/(g\cdot cm^{-3})$	m	$K_{IC}/(MPa\cdot m^{1/2})$
	室温	高温			
热压 Si_3N_4(HPSN)	700～900	590(1 400 ℃)	3.2	10～15	5～6.8～8.0
		680(1 240 ℃)		约 30	(1 400 ℃)(1 200 ℃)
		400(700 ℃)			
反应烧结 Si_3N_4(RBSN)	250	270(700 ℃)	2.5～2.58	10～15	1.87
	305～315	210(1 200 ℃)		约 20	
常压烧结 Si_3N_4(SSN)	470	—	—	8	—
常压烧结 Sialon(S－S)	828	—	3.2	15	5
热压 Sialon(HP－S)	1 480	1 070(1 200 ℃)	3.25	—	—
反应烧结 SiC(RBSC)	483	525(1 200 ℃)	3.1	10	5
热压 SiC(HPSC)	300～600	—	—	—	—
常压烧结 SiC(SSC)	320～400	—	—	8.8	—
常压烧结 SiC(SSC)	450	820(1 750 ℃)	—	—	—

②载荷的作用时间越长，陶瓷零件的断裂强度越小。图 6.39 为载荷作用时间与断裂强度的关系。

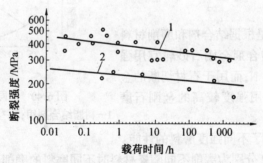

图 6.39 载荷作用时间与断裂强度的关系
1—σ_{bb}，2—σ_b；SiC 陶瓷(1 200 ℃)

实际上，一般要求陶瓷零件的使用时间都很长，而且是在高温气体中工作，因此，陶瓷零件的实际强度比预想的还要低得多。

综上所述，陶瓷零件设计时必须充分考虑磨削条件、载荷作用时间及周围气氛条件对其强度的不利影响。

2. 正确选择金刚石砂轮的性能参数

金刚石砂轮的性能参数是指磨料的种类、粒度、浓度和结合剂等。

(1) 金刚石磨料的种类及其选择

金刚石磨料有天然(diamond)与人造(synthetic diamond)之分,生产中多采用人造金刚石磨料,其牌号及应用范围见表6.13。

表6.13 人造金刚石磨料的牌号及应用范围(GB6405—1986)

代号	粒度		应用范围
	窄范围	宽范围	
RVD	60#/70# ~ 325#/400#	60#/80# ~ 270#/400#	用于树脂(B)、陶瓷(V)结合剂砂轮或研磨
MBD	50#/60# ~ 325#/400#	60#/80# ~ 270#/400#	用于金属(M)结合剂砂轮、电镀制品、钻探工具或研磨
SCD	50#/60# ~ 325#/400#	60#/80# ~ 270#/400#	用于加工钢及钢与硬质合金组件
SMD	16#/18# ~ 60#/70#	16#/20# ~ 60#/80#	用于锯切、钻探及修整工具
DMD	16#/18# ~ 40#/45#	16#/20# ~ 40#/50#	修整工具及其他单粒工具等
MP–SD (微粉)	主系列 W0/W1 ~ W36/W54	补充系列 W0/W0.5 ~ W20/W30	用于硬脆金属或非金属(光学玻璃、陶瓷、宝石)的精磨与研磨

为了提高人造金刚石磨料的抗拉强度及与结合剂的结合强度,可对其进行镀敷金属衣,以减少磨料表面的缺陷。干磨用砂轮宜用铜衣,如 RVD – C;湿磨时用镍衣,如 RVD – N。镍衣磨料硬脆,磨削比 G 较大,磨削效率高,而铜衣则韧性大。

一般金刚石磨料是根据结合剂和磨削材料作相应选择的,树脂结合剂金刚石砂轮宜用强度较低磨料,如 RVD – N;而用于石材切断的金属结合剂砂轮则需要用强度较高的金刚石磨料。

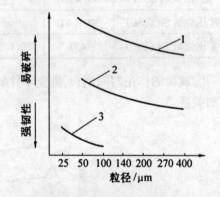

图6.40 不同强度磨料的性能
1—树脂结合剂用;2—金属结合剂用;3—电镀用

图6.40定性给出了不同强度磨料的性能。

图6.41和图6.42分别为磨削不同陶瓷材料时不同磨料的磨削比 G。

(2) 金刚石磨料的粒度及其选择

粒度的概念与普通磨料相同。依磨料的尺寸、制备和检测方法可将金刚石磨料分为磨粒与微粉。前者用筛选法制备,后者用液中沉淀法制备。选择原则可参考普通磨料。

国家标准规定,金刚石磨料的粒度共25个,其中窄范围20个,宽范围5个(见 GB6406.1—1986)。微粉是指尺寸为 $0 \sim 0.5 \mu m$ 至 $36 \sim 54 \mu m$ 的磨料,共分18个粒度号(见 GB6966.2—1986)。

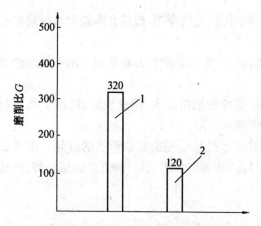

图 6.41 磨削 Al_2O_3 时金刚石磨料的磨削比 G
1—强度较高,2—强度较低;
$\phi150$ mm × 7 mm 树脂平砂轮 $120^\#/140^\#$,浓度 75%;$v_s = 14$ m/s,$f_r = 0.05$ mm/(d·str);
$v_w = 5$ m/min,$f_a = 5$ mm/(d·str);湿磨

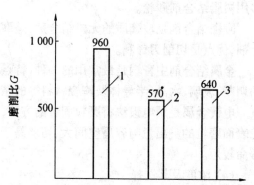

图 6.42 磨削 RBSC 时金刚石磨料的磨削比 G
1—脆弱磨料,2——一般磨料,3—强韧磨料;
$\phi150$ mm × 7 mm 树脂砂轮,140″,浓度 75%;
$v_s = 26.7$ m/s,$f_r = 0.04$ mm/(d·str),
$f_a = 3$ mm/(d·str),$v_w = 10$ m/min;湿磨

(3) 结合剂及其选择

金刚石(磨料)砂轮的结合剂可为树脂、陶瓷和金属(含青铜和电镀金属)3种(见表6.14),它们的结合强度和耐磨性按树脂→陶瓷→青铜→电镀→金属的顺序由弱到强。

表 6.14 结合剂代号与性能及应用范围

结合剂代号		性能	应用范围
树脂 B (Bakelite)		磨具自砺性好,故不易堵塞;有弹性,抛光性能好;结合强度差,不宜结合较粗粒度磨粒;耐磨耐热性差,故不宜重负荷磨削。可采用镀敷金属衣的磨料以改善结合性能	用于硬质合金及非金属材料的半精磨和精磨金刚石砂轮;用于高钒(V)高速钢刀具的刃磨及工具钢、不锈钢、耐热合金的半精与精磨 CBN 砂轮
陶瓷 V (Vitrified)		耐磨性比 B 高,工作时不易发热和堵塞,热胀小易修整	常用于精密螺纹与齿轮的精磨、接触面大的成形磨及超硬材料聚晶体磨削
金属 M (Metal)	青铜	结合强度较高、形状保持性好、使用寿命长且可承受较大负荷,但自砺性差,易堵塞发热,故不宜细粒度磨粒的结合,修整也较难	主要用于玻璃、陶瓷、石材、半导体等非金属硬脆材料的粗、精磨及切割、成形磨及各种材料珩磨轮;用于合金钢珩磨 CBN 砂轮,效果显著
	电镀金属	结合强度高,表层磨粒密度大且裸露于表面,故刃口锋利加工效率高,但镀层较薄,寿命短	多用于成形磨、小磨头、套料刀、切割锯片及修整滚轮等;用于各种钢类工件小孔磨削的 CBN 砂轮;精度好,效率高,小径盲孔更好

树脂结合剂是以酚醛树脂为主的有机结合剂。树脂结合剂砂轮加工效率高,加工表面

质量好。一般用于磨削硬质合金，CBN砂轮也多用树脂做结合剂，玻璃和陶瓷材料的磨削也多用树脂结合剂砂轮。

陶瓷结合剂是玻璃质的无机结合剂，是磨削宝石、聚晶金刚石刀具常用金刚石砂轮的结合剂，优点是切削刃锋利。

金属结合剂中青铜是最常用的一种，特点是磨粒的把持力大、耐磨性好，混凝土和石材的切断，玻璃、水晶、半导体及陶瓷材料等的精密磨削皆用。

电镀金属是用电镀法将磨粒固着的方法，其优点是易于制造复杂形状的砂轮。由于砂轮表面磨粒的突出量与容屑空间大，切屑易于排出，故磨削性能优异；缺点是镀层较薄，砂轮寿命较短。

(4) 浓度及其选择

浓度是指超硬砂轮工作层内单位体积中的磨料含量，以克拉/厘米^3（代号 ct-carat，$1ct = 0.2\ g$）表示（见表 6.15）。

表 6.15　金刚石砂轮的浓度及用途

浓度	25%	50%	75%	100%	150%
代号	25	50	75	100	150
金刚石含量（克拉/厘米^3）	1.1	2.2	3.3	4.4	6.6
用途	研磨与抛光	半精磨与精磨		粗磨与小面积磨削	

浓度是直接影响加工效率和加工成本的重要因素，应在综合考虑粒度、结合剂、磨削方式及加工效率的情况下来加以选择。不同结合剂对磨料的结合强度不同，各有其最佳的浓度范围，常用浓度见表 6.16。

表 6.16　人造金刚石砂轮的常用浓度

结合剂		常用浓度/%
树脂 B		50 ~ 75
陶瓷 V		75 ~ 100
金属 M	青铜	100 ~ 150
	电镀金属	150 ~ 200

就不同磨削方式而言，工作面较宽的砂轮和需保持形状精度的成形、沟槽磨削用砂轮应选高浓度，半精磨和精磨则应选细粒度、中浓度；小粗糙度磨削应选细粒度、低浓度；抛光应选细粒度、低浓度，甚至低于25%的浓度。

(5) 金刚石砂轮的形状尺寸及标注

金刚石砂轮的结构如图 6.43 所示。

金刚石砂轮的基体材料因结合剂而异：树脂（B）结合剂用铝（Al）或铝合金或电木；陶瓷（V）结合剂用铝（Al）或铝合金；金属（M）结合剂用钢或铜（Cu）合金。

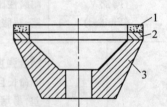

图 6.43　金刚石砂轮结构
1—磨料层；2—过渡层；3—基体

金刚石砂轮的标注为

磨料 – 粒度 – 硬度 – 结合剂 – 浓度 – 形状 – 尺寸（外径×宽度×孔径×工作层厚度）

(6) 金刚石砂轮的合理选择

一般情况下,是根据被磨材料来选择不同结合剂的金刚石砂轮。

磨削金属材料时,需要切削刃锋利、磨粒易于磨砺的树脂结合剂砂轮;而石材的切断需要强韧的金属结合剂砂轮。

磨削陶瓷材料,因为是靠磨粒切削刃的瞬间冲击使材料内部产生裂纹形成切屑,故需要强韧的金刚石砂轮。由于陶瓷种类繁多,必须视陶瓷材料的种类来选择金刚石砂轮。表6.17给出了磨削常用陶瓷材料时砂轮结合剂与磨削效率的关系。

表 6.17 磨削不同陶瓷材料时砂轮结合剂与磨削效率的关系

陶瓷材料	磨削效率/($10^{-2}mm^3 \cdot J^{-1}$)		当金属结合剂的磨削效率为1时,树脂结合剂的相对效率
	金属结合剂	树脂结合剂	
碳化物系陶瓷	2.4	4.1	1.67
氧化物系陶瓷	3.4	5.4	1.56
铁淦氧	7.7	8.0	1.08
Al_2O_3 陶瓷($w = 95\%$)	8.3	7.7	0.89
玻璃(SiO_2)	20.0	13.3	0.67

由表不难看出,金属结合剂砂轮适合于磨削 Al_2O_3 等氧化物系陶瓷材料和 SiO_2 玻璃,而树脂结合剂砂轮适合于磨削 Si_3N_4 和 SiC 非氧化物系陶瓷。

磨削气孔率较大的 Al_2O_3 陶瓷($w = 76\%$)时,金属结合剂砂轮的单位宽度切除率约为树脂结合剂砂轮的 1.5 倍(见图 6.44)。

当磨削 SiC 陶瓷材料时,树脂结合剂砂轮的性能优于金属结合剂砂轮,如图 6.45 所示。因为磨削这种高密度、高强度的非氧化物陶瓷材料时,磨粒切削刃的磨损比结合剂的磨损速度还要快,即易引起"钝齿"现象,故用树脂结合剂砂轮比金属结合剂砂轮要好。

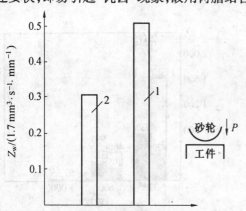

图 6.44 不同结合剂砂轮磨削 Al_2O_3 陶瓷($w = 76\%$)时的切除率 Z_w

1—120# 金属结合剂,2—120# 树脂结合剂,$\phi 150$ mm × 7 mm 平砂轮;$v_s = 26.7$ m/s;湿磨;载荷 $P = 200$ N

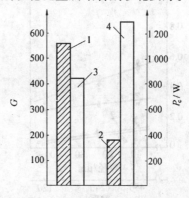

图 6.45 不同结合剂砂轮磨削 SiC 陶瓷时的磨削特性

1—磨削比 G(140# 树脂结合剂),2—磨削比 G(140# 金属结合剂),3—磨削功率 P_c(同1),4—磨削功率 P_c(同2);$\phi 150$ mm × 7 mm 平砂轮;$v_s = 25$ m/s,$v_w = 10$ m/min,$f_r = 0.04$ mm/(d·str),$f_a = 3$ mm/(d·str);湿磨

图6.46给出了7种陶瓷材料的磨削比G。

3. 新型铸铁结合剂金刚石砂轮的开发

现有金属结合剂金刚石砂轮的价格高,磨削比G较小。生产中总是希望砂轮的消耗尽量少,在保证加工质量的前提下,尽量降低加工成本。为此,必须改善砂轮性能,开发性能优良、价格便宜的新型砂轮,其中铸铁结合剂金刚石砂轮就是其中的一种。

原来使用最多的青铜结合剂砂轮,其优点是磨粒保持力大,磨削性能好,但价格高、砂轮修整效率低。而铸铁结合剂砂轮的价格便宜,铸铁粉的取材方便,修整较容易,修整效率比青铜结合剂砂轮约高75%。铸铁结合剂砂轮(GB)与青铜结合剂砂轮(MB)的修整效率比较如图6.47所示。

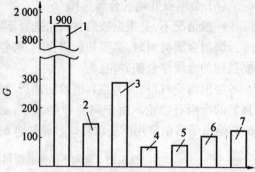

图6.46 7种陶瓷材料的磨削比G
1—镁橄榄石,2—陶瓷刀具,3—RBSN,4—HPα-Si_3N_4,5—β-Sialon,6—HPSC,7—RBSC;
ϕ150 mm × 7 mm SDC 平砂轮,粒度 120#,浓度75%,树脂结合剂;PSG-SEV 平面磨床;v_s = 15 m/s,f_r = 0.025 mm/(d·str),v_w = 15 m/min,f_a = 2 mm/(d·str);湿磨

修整效率计算式为

$$修整效率 = \frac{磨削时砂轮体积减少量}{修整砂轮时体积减少量} \times 100\% \tag{6.2}$$

铸铁结合剂砂轮(CIB)与树脂结合剂砂轮(B)相比较,允许的径向进给量f_r(或磨削深度a_p)大,磨削比G也大。图6.48给出了HPSN和HPZO陶瓷材料的磨削比G,分别是树脂结合剂砂轮的4倍和3倍。

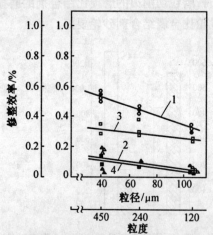

图6.47 铸铁结合剂砂轮(CIB)与青铜结合剂砂轮(MB)的修整效率比较
1—F_p(○(CIB),●(MB)),2—F_c(△(CIB),▲(MB)),3—修整效率(CIB),4—修整效率(MB);砂轮:浓度100%,羰基铁粉 w = 30%

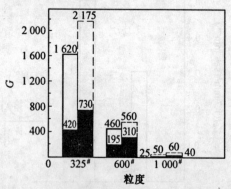

图6.48 铸铁结合剂砂轮(CIB)与树脂结合剂砂轮(B)的磨削比G
v_s = 26.7 m/s,v_w = 3 m/min;
f_r = (0.02 mm/(d·str)(325#),0.01 mm/(d·str)(600#),0.001 mm/(d·str)(1 000#));
HPSN(▫(CIB),▪(B));HPZO(▫(CIB),▪(B))

铸铁结合剂砂轮与树脂结合剂砂轮相比,由于接触变形小,故减小了磨削表面残留量,

树脂结合剂砂轮磨削表面的残留量为20%~30%,而铸铁结合剂砂轮只有10%。

综上所述,铸铁结合剂的金刚石砂轮确实是一种很有发展前途的新型结合剂砂轮,其制造过程如图6.49所示。试验证明,羰基铁粉的加入增加了磨粒的保持力,游离片状石墨的存在起到了减磨润滑作用。

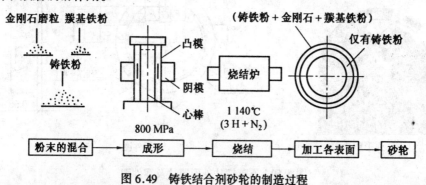

图6.49 铸铁结合剂砂轮的制造过程

6.1.4 工程陶瓷材料的其他加工方法

工程陶瓷材料除了采用磨削与切削加工方法外,还可以采用超声振动切削法、超声振动磨削法、加热辅助切削法、研磨与抛光法及激光加工法等。

6.2 石英材料及其加工技术

6.2.1 概述

石英是一种具有压电效应的机电换能材料,具有线胀系数小、介电常数大、无滞后、高灵敏度、高可靠性、多功能、硬而透明等特点,可用来测量很多物理量(加速度、频率、时间、流量、厚度等),用石英晶体制成的石英敏感元件的应用前景已经引起国内外专家的高度重视。近年来,出现了不少新的先进石英敏感元件在航天及武器上的应用实例。如惯性导航用高精度石英加速度计、石英压电陀螺,原子弹用石英惯性引信,飞机用石英谐振腔高度表,核弹及反应堆测量用石英压力传感器等。

6.2.2 石英摆片及其加工

石英摆片是新式的敏感加速度惯性元件,是石英加速度计的心脏,主要用于航天、航空飞行器以及舰船的惯性导航、遥控及遥测系统中,还可用于石油钻井的斜度测量、开凿隧道的导向、建筑与桥梁的测振、车辆加速过载及地震监测预报等方面。

由于石英摆片的形状复杂,几何精度及表面质量要求高,故采用合适的加工方法和合理的工艺路线,是加工高质量摆片的关键。图6.50为石英摆片的外形及零件图。

1. 石英摆片材料的选择

(1) 熔融石英的结构

熔融石英(又称石英玻璃)是SiO_2多晶体,与石英一样,是Si原子居中、O原子占顶角的

(a) 外形照片

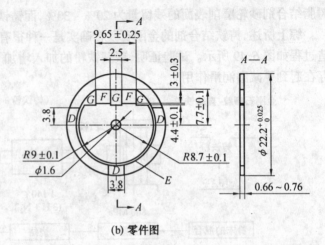
(b) 零件图

图 6.50 石英摆片外形照片及零件图

正四面体,通过 Si—O—Si 键结合在一起而构成空间不规则网络结构,熔融石英为短程有序"玻璃态",二维结构如图 6.51 所示。

熔融石英的结构可分为有颗粒结构和无颗粒结构两种,有颗粒结构又分为气炼结构(见图 6.52)和含 OH 根的合成结构两种(见图 6.53),无颗粒结构的形貌如图 6.54 所示。不难看出,气炼熔融石英颗粒粗大,分布极不均匀;未退火 OH 根颗粒较大,退火后颗粒较均匀细小;无颗粒结构的颗粒细小均匀,可作为石英摆片的预选材料。上海石英玻璃厂生产的 JGS_1 就是这样一种高纯度合成光学石英玻璃。

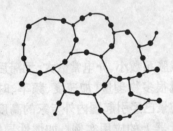

图 6.51 熔融石英结构二维示意图

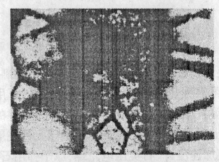

图 6.52 有颗粒结构气炼熔融石英

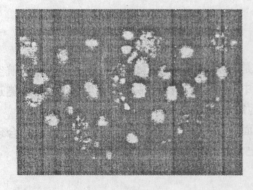

(a) 未退火　　　　　　　　　　　　(b) 退火

图 6.53 有颗粒结构含 OH 根的合成熔融石英形貌

图 6.54 无颗粒结构合成熔融石英

(2) 熔融石英的性能

JGS_1 石英玻璃是一种颗粒细小均匀的高纯度材料,SiO_2 质量分数可达 99.9999%,熔点与铂相近(约 1 700~1 800 ℃),密度小、线胀系数和导热系数小、硬度高、耐热、耐氧化、耐腐蚀、耐磨损,但塑性小,加工性差。JGS_1 石英玻璃的性能见表 6.18。

表 6.18 JGS_1 石英玻璃的性能

性能	数值
软化点/℃	1 597
退火点/℃	1 117
变形点/℃	1 027
密度 $\rho/(g \cdot cm^{-3})$	2 201
莫氏硬度	5.5~6.5
线胀系数 $\alpha/℃^{-1}$	$2.7 \times 10^{-7}(-50~0\ ℃)$ $5.1 \times 10^{-7}(0~100\ ℃)$
导热系数 $k/[W \cdot (m \cdot ℃)^{-1}]$	1.38
比热容/$[J \cdot (kg \cdot ℃)^{-1}]$	750
介质强度/$(V \cdot m^{-1})$	2.5
介电常数	3.70(0~1 MHz)
介电损耗角正切	<0.000 1(1 MHz)
电阻率/$(\Omega \cdot m)$	$1 \times 10^{16}(20\ ℃)$ $1 \times 10^{16}(100\ ℃)$
抗压强度 σ_{bc}/MPa	116.62
抗拉强度 σ_b/MPa	49.98
抗扭强度/MPa	29.988
抗弯强度 σ_{bb}/MPa	66.973 2
弹性模量 E/MPa	69.972(20 ℃)
泊松比	0.17(20 ℃)
阻尼	1×10^5

影响石英摆片加工性的因素还有光的透过率、高温粘度及高温线胀系数。JGS_1 石英玻

璃具有很好的光谱特性,不仅可以透过可见光,而且还可以透过红外线、紫外线、远紫外线,透过率较高,光学性能远高于普通光学玻璃。图6.55给出了JGS_1石英玻璃的光透过率曲线。JGS_1熔融石英的高温粘度很大,尽管随着温度的升高高温粘度下降,但在高温下粘度仍很大(见图6.56)。图6.57为熔融石英的线胀系数 α 随温度 θ 的变化曲线,熔融石英常温时的线胀系数比较小,高温时线胀系数增加较快。

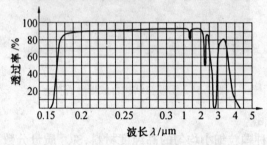

图 6.55 JGS_1 石英玻璃的光透过率曲线

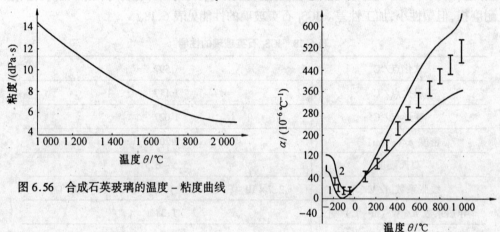

图 6.56 合成石英玻璃的温度 – 粘度曲线

图 6.57 熔融石英的 $\alpha - \theta$ 曲线

2. 石英摆片的加工

目前,加工石英摆片的主要方法有机械研磨法、超声落料机械研磨法、超声落料化学蚀刻法、磨料喷射化学蚀刻法及激光切割法,此处主要介绍激光切割法。

(1) 激光切割法简介

激光切割是复杂的热加工过程,它是利用经聚焦的高功率密度的激光束照射工件,当超过功率密度阈值的情况下,热能被切割材料所吸收,引起照射点处温度急剧上升直至熔点,材料将被熔化并气化,形成孔洞。随着光束与工件的相对移动,切缝处的熔渣被一定压力的辅助气体吹除,最终形成切缝。激光切割机工作原理如图6.58所示,切割轮廓如图6.59所示。

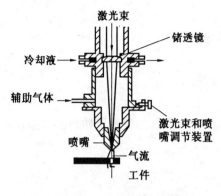

图 6.58　激光切割机原理

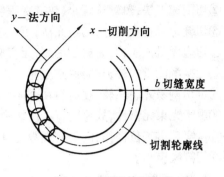

图 6.59　激光切割轮廓

激光切割过程涉及光学、热力学、热化学及气体与流体动力学等多学科复杂因素的综合作用,是激光 – 材料 – 辅助气体三者交互作用的结果。由于被切割材料的不同,激光切割方法和机理也有所不同。常用的激光切割法主要有以下 4 种。

①激光气化切割法

在激光束的照射下,工件受热后温度迅速上升至汽化温度,汽化形成高压蒸气以超音速向外喷射,照射区内出现气化小孔,气压急剧升高,迅速将切缝中的材料气化去除。在高压蒸气高速喷射过程中,同时带着切缝中的熔融材料向外溢出,直至工件完全切断。不难看出,此法需要较高的功率密度,一般应达到 10^6 W/mm² 左右。

②激光熔化切割法

在切割过程中,不是靠材料本身蒸气将切缝中的熔融物带走,而是主要依靠增设的气吹系统产生的高速辅助气流的喷射作用,连续不断地将切缝中的熔融物喷射清除,大大提高了激光的切割能力。常用的辅助气体有 O_2、N_2、Ar、He、CO_2 及压缩空气等,一般气压为 $(2 \sim 3) \times 10^5$ Pa。

③反应气体辅助切割法

在激光切割过程中,采用氧气作为辅助气体,利用氧气与被切割材料产生强烈的放热反应,使得被切割材料在反应气体中燃烧生成火焰,可大大增强激光切割能力,在切缝中形成流动的液态熔渣,这些熔渣被高速氧气流连续不断地喷射清除。此法切割效率高、成本低,故应用广泛,适合于各种金属材料及某些可熔化非金属材料的切割。但在切割某些金属材料时为防止切口氧化,应采用惰性气体作为辅助气体,而不宜采用氧气。对于含碳的非金属材料,为防止切口出现炭化现象,也不宜用氧气作为辅助气体。

④激光热应力切割法

在激光束的照射下,工件上表面温度较高要发生膨胀,而内部温度较低要阻碍膨胀,结果工件表层产生了拉应力,内层产生压应力,工件会产生裂纹,结果使得工件沿裂纹断开。此为激光热应力切割法,可用于局部切割。

不难看出,这 4 种切割方法并非完全独立,往往同时存在于同一切割过程,只是在某一特定条件下,以其中一种为主。

激光切割法的特点如下。

①切缝窄,节省切割材料,也可切盲缝;

②切割速度快,热影响区小,热畸变程度低;
③切缝边缘垂直度好,切边光滑,可直接用于焊接;
④切边无机械应力,无剪切毛刺,无切屑;
⑤无接触能量损耗,只需调整激光工艺参数;
⑥可切割易碎、脆、软、硬材料和合成材料;
⑦由于光束无惯性,故可实行高速切割,也可在任何方向任何位置开始切割和停止;
⑧可实现多工位操作,便于实现数控自动化;
⑨切割噪声小。

(2) 激光切割的优越性

由于 CO_2 激光器输出功率大,转换效率高(可达 30%),既可连续工作,又可脉冲工作,波长为 10.60 m,且具有良好的大气透过率。石英玻璃对 10.60 m 波长的光束吸收率高,线胀系数小,故可以实现石英玻璃的激光切割。切割时,辅助气体在气化物质重新凝结前就将其从切缝吹掉,保护了切割面,获得了无渣切割。因此,可以用 CO_2 激光器进行石英摆片的成形加工。特别是如图 6.50 所示的石英摆片结构复杂,厚度仅为 0.66 ~ 0.76 mm,槽部分缝宽只有 (0.3 ± 0.1) mm,这种薄片和窄缝的切割只有激光最合适,因为激光所切缝宽最小可达 0.1 mm。

激光切割石英摆片可以解决超声加工工具磨损严重的问题,且由于切割面熔化后再凝固,还可提高表面的抗冲击强度,表面又光滑,很好地解决了崩边、边缘颗粒脱落及"钻蚀"现象,解决了石英表"卡死"不能正常工作的问题,再有,激光切割的残余应力小,解决了由于残余应力释放造成输出信号的漂移问题。

此外,还可以提高生产效率,改善操作者的工作条件。尽管激光切割一次性投资比较大,但激光切割质量(如热损伤层、表面粗糙度等),明显优于磨料喷射加工和超声波加工。

(3) 影响切割质量的因素分析

影响切割质量的因素主要包括光束质量、焦点位置、光束偏振、辅助气体及被切割材料特性等。表 6.19 给出了激光切割过程的影响因素。

表 6.19 激光切割过程的影响因素

步骤	过程顺序	影响因素
1	未聚焦光束	功率、模式、发散角、光束偏振
2	聚焦光斑	光束直径、聚焦、透镜特性
3	表面吸收	材料特性、反射率、粗糙度等
4	温度升高	功率密度、材料特性
5	吹除熔渣	辅助气体参数

①光束质量的影响

为了得到高功率密度和精细切口,切割用激光应有高的光束质量,包括光斑直径要小,位置要稳定;光束应有良好的绕光轴旋转的对称性和圆偏振性;激光器应有连续输出和脉冲输出两种输出方式,且功率可调,以保证复杂轮廓的高质量切割;光束应垂直入射聚焦透镜,避免产生烧焦现象。

此外，激光的光束模式也严重影响切割质量。从振荡器射出的激光束是圆柱状的，光束横截面的光强分布（即能量密度）不均匀，且有不同模式。光束模式有单式、复式与环式等，如图6.60所示。单式中光强分布接近高斯分布的称为基模，可把光束聚焦到理论的最小尺寸，能量密度高（见图6.60(a)）。而复式和环式光束（见图6.60(b)和(c)），其能量分布较扩张，能量密度低，用它切割犹如一把钝刀。在输出总功率相同情况下，基模光束聚焦点处的功率密度比多模光束高两个数量级。

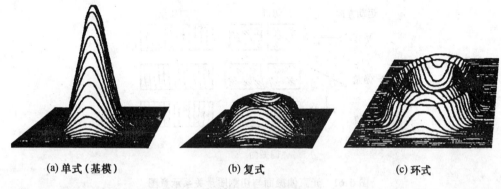

(a) 单式（基模）　　　　(b) 复式　　　　(c) 环式

图6.60　光束模式示意图

采用基模光束激光切割石英摆片，可获得窄切缝、平直切边和小的热影响区，切割区熔化层薄，下侧熔渣程度轻，甚至不粘渣。

②焦点位置的影响

相对于工件的焦点位置很重要，它是焦深的函数。透镜焦距应根据被切材料的厚度来选取，兼顾聚焦光斑直径和焦深两个方面。对于波长为10.6 μm 的 CO_2 激光束，聚焦光斑直径 D 可根据衍射理论用式(6.3)计算

$$D = 25.4F \tag{6.3}$$

式中　D——功率强度下降到 $1/e^2$ 中心值时的光斑直径；
　　　F——所用光学系统的 F 系数，$F = L/2a$；
　　　L——透镜焦长；
　　　$2a$——光斑直径。

与光斑尺寸相联系的焦深 Z_s（焦点上、下沿光轴中心功率强度超过顶峰强度1/2处的距离）可表示为

$$Z_s = \pm 37.5F^2 \tag{6.4}$$

由公式(6.3)、(6.4)可以看出，聚焦透镜的焦长 L 越短，F 值越小，光斑尺寸 D 和焦深 Z_s 越小；F 值大，操作时允许的偏差可大些。但焦点的正确位置很难测定，需要在操作时调整。对石英摆片的激光切割，可参考以下原则：被切材料厚，焦距大；反之，则焦距小。激光切割的聚焦光斑位置应靠近工件表面，并在工件表面以下。实际切割中，应使聚焦点落在材料上表面偏下约1/3板厚处。

③光束偏振的影响

几乎所有用于切割的高功率激光器都是平面偏振。光束偏振对切缝质量影响很大，摆片切割过程中所产生的缝宽、切边粗糙度和垂直度的变化都与光束偏振有关（见图6.61）。

当工件运动方向(切割方向)与光束偏振面平行时,切边狭而平直;运动方向与光束偏振面成一角度时,能量吸收减少,切缝变宽,切边粗糙且不平直,产生斜度;一旦工件运行方向与偏振面垂直,切速变慢,切缝变宽且粗糙。对于石英摆片这样复杂的零件,切割时很难保证光束偏振方向与工件运动方向始终平行。为消除平面偏振光束对切割质量的不良影响,在聚焦前,可附加圆偏振镜,将平面偏振光束转换成圆偏振光束。采用圆偏振光束切割时,各个方向上的切幅均相同,切口平直,大小均匀,有效地提高了切割质量。

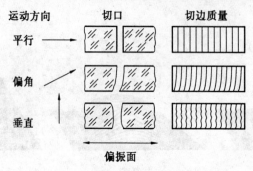

图 6.61 光束偏振面与切割质量关系示意图

④辅助气体的影响

激光束切割材料时,常使用供气系统向切割区域输送气流,排除切割区域所形成的熔化物或气化物,直到材料被完全切开为止。辅助气体的成分、流量、压力和分布对激光切割质量均有重要影响。切割石英摆片可以选择压缩空气作为辅助气体。要注意喷口形式及口径设计,一般喷口直径为 0.5~1.5 mm,喷出高压气流要有一定的线性区。在其他条件一定时,随辅助气体压力的增加,单位时间内蚀除的物质量随之增加。但气体压力过大,会使切缝宽度增加,无法满足石英摆片的质量要求,一般辅助气体压力选择为 $(2~3)\times 10^5$ Pa。

⑤材料特性的影响

材料对激光辐射的吸收率、导热率和线胀系数是影响激光切割质量的主要因素。石英摆片材料——熔融石英属于高吸收率、低线胀系数材料,因此,石英摆片切割可选用低功率激光器。激光辐射的吸收率还与材料的表面状态有关,未经表面处理、研磨及抛光的石英摆片,粗糙度大,影响光束的吸收。因此,石英摆片的切割一般是在抛光后进行,这样可以提高材料对光束的吸收率,保证加工质量。

此外,材料的密度、比热容、熔化潜热和气化潜热对激光切割质量也有一定影响。

6.3 蓝宝石材料及其加工技术

6.3.1 概述

蓝宝石(α-Al_2O_3)晶体的物理化学性能稳定、强度高、绝缘、耐酸碱腐蚀,在 3~5 μm 波段内透光性好,熔点 2 045 ℃,莫氏硬度 9(仅次于金刚石硬度),密度 3.99 g/cm^3,线胀系数 7.50×10^{-6}/℃。具有突出的耐热冲击性能,故特别适于制作导弹的整流罩和在恶劣条件下工作的红外、紫外波段的光学窗口材料。此外,单晶蓝宝石的透过波段宽,可透过紫外、可见、红外到微波波段,非常适合电子制导系统的多种制导方式要求。

6.3.2 蓝宝石导引罩的加工工艺过程

红外导引罩在导弹上的工作位置如图 6.62 所示,主要作用是保护导弹内部的光电系统与探测系统在恶劣的飞行条件下不受损坏,并能准确可靠地接受和发出红外线。

随着国防科学技术的进步,导弹武器向高马赫数发展,从单一的红外制导、雷达制导发展到紫外–红外双模制导,红外–毫米波复合制导。这样,可增大攻击距离,加强光电对抗、自主攻击和抗外界干扰的能力。目前常用的红外材料 MgF_2 仅能用作低速导弹及单一红外制导的导弹导引罩,难以满足复合制导导引罩对材料的宽波段、高强度和热冲击性能及耐化学腐蚀的要求。由于单晶蓝宝石具有较高的硬度和强度,能承受高速度产生的热冲击力,透过波段宽,耐腐蚀,特别适合用于制作导弹红外导引罩。蓝宝石导引罩剖面如图 6.63 所示。

图 6.62　红外导引罩在导弹上的工作位置示意图

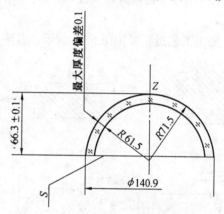

图 6.63　蓝宝石红外导引罩剖面图

蓝宝石导引罩的加工工艺过程如下。

(1) 把外形不规整的原始蓝宝石晶体加工成圆柱体,然后在平面磨床上用金刚石砂轮将圆柱体底面磨平,或用图 6.64 所示的单轴平面研磨机用碳化硼(B_4C)磨料研磨底平面。

(2) 以已磨平的底面为基准,按圆柱体高度用切片机切割,再磨平切割后的平面,然后在专用外圆磨床上磨外圆(见图 6.65)成图 6.66 所示形状。

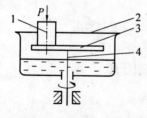

图 6.64　单轴平面研磨机的工作原理图
1—蓝宝石工件;2—水盆;3—研磨盘;4—主轴

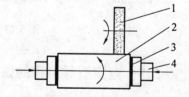

图 6.65　专用外圆磨床原理图
1—砂轮;2—蓝宝石工件;3—毡垫;
4—顶块

图 6.66 磨外圆后的蓝宝石圆柱体

(3) 用铣磨机铣磨球面,包括用高速精磨机或游离碳化硼磨料精磨,用研磨抛光机最后抛光。

加工工艺过程可用图 6.67 表示。蓝宝石导引罩成品如图 6.68 所示。

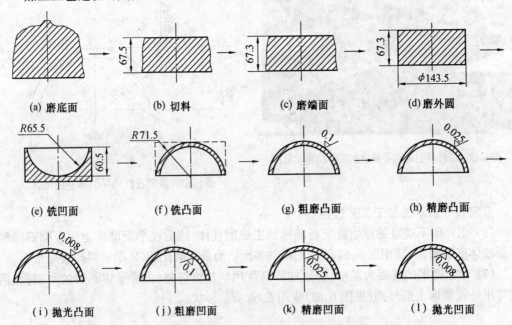

图 6.67 蓝宝石导引罩加工工艺过程图

6.3.3 蓝宝石导引罩的铣磨加工及影响因素

1. 蓝宝石导引罩球面的成形铣磨原理

球面铣磨是根据斜截圆原理,用筒形金刚石砂轮在球面铣磨机上进行的(见图6.69)。砂轮轴与工件轴在 O 点相交,交角为 α,筒形金刚石砂轮 1 绕自身轴线高速回转,工件 2 绕自身轴线缓慢回转,这样,砂轮磨粒在工件表面磨削轨迹的包络面即为球面。由于砂轮轴与工件轴成倾斜相交,故将砂轮磨粒所在圆称斜截圆。

若砂轮中径为 D,砂轮端面圆弧半径为 r,两轴交角为 α,球面曲率半径为 R,由图 6.69

图 6.68 蓝宝石导引罩成品

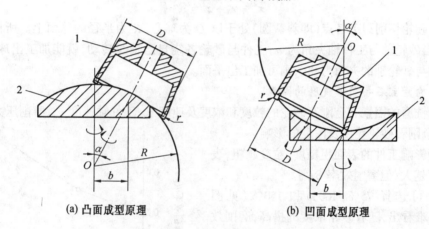

(a) 凸面成型原理　　　　(b) 凹面成型原理

图 6.69　QM30 大型透镜铣磨机工作原理图
1—筒形金刚石砂轮；2—工件

则有，

凸面时
$$\sin \alpha = \frac{D}{2(R+r)} \tag{6.5}$$

凹面时
$$\sin \alpha = \frac{D}{2(R-r)} \tag{6.6}$$

为了磨出完整球面，砂轮边缘的圆角中心必须对准工件转轴，否则，工件中心将由于磨削不到而出现凸台。同时，砂轮直径应足够大，必须探出工件边缘。

在加工一定直径与一定曲率半径的工件时，首先按工件直径选择适当大小的砂轮，然后根据砂轮直径和工件曲率半径计算应有的砂轮轴偏角，最后按砂轮轴直径和偏角计算出砂轮中心的偏移量 b

$$b = \frac{D}{2} \cos \alpha \tag{6.7}$$

斜截圆成型球面原理如图 6.70 所示。

被加工球面处于坐标系 $Oxyz$ 中，以 O 点为球心，筒形金刚石砂轮的切削刃（即斜截圆）处于坐标系 $Ox'y'z'$ 中，砂轮轴 Oz' 与工件 Oz 轴交于 O 点，Oz 与 Oz' 间的夹角为 α，砂轮端面的圆半径为 ρ。则砂轮切削刃所形成的圆在坐标系 $Ox'y'z'$ 中的表达式为

$$x'^2 + y'^2 = \rho^2 \tag{6.8}$$
$$z' = \sqrt{R^2 - \rho^2} \tag{6.9}$$

式中 R——从 O 点到切削刃间的距离。

砂轮切削刃在坐标系 $Oxyz$ 中的表达式,则可通过转轴公式变换得

$$y' = y\cos\alpha - z\sin\alpha$$
$$z' = y\sin\alpha + z\cos\alpha \tag{6.10}$$
$$x' = x$$

则
$$x^2 + (y\cos\alpha - z\sin\alpha)^2 = \rho^2 \tag{6.11}$$
$$(y\sin\alpha + z\cos\alpha)^2 = R^2 - \rho^2 \tag{6.12}$$

即
$$x^2 + y^2 + z^2 = R^2 \tag{6.13}$$

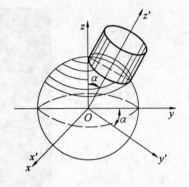

图 6.70 斜截圆成型球面原理

说明砂轮切削刃上各点(即斜截圆)处于以 O 为球心, R 为半径的球面上。所以,用筒形砂轮,当砂轮轴与工件轴夹角为 α,工件与砂轮各绕自己轴线转动,就能加工出球面。假如工件轴与砂轮轴的夹角为 90°,则可加工出平面。

2. 影响蓝宝石导引罩铣磨的因素

影响铣磨的因素有金刚石砂轮的粒度和浓度及速度 v_s、工件轴速度 v_w、磨削压力 p 等。

(1)金刚石砂轮粒度及浓度的影响

粒度影响工件的表面粗糙度,粒度越粗,表面粗糙度越大,但磨削效率 δ 高。

浓度可选择 75%,100% 和 150%(见图 6.71),不难看出,随着砂轮浓度的提高,磨削效率也在提高。但浓度太高时,结合剂的把持力不够,金刚石颗粒没有磨钝就脱落了,砂轮磨耗大。此外,浓度与粒度也有关,浓度相同时,若粒度越粗,颗粒数就少,浓度应相对高些。

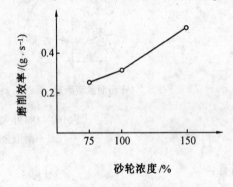

图 6.71 砂轮浓度对铣磨效率的影响

粗磨时 100#、80# 为宜,浓度 100%,以满足磨削效率与表面粗糙度的要求。精磨要保证抛光前所需要的面形精度、尺寸精度和表面粗糙度,可用金刚石砂轮高速精磨或游离磨粒精磨。

(2)砂轮速度 v_s 的影响

砂轮速度对铣磨效率及表面粗糙度的影响曲线如图 6.72 所示。

可以看出,砂轮速度越高,磨削效率越高,工件表面粗糙度越小。但随着砂轮速度的提高,机床的振动与噪音、砂轮磨损均随之增大并出现火花,冷却液(煤油和机油)会产生浓烟,对操作环境不利,且 32 m/s 后对表面粗糙度的影响已不明显,故综合考虑磨削效率、表面粗糙度等因素,砂轮速度以 32 m/s 左右为好。

(3)工件速度 v_w 的影响

图 6.73 给出了工件速度 v_w 在 632 mm/min、143 mm/min、46.5 mm/min 时,蓝宝石的去除量和砂轮磨耗量曲线图。可以看出,工件速度越高,砂轮磨耗量越大,即磨去单位质量的蓝宝石,砂轮磨耗加大,故工件速度 v_w 取 150～300 mm/min 为好。

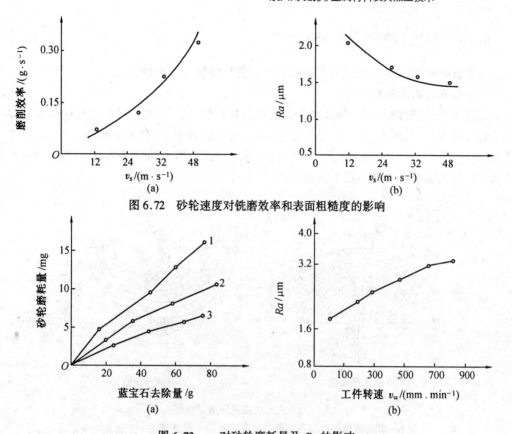

图 6.72 砂轮速度对铣磨效率和表面粗糙度的影响

图 6.73 v_w 对砂轮磨耗量及 Ra 的影响

1—632 mm/min；2—143 mm/min；3—46.5 mm/min

(4)磨削压力的影响

磨削压力是指施加给砂轮的压力 p，QM30 铣磨机的压力调整范围为 0~120 N。

图 6.74 给出了磨削压力对工件表面粗糙度 Ra 和磨削效率的影响关系，可以看出，磨削压力越大，工件表面粗糙度越大，磨削效率越高。

如综合考虑工件表面粗糙度和磨削效率，压力 $p = 60 \sim 90$ N 为宜；如只考虑提高磨削效率，可选较大压力。

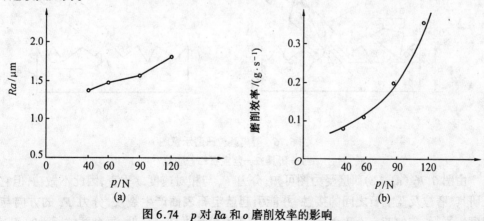

图 6.74 p 对 Ra 和 o 磨削效率的影响

6.3.4 蓝宝石导引罩的研磨加工

蓝宝石导引罩的研磨加工可用高速研磨和游离磨粒研磨两种方法。

1. 导引罩的高速研磨

高速研磨是把金刚石研磨片(或称金刚石磨片),按一定形式排列并粘结在研具基体上的成形研磨方法(见图 6.75)。研磨模 1 绕轴以 ω_1 高速回转,工件模 5 绕轴回转 ω_2 且左右移动,此时,金刚石研具的性能、尺寸、覆盖比、排列方式及磨片的性能参数(如粒度、浓度、结合剂等),都将影响工件的质量和研磨效率。

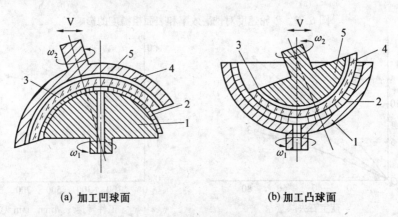

(a) 加工凹球面　　(b) 加工凸球面

图 6.75　成形法高速研磨原理图
1—研具模;2—金刚石磨片;3—蓝宝石;4—粘结胶;5—工件模

2. 导引罩的游离磨粒研磨

导引罩的游离磨粒研磨加工如图 6.76 所示。分布在研具 1 和工件 2 之间的磨粒 3,借助研具与工件的相对运动,使蓝宝石表面形成交错裂纹,在水解作用(水渗入裂纹)下,加剧了蓝宝石的破碎,并形成由凸凹层 k 和裂纹层 m 组成的破坏层 n。

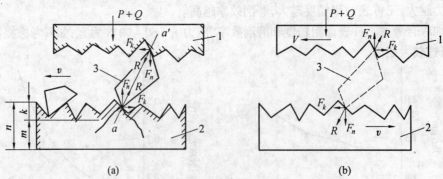

图 6.76　游离磨粒研磨示意图
1—研具;2—蓝宝石;3—磨粒

由图 6.76 (a)、(b)研磨受力图可知,分力 F_n 与相对速度 v 垂直,因此不做功,但它能保证研具、磨粒及蓝宝石之间的接触,并能引起蓝宝石表面产生裂纹;分力 F_k 的方向与相对速度 v 平行,它使蓝宝石表面凸凹层的顶部被磨掉而做功。另外,每个磨粒所受的 F_k 和 F_n

构成力矩使磨粒滚动,产生冲击力,使蓝宝石表面的凸出部分被去除。在研磨过程中,仅有一部分磨粒起研磨作用,其余磨粒或产生滑动或处于大的凹陷处而不参与有效研磨,或互相磨碎,最后与蓝宝石碎屑混在一起被水冲走。

在游离磨粒研磨过程中,蓝宝石表面会产生划痕,其原因有二,一是个别磨粒长时间粘固在研具上,相当一把刀在蓝宝石表面滑动产生划痕;二是存在有尺寸较大磨粒,在蓝宝石表面滑动或滚动时产生的划痕很深,不易被磨粒去掉。

铣磨工序之后,采用碳化硼游离磨粒进行研磨时,依次所用碳化硼的粒度及所能达到的粗糙度 Ra 值见表6.20。

表6.20 研磨用碳化硼 B_4C 的粒度及所达到的表面粗糙度 Ra 值

粒度	基本尺寸/μm	研磨后蓝宝石表面粗糙度 $Ra/\mu m$
100#	125	3.2
120#	106	1.6
220#	53~63	0.8
320#	35~44	0.4
W28	20~28	0.2
W14	10~14	0.1
W7	5~7	0.05
W3.5	2.5~3.5	0.025
W1.5	1~1.5	0.0125

粗糙度 Ra 值较大时(大于 $0.32\sim0.5~\mu m$)可采用标准量块目测对比,较小时用干涉显微镜测量。

思考题

1. 氧化物陶瓷(Al_2O_3 和 ZrO_2)和非氧化物陶瓷(Si_3N_4 和 SiC)切削加工各有何特点?
2. 试述磨削工程陶瓷材料时金刚石砂轮如何选择(磨料、粒度、浓度与结合剂等)。
3. 简述影响石英摆片激光切割加工的主要因素。
4. 简述影响蓝宝石导引罩铣磨的主要因素。

第7章 航天复合材料及其成型与加工技术

7.1 概述

本章主要介绍航天用树脂基(聚合物基)复合材料(RMC)、金属基复合材料(MMC)、陶瓷基复合材料(CMC)及碳/碳(C/C)复合材料。

7.1.1 复合材料的概念与优越性

随着航天、航空、汽车、船舶、核工业等突飞猛进的发展,对工程结构材料性能的要求不断提高,传统的单一组成材料已很难满足要求,因而研制了一种新材料——复合材料。复合材料是由两种或两种以上物理和化学性质不同的物质,通过复合工艺而成的多相新型固体材料。它不是不同组分材料的简单混合,而是在保留原组分材料优点的情况下,通过材料设计使各组分材料的性能互相补充并彼此关联,从而获得新的优越性能。实际上,复合材料早就存在于自然界中并被广泛应用,如木材就是由木质素与纤维素复合而成的天然复合材料,钢筋混凝土则是由钢筋与砂石、水泥组成的人工复合材料。

复合材料的优越性在于它的性能比其组成材料好得多。第一,可改善或克服组成材料的弱点,充分发挥其优点,即"扬长避短",如玻璃的韧性及树脂的强度都较低,可是二者的复合物——玻璃钢却有较高的强度和韧性,且质量很轻。第二,可按构件的结构和受力的要求,给出预定的、分布合理的配套性能,进行材料的最佳设计,如用缠绕法制成的玻璃钢容器或火箭壳体,当玻璃纤维方向与主应力方向一致时,可将该方向上的强度提高到树脂的20倍以上。第三,可获得单一组成材料不易具备的性能或功能。

随着复合材料的广泛应用和人们在原材料、复合工艺、界面理论、复合效应等方面的实践和理论研究的深入,人们对复合材料有了更全面的认识。现在人们可以更能动地选择不同的增强材料(颗粒、片状物、纤维及其织物)和基体进行合理的设计,再采用多种特殊的工艺使其复合或交叉结合,从而制造出高于单一组成相材料的性能或开发出单一组成相材料所不具备的性质和使用性能的各类高级复合材料。

7.1.2 复合材料的分类

复合材料可以由金属、高分子聚合物(树脂)和无机非金属(陶瓷)3类材料中的任意两类经人工复合而成,也可由两类或更多类金属、树脂或陶瓷来复合,故材料的复合范围很广。

复合材料种类繁多,可按不同方法来分类。最常见的是按基体相的类型或增强相的形态来分类,如按基体相可分为树脂基复合材料、金属基复合材料、陶瓷基复合材料和碳/碳复合材料;按增强相形态可分为纤维增强复合材料和颗粒增强复合材料。纤维增强又可分为长纤维增强和短纤维增强,还有晶须增强复合材料等。纤维增强复合材料又称为连续增强复合材料,颗粒、短纤维或晶须增强又称非连续增强复合材料。

还可按增强相的种类来分类,如玻璃纤维增强复合材料、碳纤维增强复合材料、SiC或Al_2O_3颗粒增强复合材料。

此外,还可按使用性能分为结构复合材料和功能复合材料,文献资料中也有专指某种范围的名称,如近代复合材料、先进复合材料等。

通常的表示方法是分母为基体相,分子为增强相,如碳纤维/环氧树脂复合材料,SiC_p/Al复合材料等。

复合材料为多组成相物质,其组成见表7.1。其组成相有两类,即基体相(连续相)和增强相(分散相)。前者起粘结作用,是复合材料的基体,后者起提高强度和刚度的作用。

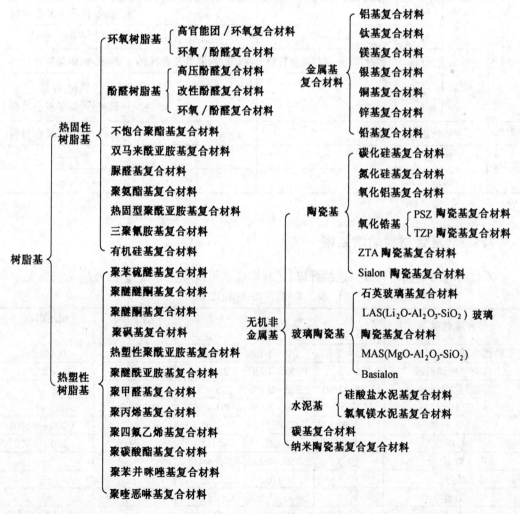

图7.1 按基体材料分类的复合材料

表 7.1 复合材料的系统组成

增强相		基体相		
		金属材料	无机非金属材料	有机高分子材料
金属材料	金属纤维(丝)	纤维金属基复合材料	钢丝/水泥机复合材料	金属丝增强橡胶
	金属晶须	晶须/金属复合材料	晶须/陶瓷基复合材料	
	金属片材	—	—	金属/塑料板
无机非金属材料	陶瓷 纤维	纤维/金属基复合材料	纤维/陶瓷基复合材料	
	陶瓷 晶须	晶须/金属基复合材料	晶须/陶瓷基复合材料	
	陶瓷 颗粒	颗粒/金属基复合材料		
	玻璃 纤维	—	—	纤维/树脂基复合材料
	玻璃 粒子			粒子填充塑料
	碳 纤维	碳纤维/金属基复合材料	纤维/陶瓷基复合材料	纤维/树脂基复合材料
	碳 炭黑	—	—	颗粒/橡胶 颗粒/树脂基复合材料
有机高分子材料	有机纤维	—	—	纤维/树脂基复合材料
	塑料	—	—	—
	橡胶			

7.1.3 复合材料的增强相

复合材料的增强相可分为连续纤维、短纤维或晶须及颗粒等,它们的性能见表7.2。

表 7.2 常用增强相的性能

纤维名称	ρ /(g·cm^{-3})	σ_b/MPa	E /GPa	伸长率 /%	稳定温度 /℃
铅硼硅酸盐玻璃纤维	2.5~2.6	1 370~2 160	58.9	2~3	700(熔点)
高模量玻璃纤维	2.5~2.6	3 830~4 610	93~108	4.4~5.0	<870
高模量碳纤维	1.75~1.95	2 260~2 850	275~304	0.7~1.0	2 200
B 纤维	2.5	2 750~3 140	383~392	0.72~0.8	980
Al$_2$O$_3$ 纤维	3.97	2 060	167		1 000~1 500
SiC 纤维	3.18	3 430	412	—	1 200~1 700
W 丝	19.3	2 160~4 220	343~412		
Mo 丝	10.3	2 110	353		
Ti 丝	4.72	1 860~1 960	118		
Kevlar 纤维	1.43~1.46	5 000	134	2.3	500~900(分解)
SiC 晶须	3.19	$(3~14) \times 10^3$	490	$\varphi 0.1 \sim \varphi 1.0 \mu m$	2 690
SiC 颗粒	3.21	$(\sigma_{bc})1 500$	365		
Al$_2$O$_3$ 颗粒	3.95	$(\sigma_{bc})760$	400		

7.1.4 复合材料的发展与应用

复合材料作为结构材料是从航空工业开始的,因为飞机的质量是决定飞机性能的主要因素之一,飞机质量轻,加速就快、转弯变向灵活、飞行高度高、航程远、有效载荷大。如F-5A飞机,质量减轻15%,用同样多的燃料可增加10%左右的航程或多载30%左右的武器,飞行高度可增高10%,跑道滑行长度可缩短15%左右。1 kg 的 CFRP(碳纤维增强复合材料)可代替 3 kg 的铝合金。

复合材料的应用始于20世纪60年代中期,其应用可分为3个阶段。

第一阶段,应用于非受力或受力不大的零部件上,如飞机的口盖、扩板和地板等;

第二阶段,应用于受力较大件,如飞机的尾翼、机翼、发动机压气机或风扇叶片、尾段机身等;

第三阶段,应用于受力大且复杂零部件上,如机翼与机身结合处、涡轮等。

预计未来的飞机应用复合材料后可减轻质量的26%。现在使用复合材料的多少已成为衡量飞机性能优劣的重要指标。

军用飞机上复合材料的应用情况见表7.3。

表7.3 军用飞机上复合材料的应用近况

机种	国别	用量/%	应用部位
Rafale	法国	40	机翼、垂尾、机身结构的50%
JAS-39	瑞典	30	机翼、重尾、前翼、舱门
B-2	美国	50	中央翼(身)40%,外翼中、侧后部、机翼前缘
F-22	美国	25	前中机身蒙皮、部分框、机翼蒙皮和部分梁重垂尾蒙皮、平翼蒙皮和大轴
EF-2000	英、德、意、西班牙合作	50	前中机身,机翼、垂尾、前翼机体表面的80%

直升机 V-22 上,复合材料用量为 3 000 kg,占总质量的45%;美国研制的轻型侦察攻击直升机 RAH-66,具有隐身能力,复合材料用量所占比例达50%,机身龙骨大梁长7.62 m,铺层多达1 000层;德法合作研制的"虎"式武装直升机,复合材料用量所占比例达80%。

民用飞机上复合材料的应用也在日益增多起来,如 B757,B767,B777,A300,A340 等型号的飞机上复合材料的用量所占比例已分别达11%,15%,13%,20%。

耐高温的芳纶增强聚酰亚胺复合材料在先进航空发动机上的应用越来越广泛,因为这种复合材料可在350 ℃以上长期工作,在 F-22,YF-22,F/A-18,RHA-66,A330,A340,V-22,B777 等型号的发动机上均有应用。

复合材料已成为继钢、铝(Al)合金、钛(Ti)合金之后应用的第四大航空结构材料。

复合材料同样也在汽车上得到了逐步推广使用。20世纪70年代中期,玻璃纤维增强复合材料 GFRP 代替了汽车铸锌后部天窗盖及安全防污染控制装置,使得汽车减重很多。

另外,复合材料在纺织机械、化工设备、建筑和体育器材方面也均有广泛应用,如1979

年日本已制成玻璃纤维 GF,碳纤维 CF 混杂增强聚脂树脂复合材料 75 m 长的输送槽,还制成了叶片和机匣。

但树脂复合材料在更高温度下就不适应了,现已被纤维增强金属基复合材料 FRM 所代替,如人造卫星仪器支架、L 波段平面天线、望远镜及扇形反射面、抛物天线肋、天线支撑仪器舱支柱等航天理想结构件材料非 FRM 莫属。

自从复合材料投入应用以来,有三项成果特别值得一提。一是美国全部用 CFRP 制成一架八座商用飞机——里尔一芳 2000 号,并试飞成功,该飞机总质量仅为 567 kg,结构小巧、质量轻。二是采用大量复合材料制成的哥伦比亚号航天飞机(见图 7.2),主货舱门用 CFRP 制造,长×宽为 18.2 m×4.6 m,压力容器用 Kevlar 纤维增强复合材料 KFRP 制造,硼铝复合材料制造主机身隔框和翼梁,碳/碳复合材料 C/C 制造发动机喷管和喉衬,硼纤维增强钛合金复

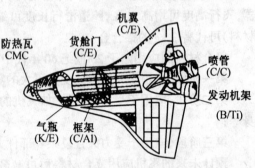

图 7.2 哥伦比亚号航天飞机用复合材料情况

合材料制成发动机传力架,整个机身上的防热瓦片用耐高温的陶瓷基复合材料制造。在航天飞机上使用了树脂、金属和陶瓷基三类复合材料。三是在波音 767 大型客机上使用先进复合材料作为主承力结构(见图 7.3),这架载客 80 人的客运飞机使用了 CF,KF,GF 增强树脂及各种混杂纤维的复合构料,不仅减轻了质量,还提高了飞机各项飞行性能。

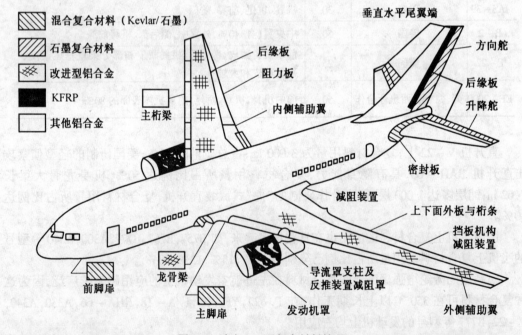

图 7.3 波音 767 用复合材料情况

复合材料在这三种飞行器上的成功应用,表明了复合材料的良好性能和技术的成熟,给该种材料在其他重要工程结构上的应用开创了先河。

陶瓷基复合材料(ceramic matrix composite, CMC)是近年兴起的一项热门材料,时间虽不

长,但发展十分迅速。它的应用领域是高温结构,如能将航天发动机的燃烧室进口温度提高到 1 650 ℃,则其热效率可由目前的 30% 提高到 60% 以上,只有陶瓷基复合材料 CMC 才可胜任。CMC 将是涡轮发动机热端零部件(涡轮叶片、涡轮盘、燃烧室),大功率内燃机增压涡轮,固体火箭发动机燃烧室、喷管、衬环、喷管附件等热结构的理想材料。

文献报导,SiC 纤维增强 SiC 陶瓷基复合材料已得到成功应用,已用做燃气轮机发动机的转子、叶片、燃烧室涡形管;火箭发动机也通过了点火试车,可使结构质量减轻 50%。

SiC,Si_3N_4,Al_2O_3 和 ZrO_2 是 CMC 基体材料,增强纤维有 Al_2O_3、SiC、Si_3N_4 及碳纤维。纤维增强陶瓷基复合材料是综合现代多种科学成果的高新技术产物。

碳/碳(C/C)复合材料是战略导弹端头结构和固体火箭发动机喷管的首选材料。这种复合 CL 材料不仅是极好的烧蚀防热材料,也是有应用前景的高温热结构材料,现已用于导弹端头帽、喷管喉衬、飞机刹车片、航天飞机的抗氧化鼻锥帽、机翼前缘构件及刹车盘等,能耐高温 1 600~1 650 ℃,具有高比强度和比模量,高温下仍具有高强度、良好的耐烧蚀性能、摩擦性能和抗热震性能。

7.2 树脂基复合材料及其成型与加工技术

在此以纤维增强树脂基复合材料为例加以介绍。

7.2.1 纤维增强树脂基复合材料 FRP 概述

1. FRP 的性能特点

(1)具有高比强度和比刚度

比强度 = 抗拉强度/密度(MPa/(g/cm^3) = ($\times 10^6$N/m^2)/($\times 10^3$kg/cm^3) = $\times 10^3$m^2/s^2

比刚度(比弹性模量) = 弹性模量/密度($\times 10^6$m^2/s^2)

表 7.4 给出了各种类工程结构材料的性能比较情况。

表 7.4 各种工程结构材料的性能比较

工程结构材料	ρ/(g·cm^{-3})	σ_b/MPa	$E \times 10^3$/MPa	比强度(σ_b/ρ)/(10^3·m^2·s^{-2})	比弹性模量(E/ρ)/(10^6·m^2·s^{-2})
钢	7.8	1 010	206	129	26
铝合金	2.7	461	74	165	26
钛合金	4.5	942	112	209	25
玻璃钢	2.0	1040	39	520	20
玻璃纤维Ⅱ/环氧树脂	1.45	1 472	137	1 015	95
碳纤维Ⅰ/环氧树脂	1.6	1 050	235	656	147
有机纤维/环氧树脂	1.4	1 373	78	981	56
硼纤维/环氧树脂	2.1	1 344	206	640	98
硼纤维/铝	2.65	981	196	370	74

(2)抗疲劳性能好

图 7.4 为几种材料的疲劳曲线。可见,纤维增强复合材料的抗疲劳性能好,因为纤维缺

陷少,故抗疲劳强度高,基体塑性好,能消除或减小应力集中(包括大小和数量)。如碳纤维增强复合材料的疲劳强度为抗拉强度 σ_b 的 70%~80%,而一般金属材料仅为其 σ_b 的 30%~50%。

(3)减振能力强

图 7.5 为碳纤维增强复合材料和钢的阻尼特性曲线。

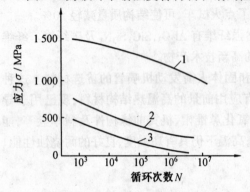

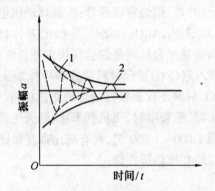

图 7.4 几种材料的疲劳曲线
1—碳纤维复合材料;2—玻璃钢;3—铝合金

图 7.5 两种材料的阻尼特性曲线
1—碳纤维复合材料;2—钢

(4)断裂安全性好

纤维增强复合材料单位截面积上有无数根相互隔离的细纤维,受力时处于静不定的力学状态。过载会使其中的部分纤维断裂,但应力随即迅速进行重新分配,由未断的纤维承受,这样就不至造成构件的瞬间断裂,故断裂安全性好。

2.常用的纤维增强塑料 FRP

目前,作为工程结构材料应用较多的纤维增强复合材料有玻璃纤维增强复合材料,碳纤维增强复合材料,芳纶(Kevlar)纤维增强复合材料及硼纤维增强复合材料等,它们均属纤维增强树脂基复合材料,亦称纤维增强塑料 FRP。

因基体树脂有热塑性和热固性之分,故树脂基复合材料也有热塑性和热固性之分。尼龙(聚酰胺)、聚烯烃类、聚苯乙烯类、热塑性聚酯树脂和聚碳酸酯 5 种属热塑性树脂;而酚醛树脂、环氧树脂、不饱和聚酯树脂和有机硅树脂 4 种则属热固性树脂。酚醛树脂出现得最早,环氧树脂的性能较好,应用较普遍。常用基体树脂的性能见表 7.5。

表 7.5 常用基体树脂的性能

性能	环氧树脂	酚醛树脂	聚酰亚胺	聚酰胺酰亚胺	聚酯酰亚胺
σ_b/MPa	35~84	490~560	1 197	945	1 064
σ_{bb}/MPa	14~35	—	35	49	35
$\rho/(g\cdot cm^{-3})$	1.38	1.30	1.41	1.38	—
可持续工作温度/℃	24~88	149~178	260~427	—	173
$\alpha/(10^6\cdot ℃^{-1})$	81~112	45~108	90	63	56
$K/(w\cdot m^{-1}\cdot ℃^{-1})$	0.25	0.28			
吸水率 24 h/%	0.1	0.1~0.2	0.3	0.3	0.25

(1) 玻璃纤维增强复合材料(glass fiber reinforced plastics, GFRP)

亦称玻璃钢,它是第二次世界大战期间出现的,它的某些性能与钢相似,能代替钢使用,玻璃钢由此而得名,玻璃钢的质量轻,比强度和比刚度高,现在已成为一种重要的工程结构材料。

玻璃钢中的玻璃纤维主要是由 SiO_2 玻璃熔体制成,其种类、性能及用途见表7.6。

表7.6 玻璃钢的种类、性能及用途

玻璃钢种类		玻璃钢的性能及用途
玻璃钢	热塑性玻璃钢	玻璃纤维增强尼龙 玻璃纤维增强苯乙烯	强度超过铝合金而接近镁合金,玻璃纤维增强尼龙的强度和刚度较高,耐磨性也较好,可代替有色金属制造轴承、轴承架与齿轮等,还可制造汽车的仪表盘、车灯座等;玻璃纤维增强苯乙烯可用于汽车内装饰品、收音机和照相机壳体、底盘及空气调节器叶片等
	热固性玻璃钢	酚醛树脂玻璃钢 环氧树脂玻璃钢 不饱和聚酯树脂玻璃钢 有机硅树脂玻璃钢	比强度高于铝、铜合金,甚至高于合金钢,但刚度较差,仅为钢的1/10~1/15,耐热性不高(<200℃),易老化和蠕变。性能主要取决于基体树脂。应用广泛,从机器护罩到复杂形状构件,从车身到配件,从绝缘抗磁仪表到石油化工中的耐蚀耐磨容器、管道等

(2) 碳纤维增强复合材料(carbon fiber reinforced plastics, CFRP)

碳纤维增强复合材料是20世纪60年代迅速发展起来的无机材料,它的基体可为环氧树脂和酚醛树脂等。碳纤维增强复合材料的性能可见表7.4,可见,很多性能优越于玻璃钢,可用来做宇宙飞行器的外层材料、人造卫星和火箭的机架、壳体及天线构架,还可做齿轮、轴承等承载耐磨零件。

(3) 芳纶(Kevlar)纤维增强复合材料(Kevlar fiber reinforced plastics, KFRP)

它的增强纤维是芳香族聚酰胺纤维,是有机合成纤维(我国称芳纶纤维)。Kevlar 是美国杜邦(Du Pont)公司开发的一种商品名(德国恩卡公司的商品名为 Arenka),是由对苯二甲酰氯和对苯二胺经缩聚反应而得到的芳香族聚酰胺经抽丝制得的。

此外,还有硼纤维增强复合材料(BFRP)等,可见表7.4。

3. FRP 在航天领域的应用

纤维增强树脂基复合材料 FRP 在航天领域获得了广泛应用,如导弹、运载火箭、航天器等重大工程系统及其地面设备配套件,主要用于以下几方面。

(1) 液体导弹弹体和运载火箭箭体材料推进剂贮箱(如最新的"冒险星"X-33液氢贮箱)、导弹级间段、高压气瓶等。

(2) 固体导弹和运载火箭助推器的结构材料和功能材料,如仪器舱、级间段、弹体主结构(多级发动机的内外多功能绝热壳体)、固体发动机喷管结构和绝热部件,如美国"MX""三叉戟""潘兴""侏儒"等导弹和法国"阿里安-5"火箭助推器的各级芳纶和碳纤维环氧基复合材料壳体及碳/酚醛、高硅氧/酚醛的喷管防热件。

(3) 各类战术战略导弹的弹头材料,如战术导弹的弹头端头帽,战略远程和洲际导弹弹头的锥体防热材料,弹头天线窗局部防热材料。

(4) 机动式固体战略导弹(陆基和潜艇水下发射)和各种战术火箭弹的发射筒。

(5) 卫星整流罩结构材料（如端头、前锥、柱段、倒锥等）和返回式航天器（人造卫星、载人飞船）载人室的低密度烧蚀防热材料。

(6) 返回式卫星和通信卫星用的复合材料构件，包括太阳能电池基板、支撑架；天线反射器、支架、馈源；卫星本体结构外壳、桁架结构、中心承力筒、蜂窝夹层板；卫星气瓶和卫星接口支架等。

(7) 功能复合材料（固体火箭复合推进剂），所有的固体火箭发动机都采用不同能量级别的推进剂，它们是由热塑性或热固性高分子粘合剂为基体，其中添加氧化剂和金属燃料粉末（增强相）经高分子交联反应形成的复杂多界面相的填充弹性体的功能复合材料。

7.2.2 FRP的成型工艺

纤维增强树脂基复合材料制品的成型方法很多，如手糊成型、喷射成型、模压成型、挤压成型、层压成型、缠绕成型及正在迅速发展的树脂传递模塑（resin transfer molding, RTM）成型法等。一般是依据制品的形状、结构和使用要求并结合材料的工艺性能确定成型方法。各种成型方法都有其特点及应用范围，常用的有热压罐成型法、缠绕成型法和树脂传递模塑成型法（RTM）。

无论是热压罐成型法、缠绕成型法还是RTM成型法，均需要对增强纤维或织物进行预浸，即纤维或织物浸渍树脂，浸渍方法有溶液法和热熔法。

溶液法是先将树脂组分溶于溶剂中配制成一定浓度的溶液（胶液），纤维从溶液槽中通过浸上胶，然后烘干收卷成预浸料；它适用于树脂配方组分溶解于低毒和低沸点的有机溶液中，操作简便，但含胶量不易精确控制。热熔法分为直接热熔法和二步胶膜法两种。因不含溶剂，预浸料中的树脂含量可精确控制，也可节省资源且利于环境保护。

1. 热压罐成型法

热压罐成型法通常用于飞行器复合材料的构件制造，它是把预浸的无纬布按纤维的规定角度在模具上铺层至规定厚度，经覆盖薄膜形成真空袋再送入热压罐中加热、加压固化而成的方法。

铺层应按构件形状和铺层的设计要求进行，常用纤维的规定角度是相对于作用主载荷轴而言，可为0°、±45°和90°。0°主要承受主方向正载荷，所用各种规定角度铺层的比例与具体用途有关，例如，飞行器翼段夹层壁板蒙皮主要是由0°和±45°层组成，地板梁的夹层面板则为等量的0°和90°层。为了避免翘曲，铺层通常相对于层压板的中性面对称铺设，而且+45°和-45°的层数相等。

铺层的用途很广，可用于厚度变化很大的蒙皮、局部加强、嵌入金属加强片接头的、加筋件和蜂窝芯区等。

热压罐成型采用开口阴模和闭口合模的铺层方法。开口阴模铺层法应用极为广泛，特别适用于飞行器的机翼和尾翼的蒙皮、舱门、机身段和梁等大型构件。对模铺层法适用于长期生产的少量零部件及尺寸精度要求非常高的大型

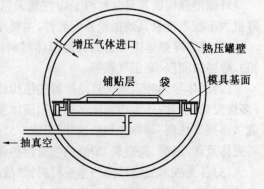

图7.6 热压罐结构示意图

复杂构件,如螺旋桨和直升机桨叶。

热压罐实际上是一个大压力容器(用空气或氮气增压),如图7.6所示。罐内有加热元件,温度为200~250 ℃,压力为1~1.5 MPa。铺贴层和模具置于真空袋内,目的在于排除空气和挥发物,并使铺贴层紧压在模具表面上定位,在施加气压之前,气袋要保持真空。当达到中等温度时,真空袋与大气相通,然后再提高温度和压力以实现固化。对每种牌号的预浸料,均有推荐的典型固化工艺。

由于热压罐采用气体加压,可保证复杂制品表面受压均匀,升温、保温及加压和保压等工序均可自动控制,从而保证固化工艺按设置工序进行。

2. 缠绕成型法

(1)引言

纤维缠绕成型法是在专门的缠绕机上,把浸渍过树脂的连续纤维或布带,在严格的张力控制下,按照预定的线型有规律地在旋转芯模上缠绕铺层,固化后再卸除芯模,从而获得纤维增强复合材料制品的方法。

该法既适用于简单旋转体的制备,如筒、罐、管、球及锥等,也可用于飞机机身、机翼及汽车车身等非旋转体的制备。常使用的增强材料有玻璃纤维、碳纤维及芳纶纤维,基体树脂有聚酯树脂、乙烯基酯树脂与环氧树脂等。

纤维缠绕成型法的优点是制品的比强度高,可避免短切纤维末端的应力集中,节省原材料,效率高;最大缺点是制件固化后须除去芯模,制品形状受限。

(2)缠绕工艺

纤维缠绕可分为螺旋缠绕和平面缠绕(见图7.7)。

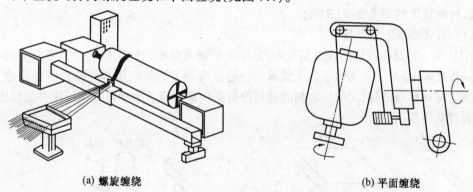

(a) 螺旋缠绕　　　　　　　　　　(b) 平面缠绕

图7.7　纤维缠绕示意图

按其工艺特点通常分为湿法、干法和半干法缠绕3种。湿法缠绕是直接将纤维纱束浸渍树脂后缠绕在芯模上再固化成型;干法缠绕是将连续纤维浸渍树脂后,在一定温度下烘干一定时间,去除溶剂,然后制成纱锭,缠绕时将预浸纱带按给定的缠绕规律直接排布于芯模上的成型方法,由于预浸料的含胶量较低且可严格控制,因此制品质量较好;如果在纤维束浸胶后通过加热炉烘去溶剂等挥发物后再进行缠绕就是半干法。

湿法缠绕工艺简单、价格便宜,但质量控制较难,且操作环境较差。干法缠绕的工艺及其质量均好控制,产品性能好,但价格较贵。半干法与干法相比缩短了烘干时间,提高了缠绕速度,可在室温下进行。航空航天产品多采用预浸胶带干法缠绕。

(3) 缠绕设备

缠绕设备有连续纤维缠绕机和布带缠绕机,其中卧式缠绕机较常见。图 7.8 给出了缠绕机的运动示意图,其基本运动系统是芯模旋转轴和位于小车上的绕丝头驱动两大部分。除了芯模旋转和小车纵向运动外,为了在容器封头上精确布纱,保持稳定张力和防止松纱,还应具有垂直于芯模的横向伸臂功能。此外,为了保持纱带展开和防止纱带拧折,还需配置绕丝嘴的回转和摆动功能。

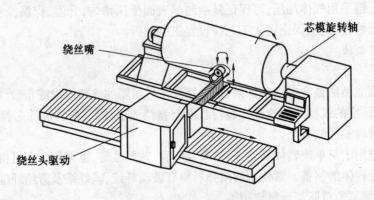

图 7.8　缠绕机的运动示意图

航空航天用缠绕机多是微机控制缠绕机,根据构件的性能要求,一般选择 3 轴以上缠绕机,个别选 5 轴或 6 轴。此类缠绕机功能多,可存储 100 个以上的缠绕程序,精度高,小车和伸臂的位移精度可达 0.02 mm,绕丝嘴的回转精度可达 1′,甚至更高。

2. 树脂传递模塑成型法(RTM)

(1) RTM 成型工艺过程

RTM 是一种低压液体闭模成型技术,是湿法手糊成型和注射成型结合演变而来的一种新型成型技术,最早用于飞机雷达天线罩的制造。典型工艺是在模具的模腔内预先放置增强预成体材料和镶嵌件,闭模后将树脂通过注射泵输送到模具中浸渍增强纤维并加以固化,最后脱模制得成品(见图 7.9)。

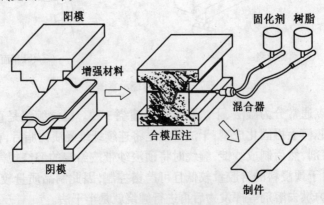

图 7.9　RTM 成型工艺过程

工艺流程为:模具清理→胶衣涂布→胶衣固化→纤维及嵌件的安放→合模夹紧→树脂注入→树脂固化→启模→脱模→二次加工。

(2) 影响 RTM 的因素

影响 RTM 的主要因素是真空辅助、注胶压力及注胶温度。

①真空辅助的影响

真空辅助是指在注胶过程中,由于出胶端接真空系统,造成模具内无树脂的空间处于真空状态,可有效地降低孔隙率的生成,大大提高了树脂对纤维的浸润性,从而有效地提高了产品质量。图 7.10 给出了有真空辅助和无真空辅助注胶时所得复合材料中孔隙率的分布情况。

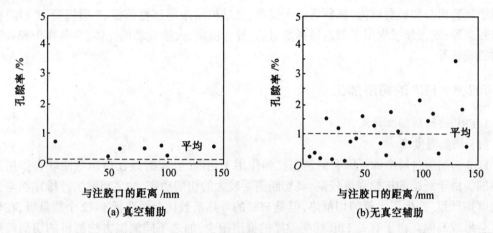

图 7.10　复合材料中孔隙率的分布情况

不难看出,由真空辅助制得的 RTM 制品的孔隙率显著降低了。

②注胶压力的影响

注胶压力推动树脂充满纤维之间的孔隙并且有利于树脂对纤维的浸润,但是,它也会冲击预成型品,使其发生移动和变形。

为降低注胶压力,可采取降低树脂粘度、对模具注胶口和排气口及对纤维排布作适当设计、降低注胶速度。

③注胶温度的影响

注胶温度取决于树脂体系的活性期和最小粘度温度。在不至太大缩短树脂凝胶时间的前提下,为了使树脂在最小压力下使纤维获得充足的浸润,注胶温度应尽量接近树脂最小粘度温度。温度过高会缩短树脂的工作期,使树脂表面张力降低,纤维床中的空气受热上升,因而有利于气泡的排出。过低会使树脂粘度增大,压力升高,也降低树脂正常渗入纤维的能力。

(3) RTM 的工艺特点及应用

RTM 的工艺特点如下。

①可用价格较低的预浸料,制备出高质量、高精度、低孔隙率、高纤维含量的复杂构件;

②易于实现构件的局部增强加厚,便于制造带夹芯材料和金属连接嵌件的大型整体组合件并一次成型;

③模具和产品可采用 CAD 设计,模具的择材面广、制造容易、价格低廉;

④成型过程挥发成份少,有利于劳动保护和环境保护。

近几年 RTM 工艺又广泛接纳了其他成型工艺的特点,如真空或压力袋成型、热膨胀膜成型、树脂反应注射成型、缠绕成型、模压成型等技术,发展成系列 RTM 技术,有真空辅助(VRTM)、树脂液体渗透(RLI)、树脂渗透膜(RFI)、热膨胀树脂传递(TERTM)、共注射(CIRTM)、紫外固化(UVRTM)及结构复合材料反应注射工艺(SCRIM)等树脂注射或渗透传递模塑成型系列。虽然它们的工艺不同,但都包含"树脂向增强预成型体的移动并充分将其渗透,最终固化成复合材料构件"的基本内容,故可视为 RTM 系列的衍生工艺,国外统称为液体复合材料成型(LCM)。

RTM 技术在建筑、汽车、船舶、通信、卫生和航空航天各领域得到了广泛应用;航空领域应用于制造机身和机翼结构、机载雷达天线罩、发动机吊架尾部整流锥、T 型机身、T 型隔框及增强梁等;航天领域应用于制造导弹发射舱、导弹机翼、火箭发动机壳体、导弹弹头和火箭发动机喷管等。

7.2.3 FRP 的切削加工

1. FRP 的切削加工特点

(1) 切削温度高

FRP 切削层材料中的纤维有的是在拉伸作用下切除的,有的是在剪切弯曲联合作用下切除的。由于纤维的抗拉强度较高,要切断需要较大的切削功率,加之粗糙的纤维端面与刀具的摩擦严重,产生了大量的切削热,但是 FPR 的导热系数比金属要低 1~2 个数量级,在切削区会形成高温。由于有关 FPR 切削温度的报道很少,加之不同测温方法测得的切削温度差别又很大,故在此很难给出比较确切的切削温度值。

(2) 刀具磨损严重与使用寿命低

切削区温度高且集中于切削刃附近很狭窄区域内,纤维的弹性恢复及粉末状的切屑又剧烈地擦伤切削刃和后刀面,故刀具磨损严重、使用寿命低。

(3) 产生沟状磨损

用烧结材料(硬质合金、陶瓷、金属陶瓷)作为刀具切削 CFRP 时,后刀面有可能产生沟状磨损。

(4) 产生残余应力

加工表面的尺寸精度和表面粗糙度不易达到要求,容易产生残余应力,原因在于切削温度较高,增强纤维和基体树脂的热胀系数差别又太大。

(5) 要控制切削温度

切削纤维增强复合材料时,温度高会使基体树脂软化、烧焦、有机纤维变质,因此必须严格限制切削速度,即控制切削温度。使用切削液时要十分慎重,以免材料吸入液体影响其使用性能。

2. 钻孔与铣周边及切断加工

纤维增强复合材料最常见的切削加工是钻孔、铣周边及切断。

(1) 钻孔易出现的问题及解决措施与所用的特殊钻头

钻孔是 FRP 加工的主要工序,可选用高速钢钻头和硬质合金钻头。钻孔时应注意以下问题。

① 孔的入出口处有无分层和剥离现象,其程度如何;

② 孔壁的 FRP 有无熔化现象;

③孔表面有无毛刺;
④孔表面粗糙度和变质层深度应严加控制。
可采取以下措施。
①应尽量采用硬质合金钻头(YG6X,YG6A),并对钻头进行修磨。

i.修磨钻心处的螺旋沟表面,以增大该处前角,缩短横刃长度 b_ψ 为原来的 1/2~1/4,减小钻心厚度 d_c,降低钻尖高度,使钻头刃磨得锋利;

ii.主切削刃修磨成顶角 $2\phi = 100° \sim 120°$ 或双重顶角,以加大转角处的刀尖角 ε_r,改善该处的散热条件;

iii.后角加大至 $\alpha_f = 15° \sim 35°$,在副后刀面(棱面)3~5 mm处加磨 $\alpha_0' = 3° \sim 5°$,以减小与孔壁间的摩擦;

iv.修磨成三尖两刃型式,以减小轴向力。

②切削用量的选择

尽量提高切削速度($v_c = 15 \sim 50$ m/min),减小进给量($f = 0.02 \sim 0.07$ mm/r),特别要控制出口处的进给量以防止分层和剥离(见图7.11),也可在出口端另加金属或塑料支承垫板。

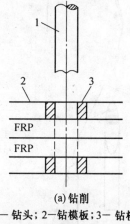
(a)钻削
1—钻头;2—钻模板;3—钻模

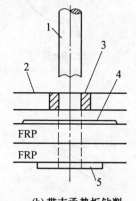
(b)带支承垫板钻削
1—钻头;2—钻模板;3—钻模;
4—压板;5—支承垫板

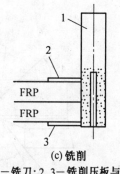
(c)铣削
1—铣刀;2,3—铣削压板与垫板

图7.11 防止层间剥离的措施

③采用三尖两刃钻头

三尖两刃钻头亦称燕尾钻头(见图7.12),更宜加工KFRP。

④采用FRP专用钻头(见图7.13(a)、(b)、(c))

图7.13(d)的双刃扁钻的特点为有两条对称的主切削刃,可自动定心,钻心厚度较小,可减小轴向力。主切削刃磨成双重顶角,刃口锋利,钻削轻快,外形简单,制造方便,但重新刃磨较难保证切削刃的对称。此种扁钻可在不加垫板的情况下加工CFRP,出口端无分层现象。

图7.13(e)所示的凹槽钻铰复合钻头,是在双刃扁钻基础上发展起来的。切削刃为双重顶角,后切削刃的顶角小、

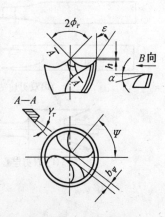

图7.12 三尖两刃钻头

刃较长,钻削轻快。由于四槽钻铰复合钻头有四条切削刃,稳定性好,能防止振动。既能钻孔又能铰孔,加工精度和生产效率高。使用该钻头钻孔时,如能控制 $f \leqslant 0.03 \text{ mm/r}$,不加垫板就可得到满意的孔。

图 7.13(f)为双刃定心钻头,宜用于 KFRP 较大直径孔的加工,中央有导向柱,起定心作用,但工作时必先用三尖两刃钻头先钻小孔,再用此钻头从上下两侧分别钻入,这样可防止分层,保证质量。

图 7.13(g)所示的 C 型锪钻,由于 KF 纤维的柔韧,很难被剪断,锪窝时纤维退让被挤在窝表面,残留大量纤维毛边。用 C 型锪钻,可用 C 型刃将 KF 向中心切断,而不是沿孔向周围挤出,效果较好。C 型刃上的前角较大,刃口锋利,与普通锪钻相比,加工质量大为提高,纤维毛边显著减小。

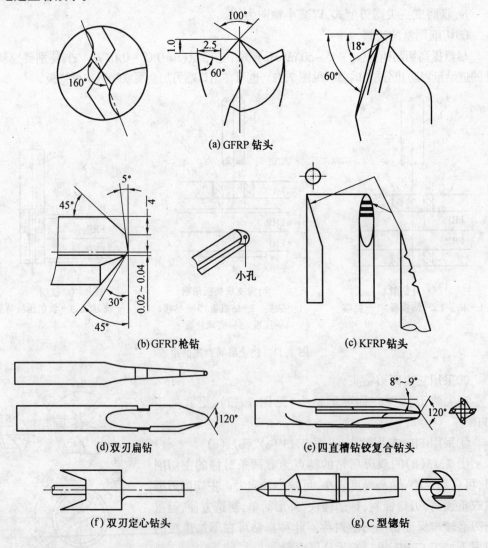

图 7.13 加工 FRP 的专用钻头

⑤采用其他特殊钻头

据文献报导,加工 KFRP 也可采用 TiC 涂层(厚度为 2.5 μm 以内)钻头,每个钻头的钻孔数约为高速钢钻头的 35 倍,每孔加工成本仅为高速钢的 0.6 倍;也可用金刚石钻头(钎焊或机械夹固)钻 CFRP,效果更好,但刃磨较难;采用德国达姆斯塔特工业大学机床与切削工艺研究所研制的特殊钻头钻 GFRP,v_c 可达 100~120 m/min;锪钻 SFRP(合成纤维复合材料),v_c 为 11.2~16.24 m/min,γ_0 为 6°~15°。

(2) 铣周边

铣削在 FRP 的零部件生产中,主要是去除周边余量,进行边缘修整,加工各种内型槽及切断,但相关资料报导很少。

铣削 FRP 存在的问题与其他切削加工相似,比如层间剥离、起毛刺、加工表面粗糙、刀具严重磨损、刀具使用寿命低等。

有文献报导,国外加工 CFRP 时采用硬质合金上下左右螺旋立铣刀效果较好。其中一种是上左下右螺旋立铣刀(见图 7.14),使得切屑向中部流出,可防止层间剥离;另一种是每个刃瓣一种旋向的立铣刀,该铣刀的螺旋角较大,即工作前角较大,减小了切削变形和切削力。但国内铣削试验发现,此种左右螺旋立铣刀虽修边质量和防止分层效果明显,但使用寿命较短且无法修磨,价格又高,故其应用受到限制。基于此,国内研制了修边用人造金刚石砂轮。这种砂轮可装在 3 800 m/min 的手电钻上,可打磨复合材料的任何外形轮廓,砂轮四周开有四条排屑槽(见图 7.15),以利于散热和排屑。与前述硬质合金上下左右旋立铣刀相比,使用寿命提高 10 倍以上,成本则降低 5/6。

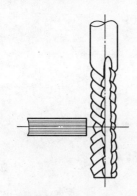
图 7.14　上左下右螺旋立铣刀

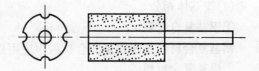
图 7.15　修边用人造金刚石砂轮

防止层间剥离的办法也同钻孔一样,加金属支承板(见图 7.11(c))。也可采用硬质合金旋转锉,但重磨困难些。采用密齿硬质合金立铣刀也有较好效果,其齿数较多,能保证工作的平稳。

(3) 切断加工

FRP 零件的切断也是生产中的主要工序。为保证切出点 A 处纤维不被拉起,采用顺铣为宜,如图 7.16 所示。

如果用圆锯片进行 FRP 零件的切断,锯片应为图 7.17 所示形状,R_s = 815 r/min,v_w = 110~160 mm/min;若为普通砂轮片,$n_s \geq$ 1 150 r/min,v_w = 110 mm/min;若为人造金刚石砂轮片,n_s = 1 600 r/min,v_w = 310 mm/min。

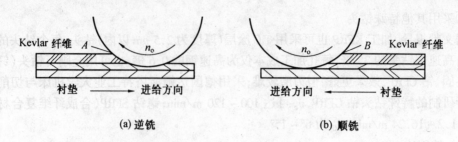

图 7.16 KFRP 的顺铣与逆铣

但在切割 KFRP 时要注意,必须防止纤维的碳化及与锯片的粘结。

近年来也多采用高压水射流或磨料水射流来切割 FRP,其优点是,因它是用射流原理靠冲击力切割,不发热、无粉尘、非接触,可对任意复杂形状、任意部位切割,加工后无变形。高压水切割的表面 Ra 可达 $2.5\ \mu m$,磨料水切割的表面 Ra 可达 $2.5 \sim 6.3\ \mu m$,但设备的价格昂贵。

此外,切断还可用超声波和激光,用涂覆金刚石的金属丝切断也是一种期待的好方法。

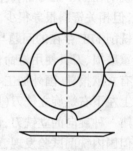

图 7.17 圆锯片形状

7.3 金属基复合材料及其成型与加工技术

7.3.1 概述

1.金属基复合材料的分类

金属基复合材料的种类也很多,分类方法各异。

(1)按基体相分

①铝基复合材料

铝基复合材料是金属基复合材料中应用最广的一种。

②镍基复合材料

由于镍的高温性能优良,因此这种复合材料主要是用于制造高温工作零部件,如燃汽轮机的叶片。

③钛基复合材料

纤维增强钛基复合材料可满足对材料更高刚度的要求。钛基常用增强相是硼纤维,因为钛与硼的线胀系数接近。

④镁基复合材料

以陶瓷颗粒、纤维或晶须作为增强相,可制成镁基复合材料,集超轻、高比刚度、高比强度于一身,比铝基复合材料更轻,是航空航天方面的优选材料。比如美国海军部和斯坦福大学用箔冶金扩散焊接方法制备了 $B_4C_p/Mg-Li$ 复合材料,其刚度比工业铁合金高出 22%,屈服强度也有所提高,且具有良好的延展性。

(2)按增强相的形态分

①颗粒增强复合材料

颗粒增强复合材料是指弥散的增强相以颗粒的形式存在,其颗粒直径和颗粒间距较大,一般大于 $1\ \mu m$。颗粒增强复合材料的强度取决于颗粒的直径、间距、体积分数及基体性能。此外,还对界面性能及颗粒排列的几何形状十分敏感。

②纤维增强复合材料

金属基复合材料中的增强相根据其长度的不同可分为长纤维、短纤维和晶须。长纤维又称连续纤维,对金属基体的增强方式可以单向纤维、二维织物及三维织物形态存在,前者增强的复合材料表现有明显的各向异性特征,二维织物平面方向的力学性能与垂直方向不同,而三维织物性能基本为各向同性。纤维是承受载荷的主要组元,纤维的加入不但大大改善了材料的力学性能,而且也提高了耐温性能。

短纤维和晶须是随机分散在金属基体中,因而宏观上是各向同性的。特殊条件下短纤维也可定向排列,如对材料进行二次加工(挤压)就可做到。纤维对复合材料弹性模量的增强作用相当大。

③层状增强复合材料

由于层状增强相的强度不如纤维高,故层状结构复合材料的强度受到了一定限制。

(3)按用途分

可分为结构复合材料和功能复合材料(是指力学性能外的电、磁、热、声等物理性能)。

2. 金属基复合材料的性能特点

金属基复合材料与一般金属相比,具有耐高温、高比强度与高比刚度、线胀系数小和耐磨损等特点,但其塑性和加工性能差,这是影响其应用的一个重要障碍。与树脂基复合材料相比,不仅剪切强度高、对缺口不敏感,物理和化学性能更稳定,如不吸湿、不放气、不老化、抗原子氧侵蚀、抗核、抗电磁脉冲、抗阻尼、膨胀系数小、导电和导热性好。由于上述特点,金属基复合材料更适合于空间环境使用,是理想的航天器材料。在航天、航空、先进武器系统、新型汽车等领域具有广阔的应用前景。

3. 金属基复合材料在航天领域的应用

金属基复合材料(MMC)的研究始于 20 世纪 60 年代,美国和前苏联在金属基复合材料的研究应用方面处于领先地位。早在 70 年代,美国就把 B/Al 复合材料用到了航天飞机的轨道器上,该轨道器的主骨架是用 89 种 243 根重 150 kg 的 B/Al 管材制成,比原设计的铝合金主骨架减重 145 kg,约为原结构质量的 44%;还用 B/Al 复合材料制造了卫星构件,减重达 20%~66%。前苏联的 B/Al 复合材料于 80 年代达到实用阶段,研制了多种带有接头的管材和其他型材,并成功地制造出了能安装三颗卫星的支架。但 B 纤维的成本太高,因此 70 年代中期以后美国和前苏联又先后开展了 C/Al 复合材料的研究,在解决了碳纤维与铝之间不润湿的问题以后,C/Al 复合材料得到了实际应用。美国用 C/Al 制造的卫星波导管具有良好的刚度和极低的热膨胀系数,比原 C/环氧复合材料减重 30%。随着 SiC 纤维和 Al_2O_3 纤维的出现,连续纤维增强的金属基复合材料得到了进一步发展,其中 SiC/Al 复合材料研究和应用较多。由于连续纤维增强金属基复合材料的制造工艺复杂、成本高,因此美国又率先研究发展了晶须和颗粒增强的金属基复合材料,主要用于刚度和精度要求高的航天构件上。如美国海军武器中心研制的 SiC/Al 复合材料导弹翼面已进行了发射试验,卫星的抛物面天线、太空望远镜的光学系统支架也采用了 SiC/Al 等复合材料,其刚度比铝合金大 70%,显著提高了构件的工作精度。图 7.18 和图 7.19 为应用实例。

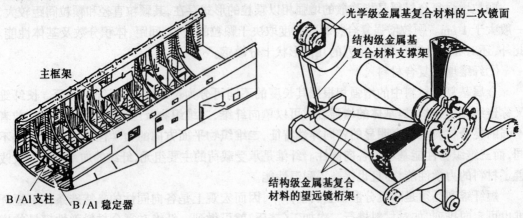

图 7.18　B-Al 机身框架在航天飞机上的应用　　图 7.19　太空超轻型望远镜用 MMC

我国航天用 MMC 也得到迅速发展,并开始步入实用阶段,如研制了卫星天线、火箭发动机壳体、导弹构件等。

7.3.2　金属基复合材料的成型方法

1. 成型方法简介

金属基复合材料多数制造过程是将复合过程与成型过程合二为一,同时完成复合和成型。由于基体金属的熔点、物理和化学性质不同,增强相的几何形状、化学、物理性质不同,故制备工艺不同,主要有粉末冶金法、热压法、热等静压法、挤压铸造法、共喷沉积法、液态金属浸渗法、液态金属搅拌法、反应自生法等,可归纳为固态法、液态法、自生成法及其他制备法。

(1) 固态法

将金属粉末或金属箔与增强相(纤维、晶须、颗粒等)按设计要求以一定的含量、分布、方向混合或排布在一起,再经加热、加压,将金属基体与增强物复合在一起,形成复合材料。整个工艺过程处于较低的温度,金属基体和增强物都处于固态。金属基体与增强物之间的界面反应不严重。粉末冶金法、热压法、热等静压法等属于固态复合成型法。

(2) 液态法

液态法是金属基体相处于熔融状态下与固体增强相复合成材料的方法。金属在熔融态流动性好,在一定的外界条件下容易进入增强相间隙。为了克服液态金属基体与增强相浸润性差的问题,可用加压浸渗。金属液在超过某一临界压力时,能渗入增强相的微小间隙,形成复合材料;也可通过在增强相表面涂层处理使金属液与增强物自发浸润,如在制备复合材料碳纤维增强 Al(C_f/Al)时用 Ti-B 涂层。此法制备温度高,易发生严重的界面反应,有效控制界面反应是液态法的关键。液态法可用来直接制造复合材料零件,也可用来制造复合丝、复合带、锭坯等作为二次加工成零件的坯料。挤压铸造法、真空吸铸、液态金属浸渍法、真空压力浸渍法、搅拌复合法等属于液态法。

(3) 自生成法

在基体金属内部通过加入反应物质，或通入反应气体在液态金属内部反应产生微小的固态增强相，如金属化合物 TiC、TiB_2、Al_2O_3 等微粒起增强作用，通过控制工艺参数从而获得所需的增强相含量和分布。

(4) 其他方法

有复合涂（镀）法，它是将增强相（主要是细颗粒）悬浮于镀液中，通过电镀或化学镀将金属与颗粒同时沉积在基板或零件表面，形成复合材料层。也可用等离子、热喷镀法将金属与增强物同时喷镀在底板上形成复合材料。复合涂（镀）法一般用来在零件表面形成一层复合涂层，起提高耐磨性、耐热性的作用。

金属基复合材料的主要制备方法和适用范围简要地归纳于表 7.7 中。

表 7.7 金属基复合材料的主要制备方法和适用范围

类别	制备方法	金属基复合材料		典型复合材料及产品
		增强相	基体相	
固态法	粉末冶金法	SiC_p、Al_2O_3 等颗粒、晶须及短纤维	Al、Cu、Ti 等金属	SiC_p/Al、Al_2O_3/Al、TiB_2/Ti 等金属基复合材料零件板及锭坯等
	热压法	B、SiC、C(Gr)、W 等连续或短纤维	Al、Ti、Cu 及耐热合金	B/Al、SiC/Al、SiC/Ti、C/Al、C/Mg 等零件、管、板等
	热等静压法	B、SiC、W 等连续纤维及颗粒、晶须	Al、Ti 及超合金	B/Al、SiC/Ti 管
	挤压、拉拔扎制法	C(Gr)、Al_2O_3 等纤维，SiC_p、Al_2O_3 等颗粒	Al	C/Al、Al_2O_3/Al 棒及管
液态法	挤压铸造法	各种类型增强相（纤维、晶须、短纤维）C、Al_2O_3、SiC_p、Al_2O_3 及 SiO_2	Al、Zn、Mg、Cu 等	SiC_p/Al、C/Al、C/Mg、Al_2O_3/Al 等零件、板、锭、坯等
	真空压力浸渍法	各种纤维、晶须、颗粒增强相（C(Gr)纤维、Al_2O_3、SiC_p）	Al、Mg、Cu 及 Ni 基合金等	C/Al、C/Cu、C/Mg、SiC_p/Al 管、棒、锭坯等
	搅拌法	颗粒、短纤维（Al_2O_{3p}、SiC_p、B_4C_p）	Al、Mg 及 Zn	铸件、锭坯
	共喷沉积法	SiC_p、Al_2O_3、B_4C、TiC 等颗粒	Al、Ni、Fe 等金属	SiC_p/Al、Al_2O_3/A 等板坯、管坯、锭坯零件
	真空铸造法	C、Al_2O_3 连续纤维	Mg、Al	零件
	反应自生成法		Al、Ti	铸件
	电镀化学镀法	SiC_p、B_4C、Al_2O_3 颗粒，C 纤维	Ni、Cu 等	表面复合层
	热喷镀法	颗粒增强相（SiC_p、TiC）	Ni、Fe	管、棒等

2. 金属基复合材料的超塑性成型

金属基复合材料也可采用超塑性的方法来成型。

由于金属基复合材料的塑性和加工性差，影响其应用，因此开发金属基复合材料的超塑性具有重要意义。

美、日等国把铝合金基复合材料细化为纳米细晶组织，可比常规超塑性变形高出几个数量级的速率下实现超塑性变形，称为高速率超塑性。铝合金复合材料的超塑性成型已经得到应用。

3. 金属基复合材料的焊接成型

由于金属基复合材料各组成相的物理、化学相容性较差，所以焊接成了难题。虽然20世纪60年代国外解决了航天飞机中纤维增强金属基复合材料的焊接问题，但如何简化工艺、提高效率、降低成本和扩大应用领域等方面仍有待进一步研究，我国在该领域尚处于起步阶段。

(1) 关键技术

焊接金属基复合材料时，除了要解决金属基体的结合，还要涉及金属与非金属的结合，甚至会遇到非金属之间的结合。

① 从化学相容性考虑，复合材料中的金属基体相和增强相之间，在较大温度范围内是热力学不稳定的，焊接时加热到一定温度后它们就会反应。决定其反应的可能性和激烈程度的内因是二者的化学相容性，外因是温度。例如，硼纤维增强铝基复合材料 B/Al，加热到 700 K 左右就能反应生成 AlB_2，使得界面强度降低；C/Al 复合材料加热到 850 K 左右反应生成 Al_4C_3，界面强度急剧降低；SiC/Al 复合材料在固态下不发生反应，但在液态 Al 中会反应生成 Al_4C_3 是脆性针状组织，在含水环境下能与水反应放出 CH_4 气体，引起接头在低应力下破坏。

因此，避免和抑制焊接时基体金属与增强相间的反应是保证焊接质量的关键，可采用加入一些活性比基体金属更强的元素与增强相反应生成无害物质的冶金方法解决。例如，加入 Ti 可取代 Al 与 SiC 反应，不仅避免了有害化合物 Al_4C_3 的产生，且生成的 TiC 还能起强化相的作用。也可采用控制加热温度和时间的办法来避免或限制反应的发生的工艺方法，例如，SiC/Al 复合材料用固态焊接就能避免反应的产生；熔化焊时需采用低的热输入来限制反应。

② 从物理相容性考虑，当基体与增强相的熔点相差较多时，熔池中存在大量未熔增强相使其流动性变差，这将产生气孔、未焊透和未熔合等缺陷；另外，在熔池凝固过程中，未熔增强相质点在凝固前沿集中偏聚，破坏了原有分布特点而使性能恶化。

解决的措施是采用流动性好的填充金属，并采取相应的工艺措施，以减少复合材料的熔化，如加大坡口等。

③ 当固态增强相不能被液态金属润湿时，焊缝中产生结合不良的缺陷时可选用润湿性好的金属填充来解决。

④ 当摩擦焊和电阻焊过程中加压过大时，会产生纤维的挤压和破坏。

(2) 几种焊接方法比较

表 7.8 给出了几种焊接方法的优缺点与应用举例。

表 7.8　几种焊接方法优缺点与应用举例

焊接方法	优点	缺点	应用举例
固相焊	避免了复合材料的熔化，可将焊接温度控制在基体相与增强相不发生反应的范围内	接头形式的局限性较大，且工艺复杂，生产效率较低。无法满足金属基复合材料大规模发展的需要	摩擦焊界面温度虽很高，但时间短，所以不会影响接头性能；需施加的压力大，会损伤纤维，故不适于纤维增强复合材料焊接
钎焊	避免了复合材料的熔化，可将焊接温度控制在基体相与增强相不发生反应的范围内	接头形式的局限性较大，且工艺复杂，生产效率较低。无法满足金属基复合材料大规模发展的需要	软钎焊温度可很低，但接头强度也低。填丝 TIG 焊在一定条件下已获得应用，如 Al_2O_3 颗粒增强铝基复合材料的自行车架焊接
熔化焊	生产率高，工艺较为简便	由于冶金问题而难于得到满意的结果	高能束激光焊接复合材料时熔化区和热影响区小。但其能量密度高，熔池局部温度很高，增强相对激光的吸收率高而导致增强相过热，甚至熔化，从而使反应更为激烈。采用脉冲激光焊有所改善，但并不能完全抑制反应的进行

7.3.3　金属基复合材料的切削加工

精度和表面质量要求高时必须经过二次加工，即切削加工。

1. 切削加工特点

(1) 加工后的表面残存有与增强纤维、晶须及颗粒的直径相对应的孔沟

切削试验表明，用金刚石刀具切削 SiC 晶须增强 Al 复合材料 $SiC_w/6061$ 时，加工表面的孔沟数与增强相体积分数 V_f 有关，V_f 越多，孔沟数越多且与增强相的直径相对应。这是短纤维、晶须和颗粒增强金属基复合材料切削加工表面的基本特点之一。

(2) 加工表面形态模型

① 短纤维增强复合材料加工表面的三种形态模型。

纤维弯曲破断型，如图 7.20(a) 所示，当纤维尺寸较粗而短时，切削刃直接接触纤维，纤维常被压弯曲而后破断。

纤维拔出型，如图 7.20(b) 所示，用切削刃十分锋利的单晶金刚石刀具切削时，细而短的纤维沿着切削速度方向被拔出切断。

纤维压入型，如图 7.20(c) 所示，用切削刃钝圆半径 r_n 较大的硬质合金刀具切削细小纤维(晶须)时，细小纤维(晶须)会伴随着基体的塑性流动而被压入加工表面。

② 颗粒增强复合材料加工表面的两种形态模型。

挤压破碎型，如图 7.21(a) 所示，当用切削刃钝圆半径 r_n 较大的硬质合金刀具切削时，SiC 颗粒常被挤压而破碎，此时破碎的 SiC 颗粒尺寸较小。

劈开破裂型，如图 7.21(b) 所示，当刀具为钝圆半径 r_n 较小的锋利切削刃 PCD 时，SiC 颗粒会被劈开而破裂，破裂的 SiC 颗粒尺寸较大。

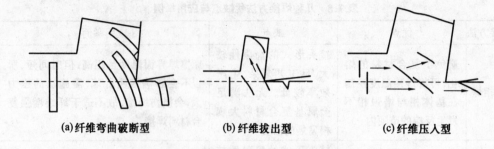

图 7.20 短纤维复合材料加工表面形态模型

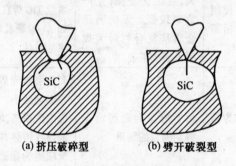

图 7.21 SiC 颗粒破坏模型

(3) 加工表面形态不同

用硬质合金刀具精加工后的铝复合材料表面光亮,而用 PCD 刀具精加工后表面则显得"发乌"、无光泽。这是由于前者切削刃钝圆半径 r_n 较 PCD 刀具大,起到了"熨烫"作用的结果。

(4) 切削力与切削钢时不同

用硬质合金刀具切削时,切削力会出现与切削钢不同的特点,即当 SiC_w 或 SiC_p 的体积分数 $V_f \geq 17\%$,会出现 F_p、F_f 比 F_c 还大的现象(见图 7.22)。若用切削力特性系数 K($K_p = F_p/F_c$,$K_f = F_f/F_c$)来说明的话,则有 $K > 1$,而 45 钢的 K 约为 0.4,HT300 的 K 约为 0.5~0.65。此时必须注意精加工时的"让刀"现象,而用 PCD 刀具时则无此特点。

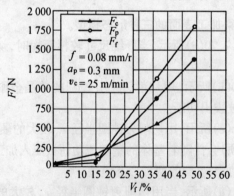

图 7.22 硬质合金刀具切削铝复合材料的切削分力

钻削时也会出现钻削扭矩 M 比钻 45 钢时小,而轴向力 F 与钻 45 钢接近或大些,若用

钻削力特性系数 $K' = F/M$ 来表示铝复合材料钻削力的这一特点,则 $K' > 1$,而 45 钢和 HT200 的 K' 均为 $0.5 \sim 0.65$,基体铝合金的 $K' > 1$。

(5) 生成楔形积屑瘤

尽管铝复合材料的塑性很小($\delta \leqslant 3\%$),在一定切削条件下,切削晶须、颗粒增强铝复合材料时也会产生与切削碳钢不同的积屑瘤(见图 7.23)。因为呈楔形,故称楔形积屑瘤,这已为切削试验所证实。

楔形积屑瘤有如下特点。

① 积屑瘤的外形呈楔形,这与切黄铜相似,但与切碳钢的鼻形积屑瘤不同;

② 楔形积屑瘤的高度比鼻形积屑瘤要小得多,而且不向切削刃下方生长;

图 7.23 铝复合材料的楔形积屑瘤

③ 楔形积屑瘤与切屑之间有明显的分界线,而且切屑流经积屑瘤后会再与前刀面接触而排出,这与鼻形积屑瘤也有很大不同;

④ 积屑瘤的前角 γ_b 基本稳定在 $30° \sim 35°$,当刀具前角 $\gamma_b > 30°$ 时积屑瘤不会产生。

(6) 切屑形态

铝复合材料的切屑并非完全崩碎,可得到小螺卷状切屑,但其强度很低,极易破碎。

(7) 切削变形规律

试验证明,切削 SiC_p/Al,SiC_w/Al 时的变形规律与切中碳钢相似,即变形系数 Λ_h 随刀具前角 γ_0 的增大、进给量 f 的增大而减小,随切削速度 v_c 的增加而呈驼峰曲线变化,其原因就是积屑瘤的作用。

2. 车、铣、钻、攻螺纹及超精密加工

(1) 车削加工

在此以 SiC 晶须增强铝合金(6061)基复合材料 $SiC_w/6061$ 为例加以说明,晶须分布为三维随机,试件为棒材。

① 刀具磨损

一般刀具以后刀面磨损为主,副后刀面稍有边界磨损。各种硬质合金、陶瓷刀具的磨损形态均相似。图 7.24 ~ 图 7.29 分别为切削试验曲线。刀具磨损值的大小几乎与 v_c 和 f 无关(见图 7.24 和图 7.25),只与切削路程 l_m 有关(见图 7.26)。

复合材料中的纤维含有率 V_f 对 VB 有较大的影响,切削 $SiC_w/6061P$ 时,$V_f = 25\%$ 的 VB 值比 $V_f = 15\%$ 的大 1 倍(见图 7.27)。

另外,MMC 的制造方法对 VB 也有影响。由图 7.28 可看出,切削铸造法制取的复合材料时刀具磨损 VB 值较大。

资料介绍,对于 $SiC_w/6061$,$SiC_w/6061P$ 来说,用黑色 Al_2O_3 陶瓷及 SiCw 增强 Al_2O_3 陶瓷刀具切削时,刀具磨损 VB 与 v_c,f 及水基切削液的使用与否无关,即 VB 与切削温度 θ 无关,故认为刀具磨损为机械的磨料磨损所致。而切削 $Al_2O_3/6061$ 时,刀具磨损 VB 比切 $SiC_w/6061$ 时要小且缓慢,刀具材料的硬度越高磨损 VB 越小,这也说明是由单纯的磨料磨损所致。

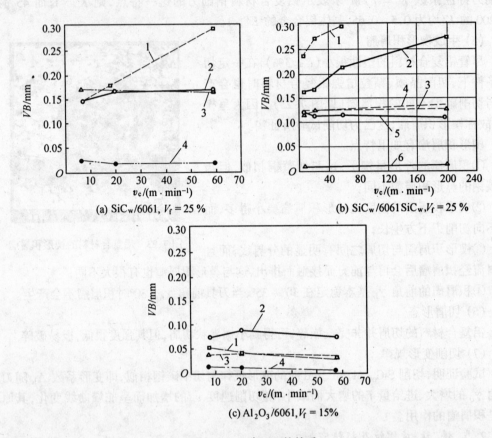

图 7.24 v_c 与 VB 的关系

$a_p = 0.5$ mm, $f = 0.1$ mm/r; $l_m = 50$ m

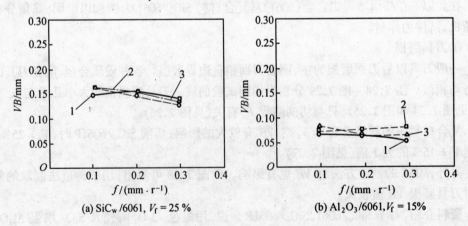

图 7.25 f 与 VB 的关系

$1 — v_c = 6$ m/min, $2 — v_c = 20$ m/min, $3 — v_c = 60$ m/min; a_p、f、l_m 同图 7.24

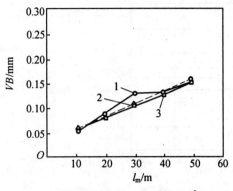
(a) $SiC_w/6061$, $V_f = 25\%$; P30; $f = 0.1$ mm/r

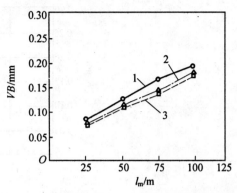
(b) $SiC_w/6061P$, $V_f = 25\%$; K10; $f = 0.1$ mm/r

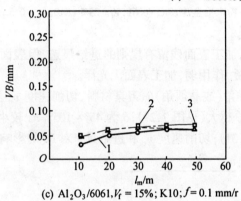
(c) $Al_2O_3/6061$, $V_f = 15\%$; K10; $f = 0.1$ mm/r

图 7.26 l_m 与 VB 的关系

$a_p = 0.5$ mm; 1—$v_c = 6$ m/min, 2—$v_c = 20$ m/min, 3—$v_c = 60$ m/min

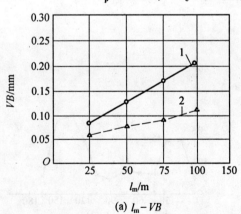
(a) l_m – VB

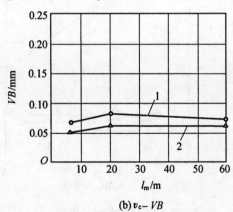
(b) v_c – VB

图 7.27 V_f 对 VB 的影响

$a_p = 0.5$ mm, $f = 0.1$ mm/r, K10; 1—$V_f = 25\%$(粉末冶金法), 2—$V_f = 15\%$(铸造法)

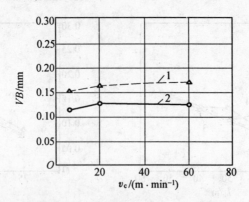

图 7.28 MMC 的制取方法对 VB 的影响
1—铸造法,2—粉末冶金法;$SiC_w/6061$,$V_f=25\%$;K10;$a_p=0.5$ mm,$f=0.1$ mm/r

②表面粗糙度

用 K10 刀具切削时,加工表面残留有规则的进给痕迹,但表面光亮;用锋利的聚晶金刚石刀具切削时,由于"熨烫"作用弱,加工表面无光泽。

纤维含有率 V_f、纤维角(或晶须角)θ、刀具材料、切削速度 v_c 及进给量 f 都对表面粗糙度 Rz 有影响:V_f 越少,Rz 越大(见图 7.29);θ 为 45°~105°,Rz 较小(见图 7.30);刀具材料性能不同,Rz 不同(见图 7.31);切削速度 v_c 和进给量 f 对 Rz 的影响见图 7.32 和图 7.33。

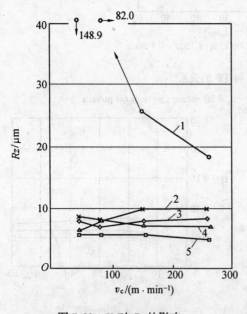

图 7.29 V_f 对 Rz 的影响
1—$V_f=0$,2—$V_f=15\%$,3—$V_f=25\%$,4—$V_f=15\%$,5—$V_f=7.5\%$;$SiC_w/6061(Al_2O_3/6061)$;$v_c=42,80,150,260$ m/min;$a_p=0.5$ mm,$f=0.15$ mm/r;金属陶瓷刀具

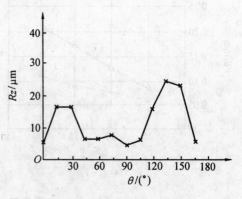

图 7.30 纤维角 θ 对 Rz 的影响
$Al_2O_3/6061$(短纤维,单向),$V_f=50\%$;K10,$\gamma_o=10°$;$v_c=1.5$ m/min,$f=0.1$ mm/r;干切(直角自由切削)

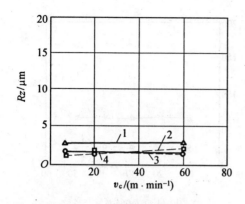

图 7.31 刀具材料对 Rz 的影响

1—金刚石(PCD),2—CB,3—K10A,4—CSiC$_w$(PCD 的 $r_\varepsilon = 0.4$ mm,其余 $r_\varepsilon = 0.8$ mm);SiC$_w$/6061P, $V_f = 25\%$;$a_p = 0.5$ mm,$f = 0.1$ mm/r

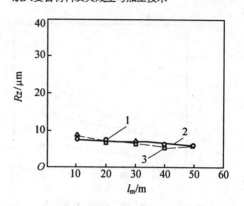

图 7.32 l_m 对 Rz 的影响

1—$v_c = 6$ m/min,2—$v_c = 20$ mm/min,3—$v_c = 60$ mm/min;SiC$_w$/6061,$V_f = 25\%$;P30;$a_p = 0.5$ mm,$f = 0.2$ mm/r

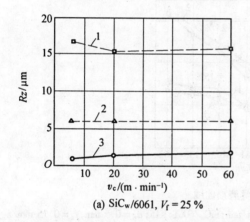

(a) SiC$_w$/6061,$V_f = 25\%$

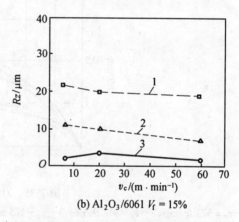

(b) Al$_2$O$_3$/6061 $V_f = 15\%$

图 7.33 f 对 Rz 的影响

K10;$a_p = 0.5$ mm;1—$f = 0.3$ mm/r,2—$f = 0.2$ mm/r,3—$f = 0.1$ mm/r

不难看出,用 K10、P30 和金属陶瓷切削时,切速 v_c 对 Rz 几乎无影响;而 f 越大,Rz 越大。

③切削力

切削 SiC$_w$/6061 时,随着切削路程 l_m 的增长,切削力 F 增大,其中背向力 F_p 增大较多(见图 7.34(a));切削 Al$_2$O$_3$/6061 时,l_m 增加,F 几乎不增大(见图 7.34(b))。

(2) 平面铣削

资料介绍,铣削 SiC$_w$/6061 时,宜用 K 类硬质合金铣刀。切削试验结果表明如下。

①刀具磨损值取决于切削路程 l_m,l_m 越大刀具磨损越大,而与切削速度 v_c 无关。纤维含有率 V_f 也影响刀具磨损,V_f 越大,刀具磨损越大(见图 7.35)。

②纤维含有率 V_f 影响表面粗糙度 Rz,V_f 越多,Rz 越小(见图 7.36 和图 7.37);进给量 f 也影响 Rz,f 越大,Rz 越大(见图 7.36);当 $V_f > 0$ 时,切削速度 v_c 对 Rz 影响不大(见图 7.37)。

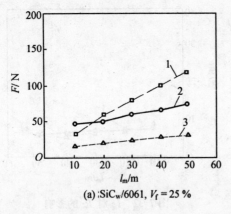
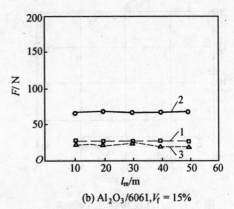

(a) $SiC_w/6061$, $V_f = 25\%$ (b) $Al_2O_3/6061$, $V_f = 15\%$

图 7.34　l_m 与 F 的关系

$1—F_c; 2—F_p; 3—F_f$

K10; $v_c = 60$ m/min, $a_p = 0.5$ mm, $f = 0.1$ mm/r

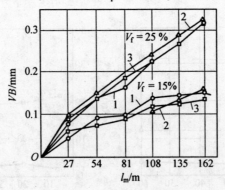

图 7.35　刀具磨损曲线

$1—v_c = 573$ m/min, $2—v_c = 342$ m/min, $3—v_c = 185$ m/min; $SiC_w/6061$; K15; $a_p = 0.5$ mm, $f_z = 0.15$ mm/z

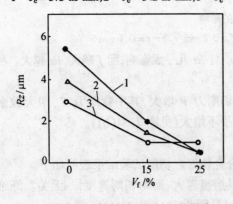
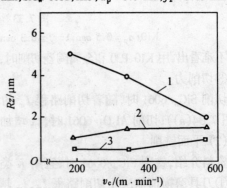

图 7.36　铣削时 V_f 对 Rz 的影响

$1—f_z = 0.2$ mm/z, $2—f_z = 0.1$ mm/z, $3—f_z = 0.05$ mm/z; $SiC_w/6061$; $v_c = 342$ m/min, $a_p = 0.5$ mm

图 7.37　v_c 对 Rz 的影响

$1—V_f = 0, 2—V_f = 15\%, 3—V_f = 25\%$; $SiC_w/6061$; $f_z = 0.1$ mm/z, $a_p = 0.5$ mm

③切屑呈锯齿挤裂屑，易于处理。

④切削变形与 V_f、f_z 有关，V_f 与 f_z 增大，变形系数 Λ_h 减小，切削比 r_c(= $1/\Lambda_h$) 增大（见

图 7.38)。

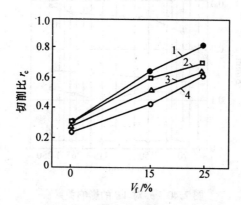

图 7.38　V_f 与 f_z 对切削比 r_c 的影响

1—$f_z = 0.2$ mm/z, 2—$f_z = 0.15$ mm/z, 3—$f_z = 0.1$ mm/z,
4—$f_z = 0.05$ mm/z; SiCw/6061; $v_c = 342$ m/min, $a_p = 0.5$ mm

⑤为避免铣刀切离处工件掉渣,应尽量选用顺铣(要调紧螺母),且在即将铣完时采用小(或手动)进给,也可使用夹板;使用切削油可明显减小表面粗糙度值 Rz。

(3) 钻孔

在 MMC 上钻孔时有如下特点。

①高速钢钻头以后刀面磨损为主,且可见与切削速度方向一致的条痕,这与在 FRP 上钻孔相似;VB 值随切削路程 l_m 的增加而增大(见图 7.39(a)),随 f 的增大而减小(见图7.39(b)),而 v_c(当 $v_c < 40$ m/min 时)对 VB 的影响不大(见图 7.40)。刀具磨损主要由磨料磨损所致。

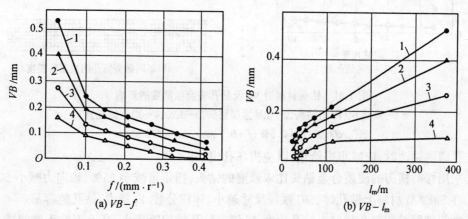

图 7.39　VB 与 l_m 及 f 和 V_f 间的关系

1—$Al_2O_3F(V_f = 15\%)$, 2—$Al_2O_3F(V_f = 7.5\%)$, 3—$SiCw(V_f = 25\%)$, 4—$SiCw(V_f = 15\%)$;高速钢钻头

②在 4 种 K10、K20、高速钢及 TiN 涂层试验钻头中,K10 与 K20 耐磨性较好(见图 7.41(a))。

随孔数的增加,K10 与 K20 钻头的轴向力 F 几乎不增大,扭矩 M(M_c——总扭矩,M_f——摩擦扭矩)则略有增加(见图 7.42(a)),TiN 涂层钻头的扭矩 M 增加较多(见图7.42(b)),孔的表面粗糙度较小(见图7.41(b))。

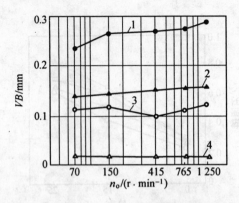

图 7.40 v_c 对 VB 的影响关系

$f_z = 0.1$ mm/z;高速钢钻头;其余同图 7.39

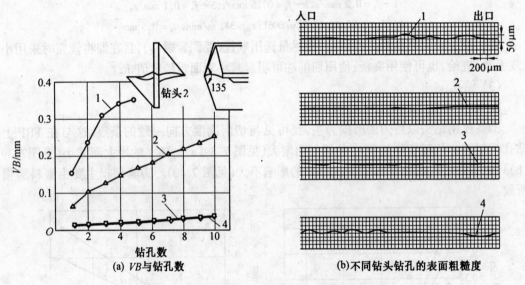

(a) VB 与钻孔数　　　　(b) 不同钻头钻孔的表面粗糙度

图 7.41 钻头材料对 VB 及钻孔表面粗糙度的影响

1—高速钢(HSS)钻头;2—TiN 涂层钻头;3—K20;4—K10(抛光);

$SiC_w/6061F$; $V_f = 2.5\%$; $f = 0.1$ mm/r, $n_o = 415$ r/min

③孔即将钻透时,应减小进给量,以免损坏孔出口。

④采用修磨横刃的硬质合金钻头比未修磨的钻头,扭矩可减小 25%,轴向力减小 50%。

⑤在 SiC_p/Al 材料上钻孔时,SiC 颗粒尺寸越小、体积分数 V_f 越少,钻孔越容易。

⑥在超细颗粒铝复合材料上钻孔比在 45 钢上钻孔的扭矩还小,高速钢钻头就能满足要求。

(4) 磨削

铝复合材料的磨削较困难,砂轮堵塞严重。复合材料中增强相的种类、体积分数、热处理状态及砂轮的种类、粒度、硬度、修磨方法及磨削方式、磨削液等都对磨削加工性能有很大影响,必须根据具体情况选择合适的砂轮、合适的磨削液及磨削方式、磨削参数。

试验表明,磨削 SiC_p/Al、SiC_w/Al 复合材料时,法向分力 $F_n(F_n)$ 与切向分力 $F_t(F_c)$ 之比值 F_n/F_t 比磨削淬硬钢还大,而与磨削铸铁相近,$F_n/F_t \geq 3$,且随着磨削速度 v_c 的增加,比

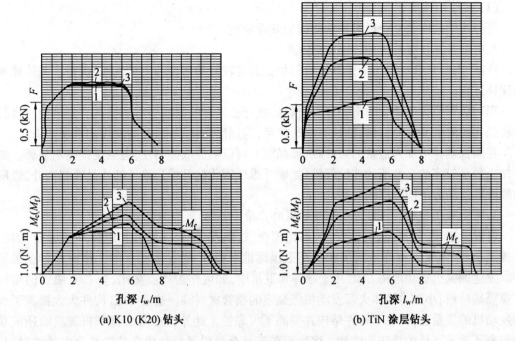

图 7.42 钻孔数与钻削力 (F, M) 关系

1—1 个孔;2—5 个孔;3—10 个孔;$SiC_w/6061F$,$V_f = 25\%$

值有增大的趋势。

(5) 超精密加工

切削试验表明,SiC_w/Al 复合材料在一定切削条件下可以获得超精密表面,但取决于 SiC_w 的破坏方式。如果 SiC_w 是被切削刃直接剪断的,其断面仅比周围高出几个纳米,Ra 完全可达到超精密加工要求($\leqslant Ra 0.015 \mu m$);但 SiC_w 的拔出与压入就不能达到超精密加工的要求了。切削 SiC_p/Al 复合材料能否达到超精加工表面粗糙度 Ra 的要求,完全取决于 SiC_p 颗粒的大小,只有 SiC_p 的尺寸$\leqslant 0.025 \mu m$ 时才有可能,实际上要达到超精密加工表面是比较困难的。

7.4 陶瓷基复合材料及其成型与加工技术

7.4.1 概述

1. 陶瓷基复合材料(CMC)的分类

(1) 按基体相

可分为氧化物基陶瓷复合材料、非氧化物基陶瓷复合材料及微晶玻璃基复合材料。

(2) 按增强相形态

可分为颗粒增强陶瓷复合材料、纤维(晶须)增强陶瓷复合材料及片材增强陶瓷复合材料。

(3) 按使用性能

可分为结构陶瓷复合材料和功能陶瓷复合材料。

2. 陶瓷基复合材料(CMC)的性能特点

纤维/陶瓷复合材料与陶瓷基体材料相比具有较好的韧性和力学性能,保持了基体原有的优异性能。

用陶瓷颗粒弥散强化的陶瓷复合材料的抗弯强度和断裂韧性都有提高。用延性(金属)颗粒强化的陶瓷基复合材料,韧性有显著提高,但强度变化不大,且高温性能有所下降。

在陶瓷基体中加入适量的短纤维(或晶须),可以明显改善韧性,但强度提高不显著。如果加入数量较多的高性能的连续纤维(如碳纤维或碳化硅纤维),除了韧性显著提高外,强度和弹性模量均有不同程度的提高。

3. 陶瓷基复合材料(CMC)在航天领域的应用

发展低密度、耐高温、高比强度、高比模量、抗热震、抗烧蚀的各种连续纤维增韧 CMC,对提高射程、改善导弹命中精度和提高卫星远地点姿控、轨控发动机的工作寿命都至关重要。发达国家已成功地将 CMC 用于导弹和卫星中,如可作为高质量比、全 C/C 喷管的结构支撑隔热材料;小推力液体火箭发动机燃烧室的喷管材料等。这些 CMC 构件大大提高了火箭发动机的质量比,简化了构件结构并提高了可靠性。此外,C/SiC 头锥和机翼前缘还成功地提高了航天飞机的热防护性能。熔融石英基复合材料是一种优良的防热介电透波材料,作为导弹的天线窗(罩)在中远程导弹上具有不可取代的地位。对于上述瞬时或有限寿命使用的 CMC,其服役温度可达到 2 000 ~ 2 200 ℃。未来火箭发动机技术对 CMC 性能的要求见表 7.9。

表 7.9 未来火箭发动机技术对 CMC 性能的要求

材料类型	密度 /(g·cm^{-3})	最高使用温度/℃	抗拉强度 σ_b/MPa	剪切强度 τ/MPa	断裂韧性 K_{IC}/(MPa·m$^{1/2}$)	径向线烧蚀率 /(mm·s^{-1})	径向导热系数 /(W·m·s^{-1})
烧蚀防热材料	2.5 ~ 4	3 500 ~ 3 800	100 ~ 150	≥50	10 ~ 30	0.1 ~ 0.2	≥10
热结构支撑材料	2 ~ 2.5	1 450 ~ 1 900	100 ~ 300	50 ~ 100	>30	—	—
绝热防护材料	1 ~ 2	1 500 ~ 2 000	10 ~ 30	2.5 ~ 10			0.5 ~ 1.5

7.4.2 陶瓷基复合材料(CMC)的制备工艺

陶瓷基复合材料的制备工艺是由其增强相决定的。颗粒增强复合材料多沿用传统陶瓷的制备工艺,即粉体制备、成形和烧结。粉体制备有机械制粉和化学制粉两种,成型方法有静压成型、热压铸成型、挤压成型、轧制成型、注浆成型、流延法成型、注射成型、凝胶铸模成型及直接凝固成型等。

对于纤维增强陶瓷基复合材料,由于增强相纤维的处理、分散、烧结与致密等,对复合材料的性能影响较大,因此在传统陶瓷制备上又有许多新工艺,如气相法、液相法、自生成热量法(SHS法)及聚合物合成法等。

1. 气相法

气相法是利用气体与基体的反应制备陶瓷基复合材料的方法,包括化学气相沉积法

(chemical vapor deposition,CVD)和化学气相渗透法(chemical vapor infiltration,CVI),两者的比较见在表7.10。

表7.10 CVD与CVI法的比较

方法	析出场所	反应温度	反应气体压力	反应速度	基体状况	设备装置
CVD	基体表面	高	高,载体浓度高	快	平面为主	较简单
CVI	内侧或表面	低	低,载体浓度低	慢	可纤维,颗粒	较复杂

(1) CVD法

CVD法原来是用于陶瓷涂层和纤维制造的方法,其设备装置如图7.43所示。在反应装置里通入作为原料的气体,使减压的气体在基体的表面发生反应。其中有以下几类反应:①热分解反应;②氢还原反应;③复合反应;④与基板的反应。

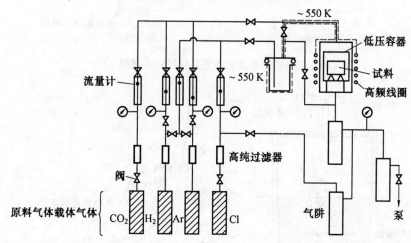

图7.43 用于制造Al_2O_3纤维强化Al_2O_3材料的CVD装置示意图

主要优点是,可以得到晶体结构良好的基体,由强化材料构成的预成形体的附着性好,可制得形状复杂的复合材料,纤维或晶须与析出基体间的密着性好等。主要缺点是,工序时间较长,对预成形体的加热反应可能引起纤维或晶须等增强相的性能下降等。

(2) CVI法

作为陶瓷基复合材料的一种制备方法,近年来美国、法国、德国等欧美国家进行了较多的研究。与CVD法相比,CVI法具有析出表面积较大、所需时间较短、可在预成形体内部析出等特点,因此可用于有一定厚度材料的成形。

图7.44为CVD的基本工艺与复合化过程示意图。基本原理是通过设置使由强化材料组成的预成形体内形成温度和压力梯度,保证在预成形体内部析出基体。

图7.45给出了CVI装置实例及预成形体内的温度分布曲线。将预成形体放入通水冷却的石墨制架托中,并在预成形体的上部施以高温。上部附近就会发生气体反应而析出基体,下部是未反应部分。上部在预成形体的空隙中析出的基体与增强体较好的复合使热传导性提高,使反应区域向下移动,最后预成形体内空隙全部由析出的基体所填充。研究表明,温度梯度是该工艺过程中的重要参数,析出物的附着状况随温度梯度的变化有很大差异。

CVI法的优点是预成形体可以是纤维或编织物,其形状的自由度和基体的可选择范围较宽,但此法难以使基体密度达到90%以上,若需进一步提高密度,可采用热等静压(HIP)等方法做后续处理。

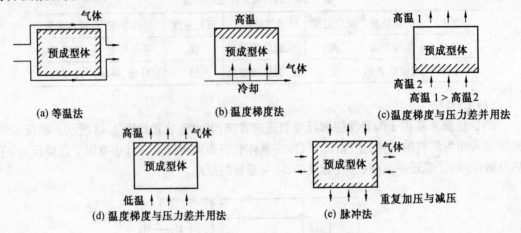

图7.44　CVD的基本工艺与复合化过程示意图

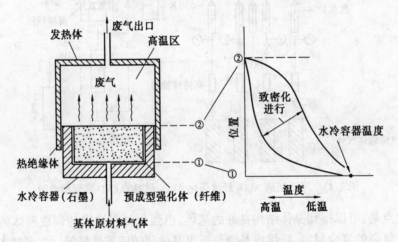

图7.45　CVI装置实例及预成型体内的温度分布

2. 液相法

(1) 定向凝固法

定向凝固法很早就在金属基复合材料中得到了应用,也可以基于同样的考虑应用于陶瓷基复合材料的制备中。

在陶瓷基复合材料的定向凝固中,是将所希望成分的陶瓷放入由铂、钼、铱制成的坩埚中熔化,再以图7.46中所示方法缓慢冷却。在凝固的过程中增强相分离析出,从而得到复合材料。在这种方法中,固液界面的温度梯度(G)和凝固速度(R)是两个重要参数。随着G/R值的变化,凝固组织会有较大的差异。使用定向凝固法,可以得到熔点远高于凝固温度的第二相析出,而且第二相形状的排列取向可以得到控制。

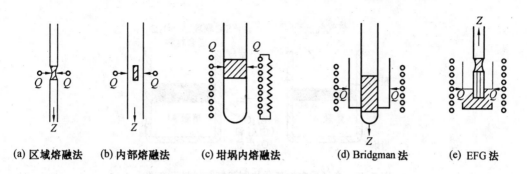

图 7.46 定向凝固制备陶瓷基复合材料的方法

(2) 纤维含浸法

此法主要用于玻璃为基体的复合材料制备中。先将增强材料制成预成型体,置于模具中,再用压力将处于熔融状态、粘度很小的玻璃压入,使之溶浸于预成型体而成为复合材料。含浸温度一般是玻璃达到粘度很低、接近液态时的温度。该法的优点是可较容易地得到形状复杂的陶瓷基复合材料,如圆筒、圆锥等复杂形状。缺点是基体必须像玻璃那样在低温下就具有低粘度,而且必须对增强材料具有良好的润湿性,故该法的适用范围受到一定限制。图 7.47 给出了纤维含浸法制备陶瓷基复合材料示意图。

当纤维直径较大时,可将纤维放入低粘度基体内进行含浸。

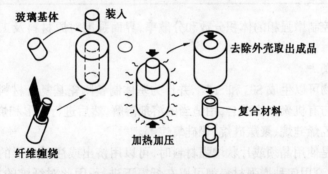

图 7.47 纤维含浸法制备陶瓷基复合材料示意图

(3) 金属导向性氧化法

该法是将增强材料悬浮在熔融金属之上,在氧化物生成的气氛中使金属发生导向性氧化,在增强材料之间生成的氧化物作为基体而形成复合材料,用此法不仅能生成氧化物,而且还能生成氮化物等其他化合物。图 7.48 是使用 SiC 颗粒和铝作为原材料时制备复合材料的示意图,此法可同样用于连续纤维增强陶瓷基复合材料的制备。

3. 自生成热量法(SHS 法)

利用陶瓷/陶瓷或陶瓷/金属间的反应是制备复合材料的常用方法。由于这类反应是利用自身生成的热量使反应进行到底,所以称为自生成热量法(self-propagation high temperature synthesis, SHS)。表 7.11 给出了一些代表性示例,表中温度是反应过程中所生成的温度。可以看出,要达到烧结所需高温是比较容易的。

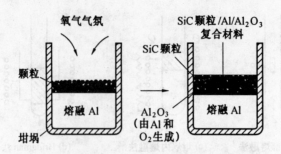

图 7.48　金属导向性氧化法制备复合材料示意图

表 7.11　SHS 法制备复合材料的示例

原材料与反应	生成物	温度/K
Ti + 2B	TiB_2	3 190
Zr + 2B	ZrB_2	3 310
Ti + C	TiC	3 200
$Al + \frac{1}{2}N_2$	AlN	2 900
$SiO_2 + 2Mg + C$	$SiC + 2MgO$	2 570
$3TiO_2 + 4Al + 3C$	$3TiC + 2Al_2O_3$	2 320
$3TiO_2 + 4Al + 6B$	$3TiB_2 + 2Al_2O_3$	2 900

但此法较难控制增强相的体积分数和分散率,界面强度对原材料及工艺过程的依存性也较大。

4. 聚合物合成法

由有机聚合物可以生成 SiC 和 Si_3N_4,并作为基体制备陶瓷基复合材料。通常是将增强材料和陶瓷粉末与有机聚合物混合,用适当的溶剂溶解,然后进行成形和烧结。可以使用的有机聚合物有聚乙烯硅烷、聚碳硅烷、聚硅氧烷等。

该法的优点是使用晶须或片状增强材料时,可以用挤出或注射成形的方法较容易地制成预成形体,且无论何种增强材料都可以在低温下进行,因此对纤维的损害较小。此外,由于不需要添加剂,使得基体纯度提高,有利于改善材料的高温力学性能。

其缺点是烧成过程中质量减少得多,体积收缩大,且由于气体的产生容易在材料内部形成气孔。为提高密度,可采用多次聚合物含浸、添加各种陶瓷粉末等方法。

7.4.3　陶瓷基复合材料的增韧

CMC 在航空航天热结构件的应用证明,发展连续纤维增韧的 CMC 是改善陶瓷脆性和可靠性的有效途径,可以使 CMC 具有类似金属的断裂行为,对裂纹不敏感,没有灾难性损毁。

高性能的连续纤维只为陶瓷增韧提供了必要条件,能否有效发挥纤维的增韧作用而使 CMC 在承载破坏时具有韧性断裂特征,还取决于界面状态。表 7.12 给出了 C 界面层对 C/SiC 力学性能的影响。图 7.49 给出了 C 界面层对 C/SiC 断裂行为和断口形貌的影响。可见,适当的 C 界面层是提高 C/SiC 韧性和力学性能的关键。

(a) 有碳界面层（纤维拔出）　　　(b) 无界面层（纤维脆断）

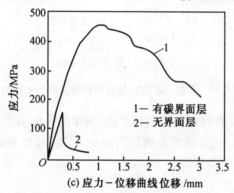

(c) 应力-位移曲线

图 7.49　C 界面层对 C/SiC 断裂行为和断口形貌的影响

表 7.12　C 界面层对 C/SiC 力学性能的影响

C/SiC 的性能	无界面层	0.2 μmC 界面层
气孔率 $p/\%$	16	16.5
$\rho/(g \cdot cm^{-3})$	2.05	2.01
σ_{bb}/MPa	157	459
$K_{IC}/(MPa \cdot m^{1/2})$	4.6	20
断裂功 $W_{AV}/(J \cdot m^{-3})$	462	25 170

7.4.4　陶瓷基复合材料的界面设计

基体相、增强相和界面是复合材料的三大组元，其中，增强相的作用是承载，基体相使复合材料成型并可保护纤维，界面的作用是将基体承受的载荷转移到增强相上。复合材料的界面特征决定了在变形过程中载荷传递和抗开裂能力，即决定了复合材料的性能。增强相与基体相的结合强度和化学反应程度是决定复合材料界面特征的重要因素。界面优化的目的是形成可有效传递载荷、调节应力分布、阻止裂纹扩展的稳定界面结构。

陶瓷基复合材料的理想界面应该是：①降低界面结合强度，实现复合材料的韧性破坏；②制备界面层防止热膨胀失配及纤维反应受损。

降低 CMC 界面结合强度的途径有两个：一是造成增强相和界面层之间的界面滑移，二是使界面层出现假塑性而产生剪切变形。因此对于 CMC 的界面层，一方面要求不产生界面反应,另一方面要求具有较低的剪切强度,以便在剪应力的作用下发生滑移,表现出类似屈服界面的假塑性行为。界面层厚度对界面断裂行为的影响很大(见图7.50),界面层太薄,界面结合过强,发生脆性断裂,断裂功小;界面层太厚,界面结合太弱,强度降低;适当厚度的界面层才具有适中的界面结合强度,强度和韧性才能达到最佳匹配。

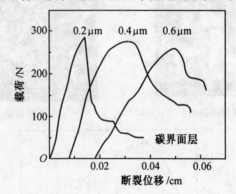

图7.50 界面层厚度对复合材料断裂行为的影响

此外,由于CMC的基体和纤维的模量都很高,热膨胀失配引起的界面应力成为CMC界面设计中不容忽视的问题。制备梯度界面层将会比C和BN更有效地缓解热膨胀失配,如在C/SiC中制备C－SiC梯度界面层。

7.5 碳/碳复合材料及其成型与加工技术

7.5.1 概述

碳/碳复合材料(C/C)是碳纤维增强碳基复合材料,具有耐高温、低密度、高比模量、高比强度、抗热震、耐腐蚀、摩擦性能好、吸振性好和热胀系数小等一系列优异性能。自从美国Apollo登月计划问世以来,在航空航天领域获得了越来越广泛的应用。

1.碳/碳复合材料的性能

碳原子间的典型共价键结构,使碳/碳在惰性气氛下直到2 000 ℃以上均保持着非常优异的高温力学和物理性能,因此其长时间的工作温度可达2 000 ℃。随温度的升高,除导热系数略有下降外,抗拉、抗压、抗弯性能和比热容均增加,这些性能是其他结构材料所不具备的。

虽然组成碳/碳复合材料的基体和纤维都是脆性的,但是其失效模式却表现有很大断裂功的非脆性断裂,其断裂机制是载荷的转移、纤维的拔出和裂纹的偏转,赋予复合材料大的断裂韧性。一般认为碳/碳复合材料在一定载荷下,呈现假塑性的破坏行为,在高温下尤为明显。由于碳/碳的强度被基体很低的断裂应变所控制(0.6%),所以应选择模量较高的纤维。

碳/碳复合材料的力学性能随纤维预制体的编织与排布和承载方向的不同而有较大变化。表7.13给出了C/C复合材料的力学性能。

表 7.13 C/C 复合材料的力学性能

力学性能	PAN基 单向纤维		PAN基 纤维编织体		PAN基 3D-C/C石墨化		Rayon基 纤维编织体
	碳化	石墨化	碳化	石墨化	Z方向	X,Y方向	碳化
σ_b/MPa	850	—	350	—	300	—	60~65
E_b/GPa	180	—	105	—	140	100	15
σ_{bb}/MPa	1 350	1 100	350	250			190~200
E_{bb}/GPa	140	270	55	65			20~25
σ_{bc}/MPa	400	375	160		120		180~90
E_{bc}/GPa	—		140		140		30~35
W_{AV}/(kJ·m^{-3})	80	40	20	13			5
ρ/(g·cm^{-3})	1.55	1.75	1.5	1.6	1.9	1.9	1.4

2. 碳/碳复合材料在航天领域的应用

从20世纪70年代开始,碳/碳首先作为抗烧蚀材料用于航天领域,如导弹鼻锥,火箭、导弹发动机的喷管的喉衬、扩展段、延伸出口锥和导弹空气舵等。在随后的近30年间,为了提高中远程战略弹道导弹的精度和运载火箭的推力,人们一直在发展各种制备技术和改性技术,以进一步提高碳/碳复合材料的抗烧蚀、抗雨水、粒子云侵蚀以及抗核辐射等性能,并降低材料成本。特别是多维编织的整体结构C/C制造技术的发展,根本改善了C/C构件的整体性能。碳/碳作为防热结构材料,早在70年代末80年代初已成功用于航天飞机的鼻锥帽和机翼前缘。由于发展了有限寿命的防氧化技术,使碳/碳复合材料能够在1 650 ℃保持足够的强度和刚度,以抵抗鼻锥帽和机翼前缘所承受的起飞载荷和再入大气的高温度梯度,满足了航天飞机多次往返飞行的需求。对于上述瞬时或有限寿命使用的C/C,其服役温度可达到3 000 ℃左右。表7.14给出了C/C在导弹上的应用情况。

表 7.14 C/C 在导弹上的应用情况

序号	导弹型号	使用部位	材料结构
1	战斧巡航导弹	助推器喷管	4D C/C
2	近程攻击导弹	助推器喷管	3D C/C,4D C/C
3	希神导弹	助推器喷管	4D C/C
4	反潜艇导弹	助推器喷管	4D C/C
5	ASAT 导弹	助推器喷管	4D C/C
6	RECOM 导弹	助推器喷管	4D C/C
7	民兵Ⅲ导弹	鼻锥	细编穿刺 C/C
8	MX 导弹	鼻锥	细编穿刺 C/C 或 3D C/C
9	SICBM 导弹	鼻锥	细编穿刺 C/C 或 3D C/C
10	三叉戟导弹	鼻锥	3D C/C
11	SDI 导弹	鼻锥	3D C/C
12	卫兵导弹	鼻锥	3D C/C

7.5.2 碳/碳复合材料的制备工艺

碳/碳复合材料的主要制备工序包括预制体的成形、致密化及石墨化等,其中致密化是制备碳/碳复合材料的关键技术,致密化方法分为两类:碳氢化合物的气相渗透工艺(CVI)及树脂、沥青的液相浸渍工艺(LPI)。

1. 化学气相浸渗 CVI 致密化工艺

化学气相浸渗(CVI)工艺是以丙烯或甲烷为原料,在预制体内部发生多相化学反应的致密化过程。气体输送与热解沉积之间的关系决定了产物的质量和性能,沉积速率过快会因瓶颈效应导致形成很大的密度梯度而降低材料性能,过慢则使致密化时间过长而降低生成效率。在保证均匀致密化的同时尽可能提高沉积速率是 CVI 工艺改进的核心问题,因此发展了如等温压力梯度 CVI、强制对流热梯度 CVI 和低温低压等离子 CVI 等多种工艺。

CVI 工艺的优点是材料性能优异、工艺简单、致密化程度能够精确控制,缺点是制备周期太长(500~600 h 甚至上千小时),生产效率很低。

CVI 工艺可与液相浸渍工艺结合使用,提高致密化效率和性能。美国 Textron 公司研究了一种快速致密化的 RDT。主要过程是把碳纤维预制体浸渍于液态烃内并加热至沸点,液态烃不断汽化并从预制体表面蒸发,从而使预制体表面温度下降而芯部保持高温,实现预制体内液态烃从内向外的逐渐裂解沉积,仅 8 h 可制得密度高达 $1.7 \sim 1.8 \text{ g/cm}^3$ 的 C/C 刹车盘构件。

2. 液相浸渍工艺

液相浸渍(LPI)工艺是将碳纤维预制体置于浸渍罐中,抽真空后充惰性气体加压使浸渍剂向预制体内部渗透,然后进行固化或直接在高温下进行碳化,一般需重复浸渍和碳化 5~6 次而完成致密化过程,因而生产周期也很长。

液相浸渍剂应该具有产碳率高、粘度适宜、流变性好等特点。许多热固性树脂,如酚醛、聚酰亚胺都具有较高的产碳率。某些热塑性树脂也可作为基体碳的前驱体,可有效减少浸渍次数,但需要在固化过程中施压以保持构件的几何结构。与树脂碳相比,沥青碳较易石墨化。在常压下沥青的产碳率为 50% 左右,而在 100 MPa 压力和 550 ℃下产碳率可高达 90%,因此发展高压浸渍碳化工艺,可大大提高致密化效率。

C/C 成本的 50% 来自致密化过程的高温和惰性保护气体所需要的复杂设备和冗长的工艺时间,因此研究新型先驱体以降低热解温度和提高产碳率是液相法的发展方向。

7.5.3 碳/碳复合材料的氧化及防氧化

1. 碳/碳复合材料的氧化行为

C/C 在空气中使用时,极易发生氧化反应:$2C + O_2 \longrightarrow 2CO$。Walker 等人将 C/C 的氧化分为 3 个区,在温度较低的 I 区,氧化速度控制环节是氧与碳表面活性源发生的化学反应;在温度较高的 II 区,氧化速度控制环节是氧通过碳材料的扩散;在温度更高的 III 区,氧化速度控制环节是氧通过碳材料表面边界层的扩散。

C/C 的氧化受结构缺陷及碳化收缩在基体内引起的应力集中所制约。氧化一般随碳化温度提高而加剧,随高温处理温度(HTT)提高而减弱。HTT 对氧化的抑制是由于残留杂质量的降低、碳化应力的释放及反应活化源的减少。压应力对氧化没有明显的影响,张应力由于增加了孔隙率和微裂纹密度,因而增加了氧化速度。

C/C失效的原因有两个,未氧化C/C的失效是由层间及层内纤维束间的剥裂引起的突发性破坏;氧化首先损伤纤维与基体的界面和削弱纤维束,使C/C的失效具有较少层间剥裂和较多穿纤维束裂纹的特征,这说明氧化引起纤维束内的损伤比纤维束之间界面上的损伤更加严重。

2. 碳/碳复合材料的防氧化

C/C的防氧化的方法有材料改性和涂层保护两种,材料改性是提高C/C本身的抗氧化能力,涂层防氧化是利用涂层使C/C与氧隔离。

(1) C/C改性抗氧化

通过对C/C改性可提高抗氧化能力,改性的方法有纤维改性和基体改性两种,纤维改性是在纤维表面制备各种涂层,基体改性是改变基体的组成以提高基体的抗氧化能力。

①C/C纤维改性

在纤维表面制备涂层不仅能防止纤维的氧化,而且能改变纤维/基体界面特性,提高C/C首先氧化的界面区域的抗氧化能力。碳纤维表面涂层的制备方法见表7.15。

纤维改性的缺点是降低了纤维本身的强度,同时影响纤维的柔性,不利于纤维的编织。

表7.15 碳纤维表面的涂层及其制备方法

涂层方法	涂层材料	涂层厚度/μm
CVD	TiB,TiC,TiN,SiC,BN,Si,Ta,C	0.1~1.0
溅射	SiC	0.05~0.5
离子镀	Al	2.5~4.0
电镀	Ni,Co,Cu	0.2~0.6
液态先驱体	SiO_2	0.07~0.15
液态金属转移法	Nb_2C,Ta_2C,$TiC-Ti_4SN_2C_2$,$ZrC-Zr_4SN_2C_2$	0.05~2.0

②C/C基体改性

基体是界面氧化之后的主要氧化区域,因此基体改性是C/C改性的主要手段。基体改性主要有固相复合和液相浸渍等方法。

固相复合是将抗氧化剂(如Si、Ti、B、BC、SiC等)以固相颗粒的形式引入C/C基体。抗氧化剂的作用是对碳基体进行部分封填和吸收扩散入碳基体中的氧。

液相浸渍是将硼酸、硼酸盐、磷酸盐、正硅酸乙脂、有机金属烷类等引入C/C基体,通过加热转化得到抗氧化剂。

(2) C/C涂层防氧化

基体改性防氧化不仅寿命有限,而且工作温度一般不超过1 000 ℃,对基体的性能影响也很大。在更高温度下工作的C/C必须依靠涂层防氧化,因此涂层是C/C最有效的防氧化手段。

①C/C防氧化涂层制备的基本问题。制备C/C防氧化涂层必须同时考虑涂层挥发、涂层缺陷、涂层与基体的界面结合强度、界面物理和化学相容性、氧扩散、碳逸出等诸多基本问

题(见图 7.51),这些问题决定了涂层一般都需具有两层以上的复合结构。首先涂层必须具有低的氧渗透率和尽可能少的缺陷,以便有效阻止氧扩散。其次涂层必须具有低的挥发速度,以防止高速气流引起的过量冲蚀。再次涂层与基体必须具有足够的结合强度,以防止涂层剥落。最后涂层中的各种界面都必须具有良好的界面物理和化学相容性,以减小热膨胀失配引起的裂纹和界面反应。

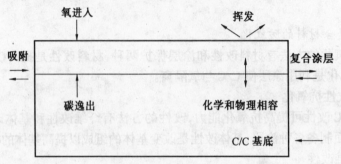

图 7.51 影响 C/C 防氧化涂层性能的因素

②高温长寿命涂层的结构与性能。表 7.16 和图 7.52 分别给出了涂层对 C/C 强度的影响及涂层的典型微结构。

表 7.16 涂层对 C/C 强度的影响

性能	试样	1	2	3	4	平均	强度保持率/%
强度/MPa	无涂层	83.6	94.1	66.7	109.3	88.4	—
	有涂层	77.4	89.2	96.0	80.3	85.7	96.9

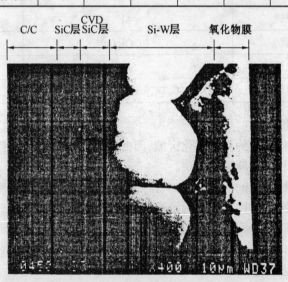

图 7.52 涂层的典型微结构

③C/C 防氧化涂层的制备方法。C/C 防氧化涂层的制备方法很多,主要有包埋(pack cementation)、化学气相沉积(CVD)、等离子喷涂(plasmaspray)、溅射(sputtering)和电沉积(electro-deposition)等,其中最常用的是包埋和 CVD 法。

制备多层结构的复合涂层,需要根据每一层的材料特性和功能来选择最佳制备方法,不同结构的涂层需要不同的制备方法组合。包埋法制备的涂层由于具有成分和孔隙率梯度,因而特别适合制备过渡层和界面层。CVD 制备的涂层均匀且致密度高,一般用于制备碳阻挡层和氧阻挡层。用 ZrO_2 等高熔点氧化物制备致密度要求高的氧阻挡层时,只能采用溅射等能在短时间内使涂层材料熔融的方法。

7.5.4 碳/碳复合材料的切削加工

C/C 复合材料是以沥青为基体,以碳纤维 CF 为增强相的复合材料。在制造过程中,不是采用普通碳纤维的二维编织再层压的方式,而是直接进行三维立体编织,同时还在 CF 的空隙中掺入单向埋设 W 丝。

据文献报导,车削该复合材料所得到的切削用量各要素对切削力的影响规律与切削一般脆性材料的基本一致。虽然基体硬度较低,切削力数值不大,但材料中的硬质点对刀具的磨损比较严重,故选用 CBN 为宜。因材料为脆性,故切屑常呈粉末状,必须用吸屑法来排屑。

复习思考题

1. 试述复合材料的概念及其优越性,如何分类?
2. 树脂基复合材料成型方法有那些?各有何特点?
3. 树脂基复合材料的切削加工有何特点?
4. 金属基复合材料的切削加工有何特点?
5. 纤维增强陶瓷基复合材料的制备工艺有哪些?
6. 碳/碳复合材料防氧化有哪些方法?

参考文献

1. 西北有色金属研究院. 21世纪的航空航天材料[J]. 金属世界, 2001(3-4).
2. 惠中, 吴志红. 国外航天材料的新进展[J]. 宇航材料工艺, 1997(4).
3. 韩鸿硕, 史冬梅, 仝爱莲. 国外先进载人航天系统所用的新材料[J]. 宇航材料工艺, 1996.
4. 马宏林. 欧洲面临的航天材料问题[J]. 航天返回与遥感, 1996(9).
5. 夏德顺. 新型轻合金结构材料在航天运载器上的应用与分析(上)[J]. 导弹与航天运载技术, 2000(4).
6. 韩荣第, 于启勋. 难加工材料的切削加工[M]. 北京:机械工业出版社, 1996.
7. 韩荣第, 王扬. 现代机械加工新技术[M]. 北京:电子工业出版社, 2003.
8. 李耀民. 卫星整流罩设计与"三化"[J]. 导弹与航天运载技术, 1999(2).
9. 《航空工业科技词典》编委会. 航空工业科技词典(航空材料与工艺)[M]. 北京:国防工业出版社, 1982.
10. 伍必兴, 栗成金. 聚合物基复合材料[M]. 北京:航空工业出版社, 1986.
11. 孙大勇, 屈贤明. 先进制造技术[M]. 北京:机械工业出版社, 2000.
12. 李成功, 傅恒志. 航空航天材料[M]. 北京:国防工业出版社, 2002.
13. 杨乐民, 龚振起. 电子精密制造工艺学. 哈尔滨:哈尔滨工业大学出版社, 1992.
14. 仲维卓等. 人工水晶[M]. 北京:科学出版社, 1983.
15. 周岩. 石英摆片激光切割技术及其基本规律研究[D]. 哈尔滨:哈尔滨工业大学博士学位论文, 2000.
16. 黄家康, 岳红军. 复合材料成型技术[M]. 北京:化学工业出版社, 1999.
17. 贾成厂. 陶瓷基复合材料导论[M]. 北京:冶金工业出版社, 1998.
18. 杨桂, 敖大新. 编织结构复合材料制作、工艺及工业实践[M]. 北京:科学出版社, 1999.
19. 陈祥宝, 包建文. 树脂基复合材料制造技术[M]. 北京:化学工业出版社, 2000.
20. 周犀亚. 复合材料[M]. 北京:化学工业出版社, 2004.
21. 于翘. 材料工艺[M]. 北京:宇航出版社, 1989.
22. ЦЫПЛАКОВ О Г. Научные основы технологии композиционно-волокнистых материалов[M]. Санкт-петербург: Пермское книжное издательство, 1974.
23. ГАРДЫМОВ Г П. Композиционные материалы в ракетно-космическом аппаратостроении[M]. Санкт-петербург: Издательство "СпецЛит", 1999.
24. КУЛИК В И. Технологические процессы формования армированных реактопластов[M]. Санкт-петербург: Учебное пособие Балтийского государственного технического университета, 2001.